——看不見的雨林——

福爾摩沙雨林植物誌

Formosa

作者王瑞閔先生雖是我過去的學生，然而這本書讓我感受到一個狂熱植物愛好者的嘔心瀝血歷程，似乎不是我過去所熟悉的瑞閔，或許應該說是我並未真正瞭解過如此多樣的瑞閔。

本書從標題便引起我的好奇心，細看內容，在文化雨林章節中，一則則的歷史小故事，引人入勝，有非常多平時我們不曾注意到的「為什麼」，都可以在書裡找到答案。

例如，為什麼油桐花會在台灣低海拔的山林氾濫？為什麼大葉桃花心木會成為台灣常見的行道樹？為什麼冰淇淋會有香草口味？為什麼榴槤通常在五月上市？為什麼山竹從市場上消失？為什麼台灣的蝴蝶蘭俗稱為阿嬤？甚至為什麼會有貝里斯這個國家，竟然也跟植物有關？統統可以在書裡找到答案。

還有很多冷知識：成語曇華一現的由來；黑膠唱片跟巧克力的糖衣竟是相同的原料；可樂原來是植物萃取的，而且曾經添加古柯鹼；化學工業發達的今日，化妝品中仍添加那麼多植物成分；原來古代有那麼多名人吃檳榔；而台灣的咖啡與鳳梨加工業都曾經是世界第一。

在生態雨林章節中，從森林結構、森林演替、植物地理、植物形態、植物傳播，這些大學教科書上生硬的知識，甚至最新提出的儲存效應與造林減碳的討論，也都巧妙地寫進了書裡，以鮮活的例子或照片呈現，深入淺出讓讀者自然融入雨林生態奧妙情境而不自知。

本書以植物為主角，帶出了台灣數百年的歷史、社會變遷，藉由熱帶雨林的生物多樣性比喻台灣多元的族群與文化，最後透過這些新奇有趣的熱帶植物，喚醒大眾對熱帶雨林的保護、以及全球氣候變遷的關注，應是本書帶給世人的啟示。

鄭祈全

前行政院農委會林業試驗所副所長

臺灣大學森林環境暨資源學系副教授

推薦序

台北花市的攤位邊，我請教主人幾個問題，得不到答案。這時，有位年輕人輕鬆解惑，我開心極了。

當時我正開始發展以蒐集培育全球熱帶植物為任務的「辜嚴倬雲植物保種中心」，當然要禮聘如此有知識及熱誠的青年。

可惜他將入伍服役，而我又匆忙要赴約，未能留下連絡方式。十年過去了，失聯的王瑞閔卓然有成，我高興享讀他的新作《福爾摩沙雨林植物誌》，顯然他也開始經營自己的熱帶植物蒐藏了，我們成了同行，這次得把握機會，好好合作了。

李家維

科學人雜誌總編輯

辜嚴倬雲植物保種中心執行長

清華大學生命科學系教授

「歷史」原本有兩部分，一是自然史（natural history），調查與研究動植物群（fauna, flora）；另一是人文史（human history），研究人群故事。由於學術專業分工，兩大部分不相聞問已長達百年以上。人文史研究界一直在反省，缺乏自然史的人文史，難免過於偏窄，人類貪婪掠奪自然界，所造成的禍害已然呈現。生態史廣泛被史學界重視，理由在此。

其實，傳統方志有物產志，收錄在地山海動植物，敘述如何被日常民生器用。其分類也許不合現代標準，但多少呈現未現代化前的人、物關係。尤其不少讀者很想從台灣史中追問原住民、原生種，以及外來移民、外來種等問題，我一直鼓勵文史科學生考訂方志中的種名來回答質問。可惜，植物學界與時俱進可資參考的專業且通俗書籍不多，我不好跟學生推薦。現在，我認為有了，就是這本書！

翁佳音

中研院臺灣史研究所副研究員

臺灣師範大學、政治大學臺灣史研究所兼任副教授

作者序

胖胖樹之所以是胖胖樹

二〇一六年底，好友至東非旅遊，回來後四處招兵買馬，希望我也一起到非洲教小朋友認識植物，並在當地實現建構雨林的夢想。我沒有考慮就直接拒絕了。這才知道，原來連我身邊十分要好的朋友，都不清楚我這十多年在做些什麼，都誤以為我只是在蒐集植物，不明白我在意的其實是這些植物背後的「文化意義」與「生態價值」。

植物在生態圈扮演生產者的角色，提供其他動物食物。聰明的人類還懂得利用植物來製作橡膠、油、藥品、染料、纖維、飲料、香料、用材。植物，特別是熱帶雨林中的植物，對人類歷史與文明的發展具有關鍵的影響，卻時常被忽略。

在中世紀之前，中國、印度及東南亞地區就懂得使用龍腦香、大風子、檳榔、荖葉、香水樹、桐油、榴槤、蒟蒻；而中南美洲古文明會利用橡膠、金雞納、古巴香脂、祕魯香脂、可可、香草、墨水樹、胭脂樹、鳳梨；非洲地區則發展油棕櫚、可樂與咖啡的應用。這些改變世界的植物，於哥倫布發現新大陸後，陸續被歐洲列強介紹到全世界。至今，桃花心木、巴西栗、卡姆果、白花蝴蝶蘭等許多植物，仍在世界貿易的版圖中占有一席之地，甚至影響了幾次人類歷史上大小規模的戰爭。

文字記錄之前，南島民族就陸續將東南亞地區可食用的熱帶植物引進台灣，部分成為今日常見的蔬果，甚至被多數人誤以為是台灣本土植物。十七世紀以降，熱帶雨林植物首次被人類計畫性地引進台灣，象徵台灣被畫入歐洲列強大航海的版圖。而後經歷了明鄭、清領時期，那些來自鄰近的中南半島，在中國華南地區廣被栽培的熱帶植物，隨著華南移民渡海來台，見證了先民胼手胝足的開拓史。

日治時期，是台灣史上最大規模的熱帶植物引種與試驗階段。數以百計的熱帶植物，至今仍藉著婆娑椰影，召喚日本帝國熱帶殖民的浪漫想像。而國共內戰戰敗後逃難來台的滇緬孤軍、排華事件下顛沛流離的緬甸華僑、南向政策中離鄉背井的新住民、東協國家數以萬計的移工，在台灣各地品嚐南洋味料理的當下，觸發各自的鄉愁。

由熱帶雨林植物所堆疊出的精采歷史，是構築福爾摩沙今日豐富且多元文化的養分。可惜那些扎根在台灣歷史與文化扉頁上一株又一株的雨林植物，無法替自己發聲，就這樣默默地佇立在看不見的角落，日漸飄零。於是，抽絲剝繭，解讀藏在它們身上鮮為人知的文化意義，成為我賦予自己的使命。尋找、記錄、保存這些特殊的雨林植物，是我刻不容緩的夢想。

自幼接觸小牛頓雜誌、漢聲小百科，替我對這世界的探索揭開了序幕。隨著年紀漸長，原本對所有生物的興趣漸漸收斂，轉而特別嚮往熱帶雨林。大學階段，浸淫在T大總圖書館的浩瀚書海，爬梳一頁又一頁的歷史文本。赫然發現，台灣竟然曾引進那麼多熱帶植物。將查到的資料化成一筆又一筆的紀錄，逐一整理、保留在電腦檔案夾，並且利用課餘時間，開始四處找尋這些只存在舊文獻中，連網路都搜尋不到中文資料的植物。

碩士畢業後，為了籌措收集植物的資金，我進入信義房屋工作。每天晚上十一、二點下班後，不忘翻閱植物圖鑑或上網查資料，放假就往植物園跑。曾一日來回四、五百公里，只為了去看龍腦香；在滂沱大雨中淋成落湯雞也不願意折返是為了找蓼樹、布氏黃木；發神經到處請人帶我去高雄女中是為了爪哇耀木；也為了單子紅豆跟美洲橡膠樹，去了不知道多少次竹山跟嘉義。再發現那些活古蹟般的植物所帶來的感動，是屢遭挫折時，還能支撐自己繼續往前走的力量。

自二〇〇七年四月，我開始在部落格「胖胖樹的熱帶雨林」上，介紹各種來自熱帶雨林的植物與相關知識。迄今總共發文七百九十餘篇。在這不算短的十年裡，我一方面尋找、介紹那些被植物園遺忘的植物，一方面觀察、研究種苗商、水族業者、新住民，甚至發掘玉市裡又引進了哪些熱帶元素，十年來持續更新雨林植物在台灣的戶口名簿。二〇〇二年迄今，累積記錄一千九百餘種雨林植物。

二〇一六年，是「胖胖樹的熱帶雨林」重要的里程碑。找了一處空地，辦了幾場公開的植物展，讓大家有機會親眼看看這些特殊且罕見的熱帶雨林植物，聆聽它們飄洋過海來台的故事。我將植物依原產地來排列、並且模擬雨林的分層。希望每個參與活動的人員，在認識植物的同時，也可以了解它們的自然生態。

十多年的歲月裡，我跑遍全台各地，蒐集了近千個物種。當中不乏全台唯二、唯三，或是不到十株的樹木，甚至還有母樹已經意外死亡的珍貴植物。我衷心地希望，有朝一日可以找一塊合適的土地，將這些參天大樹一一種下，按原產地分區栽種，依它們在森林裡的位置打造合適的小生境。為台灣留下這些活的古蹟，留下一座文化與生態兼具，會呼吸、又能夠固定溫室氣體的雨林教室。

二〇一七年夏天，在城邦文化張淑貞總編輯的鼓勵下，我啟動了《看不見的雨林——福爾摩沙雨林植物誌》寫作模式。數個月的時間，不分週間週末，一方面工作，一方面不停不停地寫作，自上午七點至晚上十一點，日日夜夜敲打著鍵盤。動力的來源，是每一株植物，是替植物發聲的使命感。冀望藉由此書，可以讓更多人明白究竟我是為了什麼而堅持。

CONTENTS

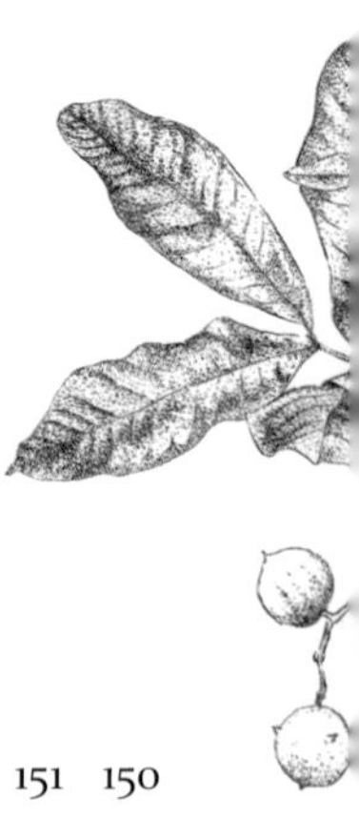

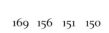

PART 2 生態雨林

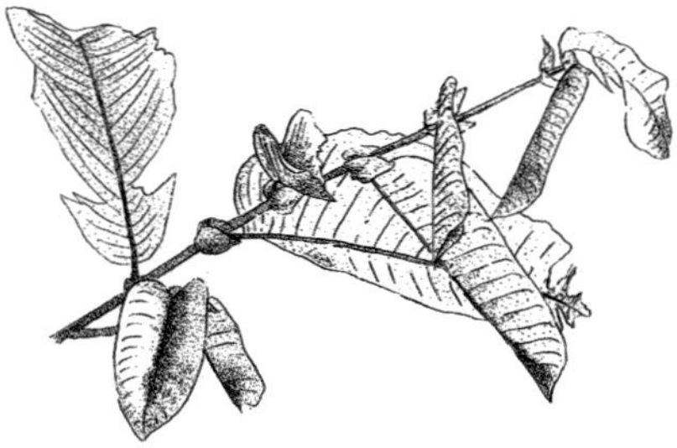

前言

看不見的雨林

二〇〇三年曾上映一部希臘電影《香料共和國》，希臘文標題是Πολίτικη Κουζίνα（Politiki Kouzina），意思是城市美食。不過，它同時也是一部土耳其電影，土耳其文的標題是Bir Tutam Baharat，英文翻譯為A Touch of Spice，意思是香料的觸發。

這是一部非常深刻的電影，表面上敘述愛情、親情與國家、民族的認同，卻同時用料理跟香料來隱喻人類的多元情感，是導演半自傳式的電影。

電影中用了許許多多的香料來比喻人生，例如：「生命不能沒有香料，就像大地不能沒有太陽；生活和食物一樣，都要加油添醋才完美。」

我總是想，如果整個人類的文明與文化是一道又一道的料理，那麼，雨林植物是否就像是料理中的香料，豐富人類的文明。

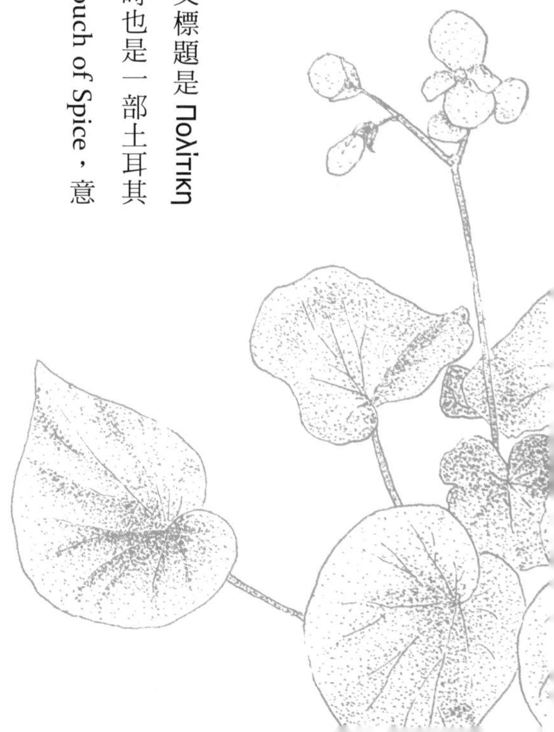

因為橡膠的出現，而有了輪胎、雨衣、橡皮擦、乳膠手套、保險套、膠鞋；而油，除了食用、也作為潤滑劑、防水漆、照明燃料、生物柴油、指甲油、肥皂、清潔劑等，用途多元。蟲膠，是第一代錄音工具黑膠唱片的原料，是天然塑膠、黏著劑、絕緣保護漆，至今仍是常用的食品添加劑。

侵入性較低的藥用植物，添加在化妝品中，作為皮膚保養、收斂，促進膠原蛋白合成等功效的成分，還有香水的香味。而醫藥不發達的年代，瘧疾、漢生病等惡疾，也依靠雨林植物來救治。一直到今日，雨林仍是最大的醫藥寶庫。抗癌、抗愛滋病毒、治療阿茨海默症等疾病的新藥，持續從雨林中被發掘。

那些我們天天接觸的咖啡因，也許是來自早晨的咖啡，或是情人節相贈的巧克力，又或是歡慶時刻的碳酸飲料可樂。它們都來自雨林，曾經是藥，也是今日暢銷全球的飲料、糖果。

天然的染劑、纖維，刺激了紡織工業與細胞學研究的進步。同時也可以作為食物色素，甚至還具備了香料的用途。

而香料植物，透過飲食文化傳遍世界各地，卻又在不同文化中保留著獨特的味道。加上食物原本的滋味，融入我們的記憶之中。從香料的應用情況便能夠看出台灣文化的多元。香味不再只是香味，更串聯顏色、影像而構築成一幅鮮明的故鄉。

「鹽巴看不見，但是食物好吃的祕訣就在鹽巴裡。」熱帶雨林或許不曾大面積聳立在所有人面前，可是雨林的元素卻以看不見雨林形體的方式，透過上述種種生活用品融入人類的文明與歷史，使我們生活便利、科技進步。就像料理中不能缺少鹽巴，人類的文明也不能沒有雨林。

台灣百千年的歷史，自原住民起，荷蘭人、西班牙人、華南移民、宣教士、日本政府、國民政府、泰緬孤軍、緬甸華僑、新住民，以及海外工作的台幹、貿易商……為了不同的目的，陸陸續續引進各式各樣的雨林植物，豐富了台灣的資源。看不見的雨林，除了帶給我們進步與便利的生活，更默默承載著台灣各族群的歷史與文化。

此外，熱帶雨林也被稱為地球的肺，是生物多樣性最高的陸域生態系，也是陸地上最大的碳庫。一九九二年世界各國聚集於巴西里約熱內盧召開「地球高峰會」，簽訂了《生物多樣性公約》與《氣候變化綱要公約》。減少熱帶雨林的破壞、雨林再造，成為了保護地球、減少碳排放、緩和全球暖化的重要策略。

全球化的時代，雨林並非遙不可及的名詞。反倒如同《香料共和國》電影中的香料與美食一般，透過各式各樣的形態不斷出現在你我身邊。這是一本雨林植物的小圖鑑、雨林生態紀錄，更是我個人對台灣社會與族群的觀察筆記。本書分成十九章，每章節介紹一至數種熱帶雨林的植物。希望藉由這些植物的相關故事，勾勒出植物背後鮮為人知的生態、生存策略以及歷史與文化意義。

看不見的雨林，誠摯邀請您翻開本書，透過千姿百態的雨林植物一同來了解雨林，看看雨林如何承載你我的歷史文明與日常生活。

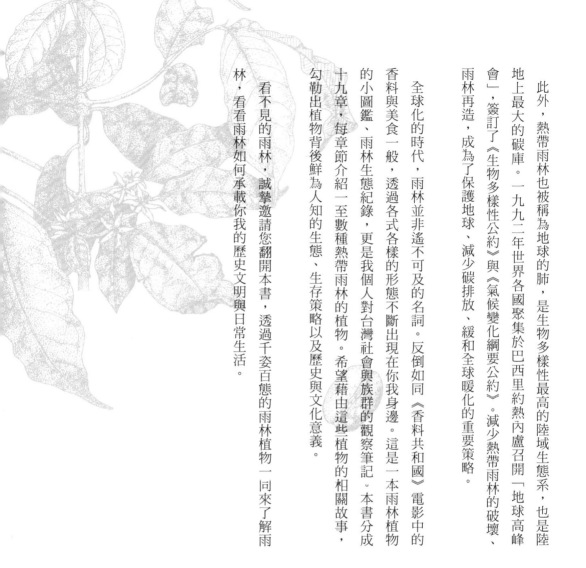

Culture
Rainforest

PART 1

文化雨林

Chapter 01

橡皮推翻了滿清

天然橡膠

巴西橡膠樹

橡皮推翻了滿清

《橡皮推翻了滿清》，如此聳動的標題其實是二〇一二年藍戈手所撰寫的一本歷史書。作者從美國的福特汽車切入，描述汽車帶動輪胎工業，輪胎工業促進東南亞的橡膠生產，橡膠產業推動中國上海的股市，最後引爆中國清末的經濟泡沫，造成滿清被推翻。一連串的推論十分有趣，也看得出來橡膠對世界的重要性及影響力。

橡膠過去被稱為橡皮。目前所使用的天然橡膠主要是採集自巴西橡膠樹的樹脂。巴西橡膠樹又稱三葉橡膠，原產於亞馬遜河熱帶雨林。

所有介紹天然橡膠的歷史都會提到，最早的使用可追溯到西元前一六〇〇年。墨西哥中南部的奧爾梅克文明[1]，使用天然橡膠製作橡膠球——用來舉辦一種恐怖的活人獻祭球賽。美洲的土著則使用橡膠製作防水的衣服、鞋子。

不過這裡有兩個地方常被誤會：一、奧爾梅克文明大約開始於西元前一二〇〇年至西元前一四〇〇年，結束於西元前四〇〇年。西元前一六〇〇年最早的使用紀錄、奧爾梅克文明製作橡膠球、土著製作防水的衣服、鞋子，實為三個彼此獨立的事件，只是國內外資料都常混為一談。二、巴西橡膠樹原產於南

註

1 ｜ 英文：Olmec

美洲，那麼中美洲哪來的巴西橡膠樹？事實上，中美洲使用的天然橡膠是採自桑科的美洲橡膠樹，而非目前使用最廣的巴西橡膠樹。

一四九三年西班牙航海家哥倫布[2]第二次航行至美洲時，注意到海地的原住民會玩一種彈性很好的球。這是西方文明首次接觸到天然橡膠。

一七三六年法國人康達明[3]至南美洲考察，並將亞馬遜雨林的天然橡膠樣本帶回歐洲，交由法國科學院[4]研究。一七五一年他又將法蘭斯瓦．費奴[5]撰寫的橡膠研究報告提交給法國科學院，並於一七五五年正式出版。這是史上第一份描述橡膠性質的科學論文。

一七七〇年橡膠傳入英國。化學家卜利士力[6]發現橡膠可以輕易地擦去鉛筆字跡，將它命名為rubber。一八二三年蘇格蘭化學家麥金塔[7]用橡膠製作防水布料，並製作出第一件防水的衣服。

天然橡膠原本有許多缺點，太熱，會又軟又黏；太冷，會缺乏彈性。直到一八三九年，美國工程師固特異[8]發明橡膠的硫化過程，才讓橡膠成為人類生活中不可或缺的材料，用來製造輪胎、橡膠鞋、水管等各式各樣的用品。而固特異輪胎也以固特異為名，紀念他的貢獻。

註

2 ｜西班牙文：Cristóbal Colón、英文：Christopher Columbus
3 ｜法文：Charles Marie de La Condamine
4 ｜法文：l'Académie royale des sciences
5 ｜法文：François Fresneau de La Gataudière
6 ｜英文：Joseph Priestley
7 ｜英文：Charles Macintosh
8 ｜英文：Charles Goodyear

一八八七年蘇格蘭獸醫約翰．登祿普[9]發明充氣輪胎。一八九二年法國米其林[10]兄弟發明可以快速拆卸的充氣橡膠腳踏車輪胎，一九〇六年又發明汽車輪胎鋼圈。一九〇八年亨利．福特[11]推出T型車。這些發明使天然橡膠的需求大增。全球都想投入橡膠產業，從中分一杯羹。

最初，巴西獨占了橡膠市場，全球有九成以上的天然橡膠來自巴西。巴西不但是橡膠樹的原產地，還奴役原住民進入原始林中割取野生的橡膠，壓低生產成本，並嚴禁巴西橡膠樹種子外流。

直到一八七五年，英國人亨利．威克翰[12]才成功偷渡了七萬顆種子回到英國皇家植物園邱園[13]。不過巴西橡膠樹的種子要新鮮才容易發芽，這七萬顆種子只發出了二千四百株小苗。隔年起，這些巴西橡膠樹小苗陸續被送往印度、斯里蘭卡、馬來半島、新加坡、印尼等英國的殖民地。

一八九五年馬來西亞出現首座商業橡膠園，東南亞開始加入天然橡膠的生產。一九一〇年，大批亞洲橡膠進入橡膠市場，導致橡膠價格大跌。一九二七年亨利．福特在亞馬遜建立「福特城」，大面積栽培巴西橡膠。然而，一九三五年福特城爆發黃葉病，東南亞順勢崛起，成為天然橡膠生產重心。

註

9 ｜英文：John Boyd Dunlop
10 ｜法文：Michelin
11 ｜英文：Henry Ford
12 ｜英文：Henry Wickham
13 ｜英文：Royal Botanic Gardens, Kew

二次世界大戰後，化學工業發達，天然橡膠逐漸被便宜的合成橡膠取代。不過，合成橡膠彈性較差且脆弱，無法完全取代橡膠。飛機輪胎、手術手套、保險套等，多半仍舊使用天然橡膠製作。

一九五〇年代，韓戰爆發期間，美國禁止天然橡膠輸入中國。中國開始於西雙版納及海南島栽培橡膠，導致西雙版納熱帶雨林被大規模開發。

目前世界主要的天然橡膠生產國為泰國、印尼、越南、印度、中國、馬來西亞等國家。

台灣的橡膠栽培史

台灣的橡膠樹引進史，可以追溯到日治時期。日本治理台灣期間，開始有系統地引進熱帶經濟植物，並進行科學性的栽培試驗。同時，也對台灣的野生植物進行全面調查，目的是為了開發更多資源供日本帝國使用。當時，台灣總督府殖產局先後設立兩大機構，進行熱帶植物研究，分別是「台北苗圃」與「恆春熱帶植物殖育場」[14]，並且開始從日本東京的新宿御苑與小石川植物園，以及東南亞各國大量引進熱帶植物。

基於戰略考量，一九〇八年殖產局於嘉義市設立兩處橡膠苗圃，進行橡膠苗木的生產與實驗。一處位於西側平地的埤子頭，一處位於東側丘陵地的山仔頂。橡膠栽培在台方興未艾。兩處橡膠苗圃即為現今嘉義市的埤子頭植物園與山仔頂植物園。

四大橡膠樹的引進，從一八九六年日本來台次年便如火如荼展開。最早引進台灣的是印度橡膠樹與薩拉橡膠樹。一九〇一年田代安定為籌建「恆春熱帶植物殖育場」前往東京時，便攜回八株薩拉橡膠樹與四株印度橡膠樹。一九〇三年新渡戶稻造和橫山壯次郎自斯里蘭卡首次引進巴西橡膠樹。一九〇八年嘉義市設立橡膠苗圃時則引進了美洲橡膠樹。

註

14｜即現在的台北植物園與恆春熱帶植物園

或許是品質不好，或是氣候不適合，嘉義的橡膠試驗於一九二一年（日大正十年）告終。不過，於一九三六年、一九三七年、一九三八年，佐佐木舜一自南洋又再分別引進巴西橡膠樹、薩拉橡膠樹與馬來橡膠樹，栽培於「竹頭角熱帶植物母樹園」[15]，似乎暗示著日本政府並未完全放棄在台灣生產橡膠的可能性。

國民政府來台數年後進入戒嚴時期。待局勢較為穩定，各農林機構及學術單位開始盤點日治時期所留下的熱帶植物資源與史料，希望能為國民政府所用。

一九五〇年與次年，中興大學劉業經教授專文介紹巴西橡膠樹，包含植物形態、育苗、造林、育種、割膠、製膠等知識，分兩篇發表於農林月刊。

一九五一年，高雄山林管理所[16]王國瑞所長也於農林月刊發表〈重視台灣之熱帶林業〉一文，區分：一、軍事，二、藥用，三、染料及單寧，四、香料，五、油、漆及橡膠，六、纖維植物；闡述熱帶特用植物對國防與民生經濟的重要性。他還收集諸多相關文章集結成冊，於一九五二年，高雄山林管理所七周年紀念時出版《台灣熱帶林業》一書。

註

15 | 竹頭角熱帶植物母樹園即現今美濃雙溪熱帶樹木園

16 | 日治時期的高雄州產業部林務課出張所，光復後改稱高雄山林管理所。1960 年更名為恆春林區管理處，1989 年與楠濃林區管理處合併，成為屏東林區管理處

由此可見，當時政府對橡膠產業與其他熱帶特用植物有高度興趣。然而，隨著科技進步，還有後面幾章將介紹的熱帶植物栽培的排擠效應，橡膠產業在台灣漸漸走入歷史，也越來越少人記得這種作物。

巴西橡膠樹引進台灣百餘年，目前台灣餘留下的最大面積橡膠園，位於嘉義市東方的山仔頂植物園。每年農曆新年前後，是巴西橡膠樹果實的成熟期，蒴果成熟後會在樹上炸開，種子向四方彈射。站在樹下就可以清楚聽到啵、啵、啵的爆炸聲。

種子外種皮堅硬，表面有美麗的花紋。嘉義當地人撿拾其種子把玩，摩擦易生熱，俗稱燒子。

嘉義山仔頂植物園的巴西橡膠樹林

巴西橡膠樹原本生長在亞馬遜河氾濫平原。每年雨季來臨，植株會有一段時間泡在水裡，此時巴西橡膠樹會落葉。落葉前葉子先由綠轉黃，再轉紅，相當美麗！而栽植於台灣的巴西橡膠樹，多半於三月底四月初落葉，果實成熟期約在九月底至隔年四月，尤其是十二月至四月。在落葉期，果實會大量落下。因為此時在原產地是雨季，巴西橡膠樹種子極輕，除了靠成熟時彈射的力量，也可以漂浮在亞馬遜河上傳播至其他地方。

與大部分的熱帶植物類似，巴西橡膠樹種子必須即採即播，發芽率可超過八成。種子落下後超過三天未播種，發芽率就會降低。種子約二十至三十天發根，三十至四十天芽會突出土壤表面。但是巴西橡膠樹的子葉不會脫離種子，不似綠豆芽會長出兩片圓圓的子葉，而是直接長出真葉，

巴西橡膠樹落葉
前葉子會變紅

巴西橡膠樹果實及種子

一次兩片，交互生長。第一片真葉展開時，植株就會高過二十公分。幼苗相當耐陰，但是不耐寒。從小苗發育的形態以及種子傳播的方式，可以推測巴西橡膠樹應該是雨林裡的突出樹或樹冠層的大樹。這樣才能夠讓種子傳播得更遠。

台灣除了嘉義植物園有較大面積的巴西橡膠樹林，台中科博館熱帶雨林溫室、中興大學、高雄美濃雙溪熱帶樹木園皆有栽培。雖然嘉義植物園栽培時間較早，但或許是氣候的關係，目前我個人見過樹幹直徑最大的巴西橡膠樹，是美濃雙溪熱帶樹木園所栽培的植株。

或許最終結果證明，台灣不適合發展橡膠樹栽培業，但是日治時期留存至今的巴西橡膠樹林，仍年復一年，用它微弱的爆炸聲響提醒著我們一段將被遺忘的歷史。

巴西橡膠樹

學名：*Hevea brasiliensis* (Willd. ex A. Juss.) Müll. Arg.

科別：大戟科（Euphorbiaceae）

原產地：巴西亞馬遜河流域

生育地：低地雨林

海拔高：0-500m

巴西橡膠樹的種子

巴西橡膠樹是大喬木，樹幹筆直，高可達 40 公尺。三出複葉，互生，嫩葉鮮紅色。單性花，雌雄同株，花細小，黃綠色，圓錐狀聚繖花序腋生。每個蒴果內亦含種子三枚。種子有毒，可榨油做肥皂或供照明，煮熟後亦可食用。

巴西橡膠樹的三出複葉

巴西橡膠樹

巴西橡膠樹的花及果實

消失的美洲橡膠樹再發現

從小我就特別喜歡種樹，這興趣大概有二十多年了吧。雖然樹總是沉默不語，卻給了我很多很多樂趣。

看著每一棵樹，從種子發芽，成長茁壯，是一種感動，更是一種成就。

從種子開始栽培，除了觀察種子美麗的花紋或形態，更可以從種子的形態了解樹木本身的傳播機制與生存策略。種子發芽後子葉並不一定會出土，子葉的形態也是千變萬化，較之種子或葉子形態的多樣性，絲毫不遜色。長出子葉後，接著長出真葉，這時候的小樹幼苗，葉片往往與成株有所不同。有可能是鋸齒變全緣，有可能是全緣變鋸齒，或者是有毛變無毛、盾狀葉變心形葉、披針形變盾狀……各種可能都有。甚至有時候還會有重演化的現象，先長出單葉或三出葉，再變成羽狀複葉，或是奇數羽狀複葉變成偶數羽狀複葉，一回變二回。把祖先的形態，藉由發芽與小苗生長，再一次展現。

最後觀察小樹長大的方式，有些是筆直向上，有的卻像釣竿一樣先端總是下垂。這些千變萬化的成長過程，令人深深感受到造物的神奇。

除此之外，我認為種樹相當重要卻常常被忽略的樂趣，是認識一棵樹的過程。過去網路不發達的年代，認識植物唯有透過書本。而我何其有幸，手邊有許許多多植物圖鑑或名錄，記錄著諸多生長在台灣但是稀有的植物，或是日治時期日本人從南洋、熱帶美洲或是非洲引進的樹木。這些樹，不論是本土或是外來，都鮮少人知，栽培也不廣泛。要見上一面，難上加難。即使是網路便捷的今日，參考資料都很少。

這些年為了一睹這些樹木的風采，走訪各地。有些一度以為已經不存在台灣的樹木，竟再度現蹤，心裡的感動非筆墨所能形容。就如同本文的主角——美洲橡膠樹，在台灣只剩兩株會開花結果的大樹。它隱姓埋名幾十年，或者說這幾十年來幾乎沒多少人記得它、在乎它是否還存在。

美洲橡膠樹正是本章一開始提到，最早被人類應用、作為天然橡膠的植物。於一九五二年出版的《台灣熱帶林業》書中，劉業經教授稱之為墨西哥橡皮。一九九一年廖日京教授的《台灣桑科植物之學名訂正》書中改稱為美洲橡膠樹，與應紹舜教授《台灣高等植物彩色圖誌第三卷》中的榕乳樹，指的都是相同的植物。不過這些文獻都沒有照片，只有手繪圖。

台灣繁體中文的網站可以說幾乎沒有資料。用拉丁學名去查，維基百科翻譯作彈性卡斯桑木，部分中國網站以其屬名 *Castilla* 音譯為卡斯提橡膠樹。它的拉丁文種小名 *elastica* 就是橡膠的意思。

美洲橡膠樹在一九〇八年，殖產局於嘉義設立橡膠苗圃時，便自墨西哥引進台灣。時至今日只剩下林試所嘉義樹木園與台大下坪熱帶植物園有栽植。我從二〇〇四年初次到這兩處植物園，就開始不斷找尋它的蹤影。十幾年過去，走訪數十趟，皆苦尋不著，以為它已經消失於台灣這塊土地。沒想到它還在，而且用另種方式告訴我它在哪裡。

二〇一六年夏天，聽到科博館王秋美博士提起榕乳樹這名字，才知道原來二〇一四年底美洲橡膠樹已經再度被發現，就在嘉義山仔頂樹木園。我過去一直往埤子頭跑，完全找錯方向。二〇一六年八月二十四日在嘉義大學方小姐的帶領下，終於見到並記錄這罕見的植物。

美洲橡膠樹位在嘉義樹木園邊界的山坡上，在一條人跡罕至的荒廢小徑旁，高聳入雲，突出整座植物園。樹下長滿了各式各樣的植物，還有一些自己發芽的美洲橡膠樹小苗。雖然美洲橡膠樹的花果形態極為特殊，但是它的葉與苗實在太類似猴面果了。無怪乎數十年來一直沒有人注意它的存在。

美洲橡膠樹小苗

猴面果小苗，與美洲橡膠樹十分類似

但這並不是我跟美洲橡膠樹的初次接觸。在此之前，二〇一六年八月十八日我於竹山下坪熱帶植物園林地上觀察到一株自生小苗，高約十公分，形態非常類似同科的猴面果。當時我還不曾見過美洲橡膠樹，只覺得這株小苗很特殊，像極猴面果卻又有些許差異。好奇心驅使下，我將樹苗帶回培育。經過一段時間觀察，確定該小苗不是猴面果，反倒像極了嘉義樹木園的榕乳樹小苗。

為了確定我心中的猜測。二〇一七年我兩度回到下坪熱帶樹木園找尋美洲橡膠樹，走遍整座植物園，終於在二〇一七年五月十二日尋獲正在開花的榕乳樹，並拾得落花，確定身分。

下坪熱帶樹木園的美洲橡膠樹就位在步道旁。我曾無數次走過它的身旁，卻一直忽略了它的存在。它就像嘉義樹木園的美洲橡膠樹一樣，十分高大。雖然它的花果十分特殊，但是開在高處，肉眼很難注意到。

縱然不被台灣多數人所認識，美洲橡膠樹仍然佇立在兩處植物園，默默承受著颱風、地震等天災，承載著一塊鮮為人知的日本橡膠夢。

美洲橡膠樹的落花

美洲橡膠樹的葉子

美洲橡膠樹

學名：*Castilla elastica* Sessé

科名：桑科（Moraceae）

原產地：墨西哥、貝里斯、薩爾瓦多、瓜地馬拉、宏都拉斯、尼加拉瓜、哥斯大黎加、巴拿馬、哥倫比亞、厄瓜多

生育地：低地潮濕森林

海拔高：700m 以下

美洲橡膠樹是大喬木，高可達 50 公尺，樹幹通直，基部具板根。單葉、互生、細鋸齒緣、葉尖尾狀，托葉早落，環痕。枝條與葉皆被柔毛。單性花，雌雄同株或異株，頭狀花序。雄花僅有雄蕊，雄花序狀如刈包。雌花有花被裂片四枚，雌花序盤狀，被毛。果實盤狀，成熟時橘紅色，可食。幼株形態與猴面果（*Artocarpus lacucha*）十分類似。差異在於，猴面果被粗毛、葉基盾、小苗托葉線型，兩枚著生於葉片基部，而美洲橡膠樹被柔毛、葉基心型，托葉完全抱莖。

高聳入雲的美洲橡膠樹

猴面果

學名：*Artocarpus lacucha* Buch.-Ham./*Artocarpus lakoocha* Roxb.

科名：桑科（Moraceae）

原產地：印度、斯里蘭卡、孟加拉、不丹、尼泊爾、中國雲南、緬甸、泰國、寮國、柬埔寨、 越南、馬來西亞、蘇門答臘、爪哇、婆羅洲、新幾內亞

生育地：原始龍腦香林、尤其近河岸或溪畔

海拔高：500（1500）m 以下

猴面果的雄花序（黃色）與雌花序（橘色）

猴面果的未熟果

猴面果的葉子

猴面果是桑科大喬木，高可達 37 公尺。葉互生，全緣或略鋸齒緣，托葉早落。單性花，雌雄同株。聚合果可食。因為種小名的諧音，猴面果又常被稱為拉哥加樹，中國則稱之為野波羅蜜。廣泛分布在東南亞各國原始林內。台灣各地略可見栽植，台中中興大學、台中 228 公園、竹山下坪熱帶樹木園、嘉義樹木園便可見到此樹。

改名換姓的馬來橡膠樹

二〇一六年我在網路上看到種苗商新推出一種熱帶果樹，稱之為黃皮毛配得來。我點開一看，赫然發現，這不正是我尋尋覓覓多年的馬來橡膠樹嗎？台灣認識馬來橡膠樹的人極少，無怪乎種苗商不認識它，而以它的果皮顏色及婆羅洲土名來替它命名。

馬來橡膠樹或稱馬來波羅蜜，雖然它的樹汁作為橡膠材質較差，後來沒有被推廣。不過，其樹皮可供編織，樹汁被當作黏著劑用來捕鳥。果實及種子皆可食用。在原產地是多用途的植物。

林業試驗所早在一九三八年便引進馬來橡膠樹試驗栽培。最初僅栽培於恆春熱帶植物園及美濃雙溪熱帶樹木園。不過馬來橡膠樹是純熱帶樹種，畏風又懼寒。恆春多強風，植物園僅存一株，生長情況不佳。美濃雙溪熱樹木園的植株位於避風的山谷，生長情況較良好，會開花結實，且樹下有自生小苗。

屏東科技大學附設植物園中亦栽培有數株馬來橡膠樹。以植株的大小來推測，應該是一九九八年前後，林務局委託屏東科技大學森林學系，進行美濃雙溪熱帶樹木園的樹木調查時引種栽培。

馬來橡膠樹拉丁文學名偶爾會被改寫成 *Artocarpus elastica*。桑科麵包樹屬的超大喬木，最高可達 65 公尺，一般多在 45 公尺左右。樹幹通直、基部具板根。二型葉，全緣或二回羽狀深裂。葉片十分巨大，可超過 100 公分。托葉早落。單性花，雌雄同株。聚合果黃色，果皮上有針刺狀凸起。

馬來橡膠樹

學名：*Artocarpus elasticus* Reinw. ex Blume

科名：桑科（Moraceae）

原產地：緬甸、泰國、馬來西亞、蘇門答臘、爪哇、婆羅洲、蘇拉威西、摩鹿加、小巽他群島、菲律賓巴拉望

生育地：原始龍腦香森林、巽他荒原森林（keranga forest）、山地森林

海拔高：0-300（1500）m

開始長出羽狀裂葉片的馬來橡膠樹

馬來橡膠樹巨大的葉片

其他橡膠樹介紹

除了前述的三種橡膠樹，日治時期還曾引進薩拉橡膠樹與印度橡膠樹。一九〇一年田代安定為籌建恆春熱帶植物殖育場，前往東京尋求相關人士的建議並蒐集種苗。當時新宿御苑苑長福羽逸人贈與諸多熱帶植物苗木，其中有八株薩拉橡膠樹。回台後，四株留在台北苗圃，四株帶回恆春。另於小石川植物園帶回印度橡膠樹四株。兩株留在台北苗圃，兩株栽培於恆春。栽種在一樣的地方，最後命運卻大不同。

栽種在台北植物園的薩拉橡膠樹凍死了，而印度橡膠樹活了下來。栽種在恆春的薩拉橡膠樹活下來了，印度橡膠樹卻因颱風而早夭。直到今日，薩拉橡膠樹一直留在恆春熱帶植物園，極少人認識。而印度橡膠樹卻搖身一變，成為全台灣普遍栽種的行道樹與室內觀賞盆栽。

詳細看兩種橡膠樹的引進。以印度橡膠樹來說，一八九六年首次自日本引進，一八九八年、一八九九年又分別由琉球與小笠原群島引進。一九〇一年田代安定從日本帶回台灣時已經是第四次引進了。

而薩拉橡膠樹的引進次數也不遑多讓。一八九九年自新加坡引進後，一九〇一年十月田代安定自日本二度引進。一九〇八年三月，嘉義設立橡膠苗圃時又再次自新加坡引進。一九三七年，佐佐木舜一也自南洋引進過。從引種的時間先後與次數來看，印度橡膠樹與薩拉橡膠樹似乎更受日本當局重視。

巨大的印度橡膠樹

印度橡膠樹的葉片及花序

薩拉橡膠樹

學名：*Manihot carthagenensis* (Jacq.) Müll. Arg. subsp. *glaziovii* (Müll. Arg.) Allem/*Manihot glaziovii* Müll. Arg.

科名：大戟科（Euphorbiaceae）

原產地：巴西東部

生育地：半乾燥的熱帶次生林、荒地、河岸、路旁、偶見原始林內

海拔高：0-1200m

薩拉橡膠樹是灌木或小喬木、高可達 20 公尺，一般多在 10 公尺以下。單葉、掌狀。單性花，圓錐花序或總狀花序。蒴果。原產於巴西，是最早引進台灣的橡膠樹，目前僅剩恆春熱帶植物園有栽培。它跟可以食用的木薯（*Manihot esculenta*）在植物分類上為同個一屬，型態類似，根部也富含澱粉可以食用，所以又有木薯橡膠樹之稱。

薩拉橡膠樹

薩拉橡膠樹的掌狀葉

印度橡膠樹

學名：*Ficus elastica* Roxb.

科名：桑科（Moraceae）

原產地：印度西高止及阿薩姆、中國雲南、緬甸、馬來西亞北部、蘇門答臘、爪哇

生育地：潮濕的低地森林

海拔高：0-1650m

印度橡膠樹又稱緬樹、印度榕。桑科榕屬的大喬木，高可達 30 公尺，十分容易長氣生根與支柱根。單葉、互生、全緣、尾狀。隱頭花序腋生。由於印度橡膠樹所製的橡膠對眼睛有較強的刺激性，吞入有毒性，慢慢就被捨棄不用。轉作觀賞植物栽培。不過它是本文提到的各種橡膠樹中，在台灣栽培最廣的一種，也是一般人較熟悉的植物。

印度橡膠樹的支柱根

Chapter 02

待到雄女校慶時

油用植物

爪哇耀木

待到雄女校慶時——爪哇耀木

「高雄女中的校園內便可見本種樹木」，因為書中這句話，我開始到處打聽，看看身邊有沒有高雄女中畢業的朋友可以帶我進校園內。打探結果，雄女畢竟是女校，除了校慶，平時不對外開放。而我所認識的極少數雄女校友中，也沒有任何一位對植物有狂熱，可以替我確認該校是否真有栽培此樹。好在皇天不負苦心人，找尋爪哇耀木的若干年後出現一道曙光……

雖然我從小就特別喜歡熱帶植物，但礙於手邊資料不多，能接觸到的種類極少。大學以後發現台大圖書館內有數量驚人的館藏，除了台灣的植物誌，還有世界各國的植物誌，有光復後出版但是已經絕版的書，還有很多日治時期留下來的重要文獻。

二〇〇二年起，我一有空就窩在圖書館，把這些書抽出來，一頁一頁翻閱。逐一記錄那些來自熱帶雨林的植物名稱、學名、科別、原產地、特徵、引進年代、栽培地點。從一筆開始，逐漸累積。包含台灣稀有的原生植物與外來植物，畢業前共記錄下一千多筆資料。當中很多植物都是上課時老師不曾提過的，坊間的出版品也沒有介紹。甚至我逐筆上網搜尋，都沒有任何中文資料。有些資料因為年代久遠，學名已修訂或是字母拼錯，我都一一修正、並列。

曾於應紹舜教授的著作《台灣高等植物彩色圖誌》中，注意到一種無患子科大喬木，名為爪哇耀木。我在其他書上都不曾見過一樣的名字，而這特殊的名字卻一直留在我心裡。

一開始網路上沒有任何中文資料，連國外的資料也不多，照片更是少之又少。幸好它有幾個很關鍵的特徵：果皮上有短刺、一回羽狀複葉、新葉紅色。

拜照相手機普及之賜，越來越多人將身邊見到但是不認識的植物上傳網路求名。很多曾經以為早已不存在的植物，陸續被發現。

就在我幾乎要放棄找尋爪哇耀木之時，摯友小兔校長在高雄原生植物園見到一棵很特別的植物，解說牌所標註的名稱是龍眼，可是細心的小兔覺得不太對勁，怎麼看它都跟龍眼有所不同。直到它結果，終於真相大白。龍眼果實怎麼會有刺呢？比對特徵，不正是多年來尋尋覓覓的爪哇耀木？

又經過了數月，網路上也有人分享，在澄清湖後門也有數棵爪哇耀木大樹，但是多年來一直查不到正確名稱。一開始標註為番龍眼[17]，後來又有人說是西非荔枝果[18]。其實這些樹都是無患子科的植物，雖然跟爪哇耀木的葉子都有類似的形態特徵。但是果實完全不同。

爪哇耀木新葉紅色，十分豔麗

爪哇耀木果皮上有短刺

註

17｜拉丁文學名：*Pometia pinnata*
18｜拉丁文學名：*Blighia sapida*

爪哇耀木又稱油患子或刺果木。一九四五年引進台灣。它是一種多用途的樹木。嫩芽與嫩葉可作菜，成熟果實可生吃，特殊酸味能夠刺激食慾。樹皮含有單寧，是天然的染劑，也被用來治療皮膚發炎等症狀。木材堅硬、耐用。種子可榨油，稱為kusum oil，供治療皮膚問題、刺激生髮、緩解風濕及烹飪。此外，爪哇耀木亦是下一章將介紹的蟲膠蟲的重要寄主。

爪哇耀木原產於喜馬拉雅山南麓及印度西部。由於它的用途廣泛，被引進馬來西亞，並廣泛歸化於印尼。

不過，我對於爪哇耀木的引進史仍有諸多疑惑。為什麼引進之初要栽培於高雄女中呢？高雄女中究竟還有沒有爪哇耀木？一九四五年是二次世界大戰結束的時間，兵荒馬亂的年代怎麼會有空引進植物？

雖然我已尋獲爪哇耀木，並且順利繁殖，保留該樹種，但是這些問題仍然令我百思不解。

尋獲的爪哇耀木並順利繁殖

爪哇耀木繼續生長成羽狀複葉

爪哇耀木

學名：*Schleichera oleosa* (Lour.) Oken

科名：無患子科（Sapindaceae）

原產地：印度西部、斯里蘭卡、尼泊爾、緬甸、泰國

生育地：常綠林、半落葉林、落葉林

海拔高：900m 以下，最高可達 1200m

爪哇耀木是單種屬，屬名是為了紀念瑞士植物學家 J. C. Schleicher。大喬木，高可達 40 公尺。一回羽狀複葉、新葉紅色。花細小，雜性花，雌雄同株或異株，圓錐花序腋生。果實表面有刺狀突起，果皮薄。中果皮似龍眼，是一層薄薄的半透明的果肉。種子堅硬，短棒狀子葉在內果皮中彎曲成腎形。幼苗有重演化現象，發芽後第一片真葉為三出複葉，而後才變成羽狀複葉。

種子堅硬，短棒狀子葉在內果皮中彎曲成腎形

爪哇耀木剛發芽的小苗是三出複葉

最善良也最邪惡的植物——油棕櫚

雖然爪哇耀木是一種多用途的植物，但是它的使用侷限在印度及東南亞地區。如果要說最廣泛被用來榨油，而且是高經濟價值的熱帶雨林植物，不得不提到油棕櫚。它是最善良的植物，解決了許多熱帶國家貧窮問題；卻也是最邪惡的植物，造成了無法彌補的危害！

油棕櫚或稱油椰子，原產於西非的熱帶雨林，是世界三大植物油原料。它的果肉可以榨棕櫚油，果仁也可以榨棕櫚仁油。

油棕櫚的使用歷史比天然橡膠還要早。十九世紀在埃及出土的文物中發現，西元前三千年棕櫚油就被帶到了埃及。

中非和西非地區很早就將棕櫚油作為食用油。工業革命後，大量使用棕櫚油作為機械的潤滑劑。一八七〇年代，棕櫚油成為西非許多國家的主要出口產品。時至今日，印尼成為全世界最大的棕櫚油產地，其次是馬來西亞。兩國占全球棕櫚油總產量逾八成。

油棕櫚的單位面積產油量是椰子的二至三倍，花生的七至八倍；加上棕櫚油富含胡蘿蔔素、維他命等營養成分，在高溫情況下也較為穩定，因此被廣泛應用，大規模生產。而今，我們生活中充斥棕櫚油。從可食用的餅乾、巧克力、冰淇淋、奶油，油炸速食麵；清潔用的肥皂、洗髮精、各式清潔劑；化妝品中的口紅、指甲油；乃至於潤滑油、防鏽劑、生物柴油……幾乎無所不在。大量需求使得棕櫚油生產量不斷提高，占全球油脂總生產量逾三成。而榨油之後的果仁可以作為飼料及肥料，果殼可以作活性碳或燃料，果梗還可以製造牛皮紙、燃料，是相當多用途的植物。

從應用的角度來看，油棕櫚真的是一種非常好用的植物。此外，開闢油棕櫚園還可以快速且大量製造就業機會，解決貧窮的問題。印尼政府為了「拚經濟」，大力推廣油棕櫚的種植。從一九六八年全國只有十二萬公頃，至二〇〇八年已經突破六百萬公頃。

為了栽種油棕櫚，印尼政府大規模砍伐及焚燒熱帶雨林，使得成千上萬的珍貴動植物消失，而產生的霾害更影響周邊許多國家，造成嚴重的經濟損失。同時排放大量的二氧化碳，讓溫室效應及全球暖化更加嚴重。

油棕櫚來自熱帶雨林，但諷刺的是，人類為了栽培更多油棕櫚而大規模砍伐熱帶雨林。部分素食主義者一直推廣不要吃肉、不要殺生，減少飼養牛、豬隻所造成的二氧化碳排放與森林的破壞。殊不知他們所推崇營養又耐高溫的植物油——棕櫚油，才是生靈塗炭的罪魁禍首！

表面上看似最善良的植物：多用途、高產量，又解決熱帶地區的貧窮問題。背後卻是人類貪婪與短視近利的總和。油棕櫚何辜？邪惡的從來不是植物本身，而是為了自身利益破壞原始森林的政府和財團。更可怕的是，全世界有多少消費者，大量消費這些原料來自熱帶國家的便宜商品。在無意識的情況下，你、我，都成為了破壞雨林、造成全球暖化的幫兇！

台灣常見的油椰子即是油棕櫚。該屬有兩種。一種產在美洲，而最常見的油椰子產在非洲，故又稱為非洲油棕。其拉丁文學名的種小名 *guineensis* 意思是指它的原產地是幾內亞。這裡的幾內亞，英文 Guinea，是非洲幾內亞灣沿海地帶，從塞內加爾至赤道幾內亞等國，而非指西非稱為幾內亞的特定某個國家。

台灣最早於一八九八年由福羽逸人自日本寄來種子。一九〇三年柳本通義自越南購買，一九〇九年田代安定自印度輸入，一九三八年佐佐木舜一又從南洋引進一次。大概所有常引進植物的日本人都引進過油椰子。各地公園、校園皆可見栽植作為景觀植物。雖然舊的文獻都有提到油椰子的價值，但是台灣似乎不曾有過大規模栽培油椰子的計畫。

油棕櫚植株

常綠喬木，單幹，高可達 20 公尺。一回羽狀複葉，葉基部小葉變成刺狀。單性花，雌雄同株，異穗。果實成熟時黑色，基部橘紅色。種子發芽需要將近一年，甚至更長的時間。

油棕櫚植株

油棕櫚果實成熟時黑褐色，基部橘紅色

剛發芽的油棕櫚

油棕櫚

學名：*Elaeis guineensis* Jacq.

科名：棕櫚科（Palmae）

原產地：中西非

生育地：河岸森林或淡水沼澤

海拔高：1300m 以下

九月的油桐花

如果常留意身邊的植物，或許會發現，油桐花在秋天又開了。

花量不多，沒有滿樹的白，地上倒還是有落花兩三點。可是奇怪，油桐花不是五月雪嗎？怎麼會九月開花？多數人第一直覺反應：「氣候異常啊！連花期都亂了。」這幾年還會有不明就裡的記者繪聲繪影報導「氣候亂象」。可是真的是如此嗎？非也！其實油桐花本來就是一年開兩次。

二十多年前我就注意到很多花一年都開兩次。當時夏天還不那麼熱，全球氣候變遷的討論還僅限於學術圈。台灣初成立環保署，連垃圾分類都剛起步，更不流行賞油桐花的行程。如果問問老一輩的農人，多數會告訴你：花本來一年就是開兩次。不是只有油桐花如此，藍花楹、流蘇、黑板樹……很多景觀植物皆是如此。因為影響植物開花的不是氣候，而是最簡單的日照時間長短。

在溫帶國家，植物在春天開花，秋天結果。九月後樹葉也開始慢慢變黃，因為很快地氣溫就要不斷往下掉，需準備度冬。但是台灣位於亞熱帶，除了寒流來襲，其他時候氣候溫暖，適合植物生長，植物並不一定需要落葉度冬。秋天跟春天是一年最舒服的兩個季節，不會過於炎熱或寒冷，日照時間充足，不會

過長或過短，於是亞熱帶植物就出現一年花開兩次，秋日花果並存的現象。

再說回油桐花吧！台灣過去並沒有油桐花，更沒有桐花節。油桐花的引進、推廣、廢棄於山林，有其歷史淵源。

油桐屬植物在較舊的圖鑑上列有五種，分別是最常見的廣東油桐、光果油桐、日本油桐、石栗以及菲律賓油桐。儘管有些學者認為應該細分成三個屬，但這幾種植物都有一個共同點，就是種子可以榨「桐油」。

桐油有毒，不能食用。在化工還不發達的年代，防水性佳的桐油被用來製作塗料，塗在木製品上作為保護之用，也塗在船的外殼與油紙傘上防水。而油桐樹的木材軟，容易加工，是火柴棒、木屐、木製樂器的原料。油桐類的植物雖然不是台灣原生種，但是由於它的諸多用途與民生息息相關，明清時期來自華南地區的先民便引進了廣東油桐、光果油桐及日本油桐。一九一五年圖南產業株式會社復又引進廣東油桐與光果油桐。石栗是一九〇三年首次輸入。菲律賓油桐則是一九三五年引進。

最初油桐在台灣栽培不多。一九一五年，日本政府積極推廣，由三菱製紙公司自中國運進大量的廣東油桐與光果油桐樹苗，台灣才開始大面積栽培，供軍事及工業使用。

二次大戰期間，國際桐油價格飆升，讓台灣的油桐栽培面積快速增加。戰後，桐油需求減少，化學工業開始發展，桐油逐漸被取代，油桐林也逐漸荒廢。

一九七七年，政府實施山地保留地加速造林政策，油桐是當時被選定的樹種。這是油桐第二次被政府推廣栽植。

滿山的五月雪景

圖片提供／田碧鳳

後來有段時間，日本家具市場需要梧桐木製作抽屜，台灣便一窩蜂種植梧桐。可是梧桐感染了簇葉病，加上梧桐生長速度較慢，不肖業者便以油桐濫竽充數，謊稱是梧桐來外銷。一開始日本沒發現，仍舊高價收購。此舉刺激更多人加入油桐栽培行列。後來日本覺得不對勁，派人來台考察，發現台灣以油桐魚目混珠。日本不再向台灣購買梧桐木，台灣自此斷了這條貿易之路。油桐被棄置於台灣山林，任其蔓延。

二〇〇一年客家委員會成立，次年，客委會為推廣客家文化，結合旅遊及賞花活動，創辦了客家桐花季，是台灣瘋迷五月雪之濫觴。

台灣目前大家普遍認識，又被稱為五月雪的油桐花，是廣東油桐。又稱皺桐、木油桐、千年桐。大戟科喬木，高可達20公尺。枝條輪生。單葉、互生、全緣或三到五裂。葉基部有兩腺體，葉柄細長。單性花，雌雄異株。花白色，圓錐狀聚繖花序，頂生。核果具三稜，表皮有許多橫向皺褶。原產於中國南方及中南半島。目前已普遍歸化於全台低海拔山區。光果油桐（拉丁文學名：*Vernicia fordii*）花期主要在3月，只有北部地區較常見。日本油桐（拉丁文學名：*Vernicia cordata*）則不確定台灣是否有引進。

油桐花

學名：*Vernicia montana* Lour./*Aleurites montana* (Lour.) E.H. Wilson.

科名：大戟科（Euphorbiaceae）

原產地：中國南部、緬甸、泰國、寮國、越南

生育地：森林邊緣或疏林

海拔高：1300m 以下

開花的廣東油桐

廣東油桐落花滿地

圖片提供／田碧鳳

油桐花近景

菲律賓油桐大概是整個油桐引進歷史中，最鮮為人知的種類。原產於菲律賓，一九三五年（日昭和十年）日本設立竹頭角熱帶植物母樹園時，由佐佐木舜一引進台灣。

菲律賓油桐所有的使用價值，都可以被其他種類的油桐或石栗取代，加上生長速度較其他油桐來得慢，因此較少被栽培。目前只有在台北植物園、台中霧峰台灣省議會、美濃雙溪熱帶樹木園、屏東科技大學校園有幾株大樹。

樹林下的菲律賓油桐小苗

菲律賓油桐果實與種子

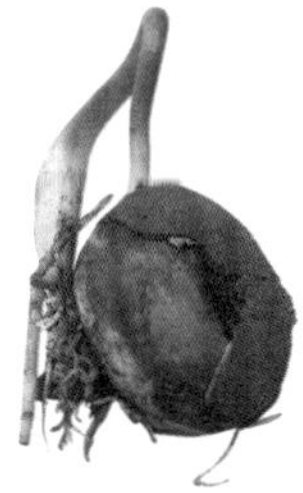

剛發芽的菲律賓油桐

菲律賓油桐是喬木，高可達 15 公尺。單葉、互生、心形、全緣或波狀緣。頂生圓錐花序。蒴果三裂，果皮厚，種子橢圓形。種子可以榨油作油漆的原料。過去分類屬於為油桐屬（*Aleurites*），現在被獨立，自成一屬。

菲律賓油桐

學名：*Reutealis trisperma* (Blanco) Airy Shaw/*Aleurites trispermus* Blanco

科名：大戟科（Euphorbiaceae）

原產地：菲律賓

生育地：原始森林

海拔高：低至中海拔

天然的味精——石栗

嚴格來說，油桐花不算熱帶雨林的植物，只能算是熱帶或亞熱帶季風林的植物。油桐類植物中，真正生活於熱帶雨林的是石栗與菲律賓油桐。尤其石栗更是跟人類的生活息息相關。

石栗廣泛分布在東南亞各國，一九〇三年田代安定委託至越南出差的柳本通義購買種子而引進。在台灣，石栗不算罕見。除了各大植物園，不少公園及校園內也都有栽培。不過，石栗的花沒有油桐花那般大而明顯，會注意到的人較少。

石栗的果實可以榨油，也稱為桐油，東南亞地區使用石栗的情況，與中國使用油桐榨油一樣普遍，使用方式也十分類似。可作為木材防腐、紙類防水塗料，或是製成肥皂、燈油、生質柴油等。尤其是燈油，至今太平洋島嶼仍有許多土著燃燒石栗油作為照明，所以石栗又被稱為燭果樹。此外，石栗油還供藥用，作為瀉藥、治療落髮、皮膚硬繭等，不過，石栗最特別的仍是它可以食用。

由拉丁文學名來看，石栗應該稱為摩鹿加油桐。但是最常使用的名稱仍舊是石栗。它的種子形狀及大小像栗子，但是卻堅硬如石頭。

石栗果實及種子

油桐類植物都有毒，一顆種子就可能致命。可是石栗很特殊，毒性較低，烤熟後可以食用。味道如花生，東南亞地區當成零食。

傳統馬來美食常使用石栗的果仁。印尼則稱之為 Kemiri，把它當成大然的味精，製成醬料，添加少許在傳統料理中提味。夏威夷則混合一種海藻做成香料。

台灣大約有二十五萬名印尼籍移工——其中有十九萬是印尼幫傭，還有兩萬八千名左右的印尼籍配偶，五千多位印尼籍僑生。每年有大約二十萬台灣人到印尼峇里島等地區出差、旅遊。在台北火車站附近有一條印尼街，桃園、中壢、台中火車站附近，都有許許多多的印尼小吃店。或許很多人不曾踏進這些區域，但是面對這個我們既陌生又熟悉的國家與新住民，除了烤沙嗲、炸天貝[19]，我們是不是也可以藉由更多飲食文化來了解彼此？

註

19｜英文：Tempeh、印尼文：Tempe

新興的油用植物

油是生活中重要的物品，除了食用、工業用，這些年伴隨著全球暖化議題，生質柴油的研發與需求日益提高，人類仍不斷自熱帶雨林尋找新的油用植物。眾多新興油用植物中，特別值得一提的，是來自亞馬遜河原始森林的南美油藤與巴西柴油樹。

南美油藤又稱印加花生、星果藤，在南美地區栽培及應用已數百年。因為二〇〇七年在法國獲得一個叫作AVPA特色食物競賽金獎，而引起世界關注。它的種子可以食用，也可以榨油。營養價值高，是目前國外積極推廣的植物。二〇〇九年祕魯開始商業種植，東南亞地區也開始廣泛栽培。台灣大約在二〇一〇年引進，中南部也陸續有農民大面積種植。

巴西柴油樹又稱為蘭氏柯柏膠，也有人直接音譯作苦配巴樹。其實它的樹脂主要是供藥用，而非油用，跟第四章將介紹的同屬植物柯柏膠具有同樣的功效，南美洲的原住民於哥倫布發現新大陸前便開始使用。近幾年研究，還發現可以作為生質柴油。國外為了凸顯它的功用，甚至曾經合成柴油樹可以直接作為汽車加油站的誇張照片。國內有些業者不察，過度渲染其效用，直接取名為巴西柴油樹。

仔細看國外研究，每株大樹每年大約能提供四十至五十五公升的樹脂，每公頃約一萬二千公升。產量確實豐厚，但是每年能採油的時間有限制，並不能像加油站無止盡使用。

可供作生質柴油的植物性油脂還有許多種類，巴西柴油樹於美洲以外地區較少商業栽培。大約二〇一〇年後種苗商引進台灣，供喜好獵奇的國人作趣味性種植，僅知於桃園復興鄉有大面積柴油樹林。

石栗

學名：*Aleurites moluccana* (L.) Wild

科名：大戟科（Euphorbiaceae）

原產地：中國南部、緬甸、泰國、柬埔寨、越南、馬來西亞、蘇門答臘、爪哇、婆羅洲、蘇拉威西、摩鹿加、小巽他群島、新幾內亞、索羅門、澳洲、太平洋島嶼、菲律賓

生育地：熱帶海岸林、次生林或原始林內受干擾處、河岸

海拔高：0-1600m

石栗植株

石栗是大喬木，在赤道無風帶可高達 47 公尺，不過一般多半約 20 公尺。單葉、互生、全緣或三到五裂。葉柄細長，新葉、葉柄及幼枝密布星狀毛。單性花，雌雄同株，花白色，圓錐狀聚繖花序，頂生。核果。種子大型，幼苗也很高大，十分耐陰，就像同科的巴西橡膠樹一般。

石栗的葉子

石栗的花

柴油樹

學名：*Copaifera langsdorffii* Desf.

科名：豆科

原產地：蓋亞那、巴西、玻利維亞、巴拉圭、阿根廷

生育地：原始林、次生林、河岸林，以及森林跟疏林的過渡帶

海拔高：低地

柴油樹是豆科的大喬木，高可達 35 公尺。一回羽狀複葉、小羽片全緣，新葉紅色。花細小，米白色，圓錐花序。豆莢橢球型，成熟後會開裂，種子有橘黃色種臍。小苗耐陰，生長速度慢。

柴油樹的新葉

南美油藤

學名：*Plukenetia volubilis* L.

科名：大戟科（Euphorbiaceae）

原產地：哥倫比亞、委內瑞拉、巴西北部、厄瓜多、祕魯、玻利維亞

生育地：亞馬遜雨林

海拔高：1700m 以下

南美油藤又稱印加花生、星果藤，是大戟科的藤本植物。單葉、心形，鋸齒緣，葉尖尾狀。單性花，雌雄同株。蒴果。種子圓扁狀，富含油脂。

南美油藤的果實

南美油藤的植株

南美油藤的種子

Chapter 03

只溶你口不溶你手的黑膠唱片

天然塑膠

膠蟲樹

黑膠唱片與《本草綱目》——膠蟲樹

「啥咪！只溶你口不溶你手的巧克力是葷的，為什麼？」

大家都知道巧克力是植物做的，是素食。但是恐怕很多人都不曉得，只溶你口不溶你手的「膠」是「蟲膠」，一種動物的遺骸，嚴格來說不算是素食。

蟲膠可說是天然的塑膠，又稱紫膠、洋干膠。無毒、無味，不溶於水，使用非常廣泛。可以作為塗料、防潮劑、食品添加劑、染劑、黏著劑等，如添加在果汁中的色素、睫毛膏、黑膠唱片，過去製作小提琴所使用的酒精漆、芭蕾舞鞋的黏著劑等，主要成分都是蟲膠。

蟲膠跟天然橡膠一樣是高分子聚合物，但是它的歷史不像天然橡膠那麼清楚。人類大約三千年前開始使用蟲膠，最早紀錄出現在印度古代的史詩作品《摩訶婆羅多》，描述古代由蟲膠打造的宮殿。

大約在一五五〇至一六五〇年間，蟲膠才被廣泛介紹到歐洲。在此之前，中世紀的歐洲，從義大利威尼斯開始，木頭家具會使用一種特殊塗料。十三世紀有些裝嫁妝的彩繪木盒上也有這種特殊塗料。可是這些塗料製作一直沒有明確的紀錄，只知道似乎是來自一種樹脂。直到近代，美國使用紅外線光譜鑑定一批十六世紀的木材，才發現木材上的塗料就是蟲膠。

中國古代稱蟲膠為紫鉚、紫礦、紫臥、紫梗等，為製作紅色顏料及胭脂的材料，亦可入藥。唐朝張彥遠——被稱為國畫歷史家之祖，在其重要著作《歷代名畫記》中曾提到南海來的「紫鉚」可作紅色顏料[20]。一六三七年，明朝科學家宋應星的著作《天工開物》，書中關於植物染的部分，有提到紫臥是做胭脂的上等材料[21]。

一五七八年，明朝醫藥及博物學家李時珍大作《本草綱目》中，介紹胭脂的部分有提到古代以紫礦做胭脂。蟲類相關篇章更是大篇幅介紹紫鉚，包含它的樣態、製作方式、產地、膠蟲的描述、藥效等，有非常詳盡的描述[22]。

隨著科技進步，十九世紀中期開始，蟲膠被廣泛應用。在人工合成塑膠發明前，所有塑膠製品幾乎都是蟲膠所製作——尤其是黑膠唱片用量最大。至一九五〇年代，化學工業逐漸發達，蟲膠才慢慢被合成塑膠、樹脂所取代。不過蟲膠無毒，時至今日，一些食品添加劑或化妝品中仍舊可以見到蟲膠的使用。

註

20｜張彥遠《歷代名畫記》第二卷 · 論畫體工用拓寫，當中關於蟲膠相關記載全文：「夫工欲善其事，必先利其器。齊紈吳練，冰素霧綃，精潤密致，機杼之妙也；武陵水井之丹，磨嵯之沙，越嶲之空青，蔚之曾青，武昌之扁青，上品石綠。蜀郡之鉛華，黃丹也，出本草。始興之解錫，胡粉。研煉、澄汰、深淺、輕重、精粗；林邑昆倉之黃，雌黃也，忌胡粉同用。南海之蟻礦，紫礦也。造粉、燕脂、吳綠，謂之赤膠也。」

21｜宋應星《天工開物》彰施 · 第一卷原文：「燕脂古造法以紫礦染綿者為上，紅花汁及山榴花汁者次之。近濟寧路但取染殘紅花滓為之，值甚賤。其滓乾者名曰紫粉，丹青家或收用，染家則糟粕棄也。」

22｜李時珍《本草綱目》草之四 · 隰草類上五十三種 · 燕脂原文：「一種以紫礦染綿而成者，謂之胡燕脂，李：南海藥紫梗是也。大抵皆可入血病藥用。又落葵子亦可取汁和粉飾面，亦謂之胡燕脂，見菜部。」
李時珍《本草綱目》蟲之一 · 卵生類上二十三種 · 紫鉚原文：
「【釋名】，赤膠（蘇恭）、紫梗。時珍曰：梗是矣
【集解】恭曰：紫，紫色如膠。作赤皮及寶鈿，用為假色，亦以膠寶物。云蟻於海畔樹藤皮中為之。紫樹名渴廩，騏竭樹名渴留，正如蜂造蜜也。研取用之。《吳錄》所謂赤曰：《廣州記》云：紫生南海山谷。其樹紫赤色，是木中津液結成，可作胡胭脂，余滓志曰：按別本注言：紫、騏竭二物同條，功效全別。紫色赤而黑，其葉大如盤，從葉上出。騏竭色黃而赤，從木中出，如松脂也。」

蟲膠是一種被稱為「膠蟲」的介殼蟲雌蟲所分泌。膠蟲對植物而言是一種害蟲，又稱為塑膠蟲，就是台語常說的「龜神」，拉丁文學名是 *Kerria lacca*。牠寄生在樹木的枝條上，吸食樹木的汁液維生，分泌出「蟲膠」包覆住全身，以保護自己。

蟲膠十分堅硬，採集蟲膠時會連樹枝一起採下，搗碎後用溶劑溶解，去除樹枝及膠蟲外殼等雜質。膠蟲所分泌的蟲膠中大約有65%～80%是樹脂，5%～6%是蠟，0.6%～3%是色素，該色素就是優良的天然紅色染料。由於應用廣泛，膠蟲曾與蜜蜂、蠶並列世界三大養殖昆蟲。

膠蟲於一九一二年首次引進台灣，但引進後受到颱風侵襲，遂告失敗。後來又數度引進結果也不理想，直到一九四〇年才成功。不過，一九四〇年日本控制了蟲膠重要產地泰國，加上合成塑膠聚氯乙烯[23]開始大量生產，蟲膠需求日漸減少。台灣並沒有因為引進膠蟲生產蟲膠而獲利，反倒使龍眼、荔枝、釋迦等果樹飽受膠蟲危害。

樹枝上的紫膠蟲

23 ｜英文為 PolyVinyl Chloride，縮寫是 PVC

再說回蟲膠，雖然蟲膠是膠蟲所分泌，但是寄生樹種會大大影響蟲膠的品質。要生產好的蟲膠，膠蟲與優良的寄主樹缺一不可。雖然膠蟲對寄主沒有專一性，但是仍有所偏好，特別喜歡生活在豆科、無患子科植物的樹枝上。

印度，蟲膠應用的起源。時至今日仍是蟲膠的生產大國。印度將膠蟲飼養在膠蟲樹及第二章開頭所介紹的爪哇耀木樹上。

國內介紹蟲膠歷史的文獻都會提到膠蟲，但是卻較少介紹膠蟲樹或是其他膠蟲的寄主植物。反倒是中國的古書有描述。

根據《本草綱目》記載，中國古代稱膠蟲的寄主樹為紫樹。再仔細看書中抄錄諸多對紫樹的描述，不難發現紫樹不是指特定一種植物。其中晉朝《廣州記》：「紫色赤而黑，其葉大如盤」，我相信正是在描述膠蟲樹，因為很少植物具有如膠蟲樹般那麼巨大的葉子。這可能是膠蟲樹在中國古書中的第一筆描述。

膠蟲樹於一九三〇年代引進，最初栽培於台北植物園。不過現在台北植物園已見不到膠蟲樹，僅中南部有零星栽培。彰化和美鎮應該是栽培最多膠蟲樹的地方，當初為何而種已不可考。

膠蟲樹生長緩慢，目前全台各地栽培的膠蟲樹老樹，應該都有數十年的歷史。從引進時間、膠蟲樹的主要用途來看，都與膠蟲的飼養密不可分。

近年來，本土樹種逐漸受到重視，加上一些外來的熱帶植物又具入侵性，許多富含歷史意義，但是無法自行繁衍的熱帶植物卻也飽受無妄之災。彰化和美鎮的膠蟲樹，二〇一二年後有不少被整棵伐除。令人十分痛心。

膠蟲樹的葉子如盤子一樣巨大

膠蟲樹

學名：*Butea monosperma* (Lam.) Taub.

科名：豆科（Leguminosae）

原產地：巴基斯坦、印度、斯里蘭卡、尼泊爾、中國雲南、緬甸、泰國、寮國、柬埔寨、越南、馬來西亞、爪哇

生育地：森林、草地或荒地

海拔高：1500m 以下

膠蟲樹花盛開時相當壯觀，
英文稱為森林火燄（Flame of the forest）

膠蟲樹是豆科喬木，高可達 20 公尺。三出複葉、互生，小葉全緣，葉基膨大。花橘紅色，聚繖花序，頂生或腋生。莢果褐色，刀形，下緣波浪狀。內含種子一枚。小枝、花軸、花萼、花瓣上都密被毛。它是膠蟲的重要寄主，故稱膠蟲樹。除了栽培供膠蟲寄生，膠蟲樹的花可作為天然的染料，樹汁可供藥用。花盛開時相當壯觀，英文稱為森林火燄（Flame of the forest）。台灣中南部校園及公園偶見栽植，中興大學森林系館東側便可見到。

膠蟲樹像翅膀一樣的
豆莢與種子

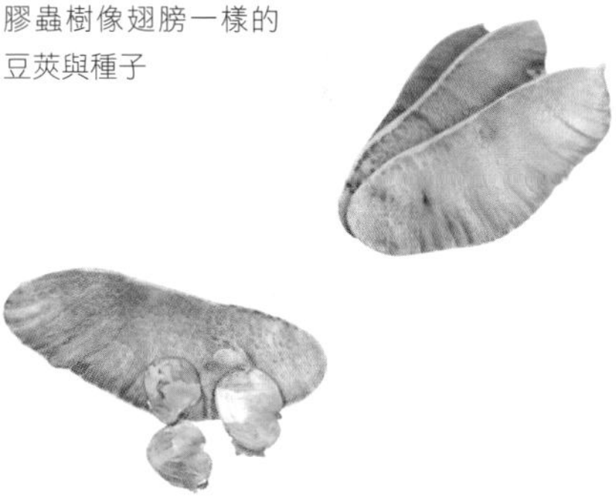

膠蟲樹剛發芽的小苗

膠蟲樹的落花

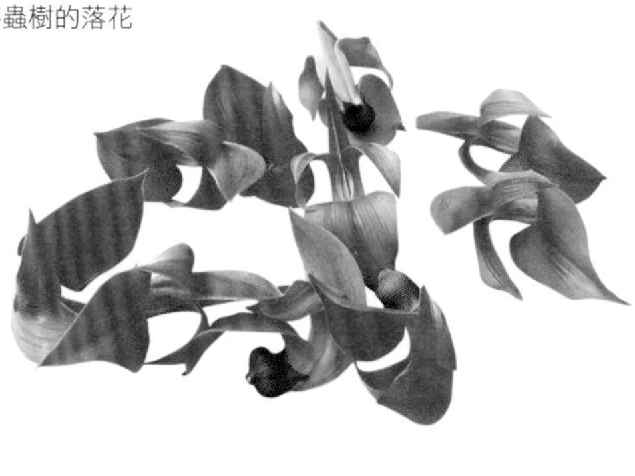

Chapter 04

通寧水與樂生療養院

藥用植物

大葉金雞納

誤會、瘧疾與通寧水——大葉金雞納與毛土連翹

誤會

「哇！怎麼長得不一樣！」

在台北念書的時候，我總是喜歡往台北植物園跑。印象中台北植物園和平西路的入口處有兩棵高大的落葉植物，牌子上寫著大葉金雞納。而民族植物區入口則有一株白金雞納樹。還是學生時，我常常比對兩棵樹的落葉，對照書本與植物園網站上的形態記錄，怎麼樣都看不出兩種金雞納樹的差異。

打開植物圖鑑，書上記錄著六龜扇平自然教育園區與台大溪頭自然教育園區有栽培白金雞納樹。

二〇一四年底有機會到溪頭森林遊樂區，特地跑到大學池林道，觀察白金雞納樹在柳杉人工林內更新的情況。不過，到了現場看了解說牌，才發現溪頭栽培的是大葉金雞納樹，而非書上記錄的白金雞納樹。遠遠看著大葉金雞納樹佇立在步道旁，一開始還沒發現差異，只是覺得它與台北植物園裡栽培的大葉金雞納樹似乎有所不同。

回家後比對照片才發現：「咦？溪頭的大葉金雞納怎麼不似台北植物園的大葉金雞納冬天會落葉？」再仔細比較，兩者雖然十分相似，但是溪頭的大葉金雞納樹，葉較薄，葉面的毛更多更密，而且小苗的根沒有肥大的現象。

這下我被搞糊塗了。兩個學術單位都掛牌標示大葉金雞納樹，那究竟何者才是真正的大葉金雞納樹呢？難不成要跑一趟六龜，投票表決？

二〇一五年初，我又回到台北植物園尋求答案，發現標示牌已經全改了名字，改叫作「毛土連翹」。搜尋相關資料才知道有相同疑問的人不只有我。

二〇一三年植物學家呂勝由先生與夏威夷植物園的植物分類學家討論後，發現台北植物園、恆春熱帶植物園、六龜扇平工作站等林業試驗所轄下的植物園與試驗場，栽培的全部都是毛土連翹。

這下終於可以安心，原來當年還是學生時非觀察力不好不會區分，而是台北植物園中栽培的全部都是同一種植物，而且不是金雞納樹，是「毛土連翹」。

這個將近一個世紀的誤會，終於解開，也讓我有機會再多認識一種植物。

溪頭的大葉金雞納樹

台北植物園的毛土連翹

瘧疾與通寧水

話說回來，不論是大葉金雞納樹或毛土連翹，都是治療瘧疾的植物。瘧疾由瘧原蟲所引起，經由蚊子叮咬傳染，存在已超過萬年，古今中外皆是一種惡疾，相關的記載不計其數。一直到歐洲人在美洲發現奎寧與金雞納樹後，不治之症瘧疾才有了治療的方法。

創立印加帝國的克丘亞人[24]在歐洲人到達南美洲之前，便懂得使用金雞納樹作為肌肉鬆弛劑，緩解類似瘧疾症狀的疾病。

註

24 | 英文：Quechua people

一六〇五年，耶穌會宣教士阿戈斯蒂諾[25]來到祕魯，發現了克丘亞人使用一種樹皮，來治療發燒及因為發燒引起的冷顫。一六三一年另一位耶穌會的弟兄，也是一位植物獵人伯納貝[26]將這種樹皮帶回歐洲，並命名為耶穌會藥粉，開始用於瘧疾的治療。不過這種藥起初被視為旁門左道。

時間再拉回一六二九年，第四任欽瓊[27]伯爵路易斯．波旁迪拉爵士[28]被派駐到現在祕魯的首都利馬擔任總督。一六三八年，路易斯爵士的妻子安納[29]罹患瘧疾。一直到末期，出於無奈，在醫生的建議下服用安地斯當地的偏方——奎納奎納[30]，沒想到奇蹟似地復原了。一六三九年，路易斯爵士伉儷回到西班牙，並帶回大量奎納奎納。不過後來考證，這段歷史應該是杜撰的。

一六七二年英國以治療瘧疾而聞名的無牌醫生羅伯特．塔伯爾[31]使用一項祕方治癒英國國王查爾斯二世[32]而成為皇家醫學會一員。一六七九年，塔伯爾又成功治癒了法國國王路易十四[33]兒子的瘧疾。一六八一年塔伯爾死後不久，路易十四便發現塔伯爾的祕方藥中，含有曾被他自己嚴厲抨擊的耶穌會藥粉。

一六九三年，路易十四派到中國的宣教士洪若翰也使用同樣的藥物治癒康熙皇帝。後來，曹雪芹的祖父金陵織造曹寅染上瘧疾，向康熙求藥，卻因為距離太遠，藥送達前曹寅便去世了。這段小插曲大概是中國跟金雞納樹的首次接觸。

註

25｜英文：Agostino Salumbrino，天主教耶穌會的宣教士，身兼藥劑師
26｜西班牙文：Bernabé Cobo
27｜西班牙文：Chinchón
28｜西班牙文：Luis Jerónimo Fernández de Cabrera Bobadilla
29｜西班牙文：Ana de Osorio
30｜西班牙文：Quina Quina
31｜英文：Robert Talbor
32｜英文：Charles II
33｜法文：Louis XIV

一七三七年，那位才剛將天然橡膠樣本帶回歐洲研究的科學家康達明[34]，來到了厄瓜多首都基多，這次他觀察當地原住民製作奎納奎納，並於隔年在法國科學院發表文章《奎寧樹上》[35]，介紹了三種可以製作奎納奎納的植物及製藥方法。

一七四三年康達明將植物標本寄給了植物學家林奈[36]。為了紀念前述那段歷史，一七五三年林奈替這種植物命名時，便以路易斯爵士的封地欽瓊[37]的西班牙文 Chinchón，作為金雞納樹的屬名 *Cinchona*。雖然當時林奈先牛拼錯字，少了一個 h，但一八六六年國際植物學會仍決議不做校正。

奎納[38]本意是樹皮，而奎納奎納意思為樹皮中的樹皮，或是神聖的樹皮。克丘亞人用來指具有療效的幾種金雞納樹的樹皮。十七世紀末，歐洲商隊開始進入南美洲叢林，大量砍伐生產奎納奎納的樹木。往後一百年，西班牙控制了安地斯山區與金雞納樹皮的國際貿易市場。

一八二〇年法國化學家佩爾蒂[39]與卡方杜[40]，從金雞納樹的樹皮中成功將金雞納鹼分離，並取名為奎寧[41]。

註

34｜法文：Charles Marie de La Condamine
35｜法文：Sur l'arbre du quinquina
36｜卡爾·馮·林奈，瑞典文：Carl von Linné，拉丁文：Carolus Linnaeus
37｜西班牙首都馬德里東南方的小鎮
38｜西班牙文：Quina
39｜法文：Pierre Joseph Pelletier
40｜法文：Joseph Bienaimé Caventou
41｜法文：quinine

跟巴西橡膠樹一樣，被壟斷的高經濟植物多半有許多人覬覦。一八六一年，英國探險家克萊門茨．馬克翰[42]成功自祕魯偷渡金雞納樹的種子與小苗，一部分送回英國，一部分送往印度。

一八六五年，在玻利維亞工作的英國人查爾斯．萊傑[43]發現一種品質更好的金雞納樹，並將種子寄給在英國倫敦的兄弟喬治．萊傑[44]，囑咐將種子賣給英國政府。然而英國政府不願意買單，後來反倒由荷蘭政府收購。這些好的品種後來被荷蘭引進爪哇栽種，英國政府因而錯失了壟斷奎寧的機會。

南美洲的金雞納樹因過度砍伐，產量逐漸下降。爪哇一躍成為金雞納樹的產地。直到一九〇〇年，全世界有三分之二的奎寧都來自爪哇。為了紀念萊傑的貢獻，這種金雞納樹被命名為萊氏金雞納[45]。近代植物學家發現，萊氏金雞納與一八四八年便已經命名的白金雞納樹[46]為同種植物。

二次大戰期間，英國與荷蘭忙於對德戰爭，日本順勢占領馬來西亞及印尼，控制了奎寧的生產。所幸在日本攻占爪哇前，科學家已經順利合成對抗瘧疾的藥物，不然二次世界大戰的結果可能會翻盤。

註

42 ｜英文：Clements Markham
43 ｜英文：Charles Ledger
44 ｜英文：George Ledger
45 ｜拉丁文學名：*Cinchona ledgerianar*
46 ｜拉丁文學名：*Cinchona calisaya*

時至今日，醫藥發達，人類已不再仰賴金雞納樹。不過，奎寧卻搖身一變，成為通寧水[47]的主要成分，被添加在各種雞尾酒之中，如大家較為熟悉的「第一杯酒」——琴通寧[48]。想嚐嚐奎寧的苦澀味嗎？那就到酒吧點一杯琴通寧吧！

台灣的瘧疾與金雞納樹栽培

台灣位於亞熱帶，原本也是瘧疾的疫區。荷蘭人引進雞蛋花，栽種於水邊，希望落花掉入水中可以撲滅蚊子的幼蟲。清末馬偕醫生來台，發現瘧疾問題十分嚴重，下鄉治療常隨身攜帶奎寧。另一位與馬偕同年來台宣教的牧師甘為霖，首度嘗試引進金雞納樹[49]到台灣，栽培於埔里，不過沒有成功。

一八二〇年後，奎寧傳入日本。日文為「キニーネ」，漢字寫為「幾那」或「規那」。明治時期後，奎寧更被視為萬用的西洋聖藥。日本除了學習釀造強身的「幾那酒」，並打算積極發展熱帶栽培業。

一八七五年（日明治八年）日本首次向荷蘭提出請求，希望獲得金雞納樹種苗與栽培方法。次年，荷蘭贈送的金雞納樹種苗抵達日本，並送往小笠原群島栽培。不過，荷蘭贈送日本的金雞納樹，從一開始要求的五百株，嚴重縮水成

註

47 | 英文：tonic water
48 | 英文：Gin and Tonic
49 | 無法確定甘為霖牧師引進的金雞納樹是哪一個品種

四十二株，而且當中高奎寧產量的白金雞納樹以及紅金雞納樹僅各一株，其他都是含量較普通的金雞納樹等種類50，似乎表示荷蘭仍不願意其他國家來瓜分這塊大餅。

第一批小苗運送途中便枯死大半，栽培次年又遭遇風暴而全數枯死。後來屢次引種栽培都是失敗收場，加上一八八〇年（日明治十三年）國際奎寧市場供過於求，價格暴跌，日本一度打算放棄金雞納樹栽培產業。直到占領台灣後才再度燃起栽培金雞納樹的熱情。

一八九五年（日明治二十八年）日本來台，飽受瘧疾威脅。根據日治時期的紀錄，一九一一年前台灣只有三百萬人。平均五人就有一人會得到瘧疾，每年有一萬人死於瘧疾。

或許是為了解決瘧疾的問題，一八九六年，農商務省次官金子堅太郎將荷蘭人贈與的金雞納種子交給台灣總督府殖產局，要求台灣試種。這是日本首次引進金雞納樹到台灣的紀錄，不過後續都沒有下文。一八九八年又自孟買引進大葉金雞納樹，也是失敗收場。

註

50 | 白金雞納樹（*Cinchona calisaya*）即萊氏兄弟賣荷蘭政府，並帶往爪哇的優良種。而紅金雞納樹（*Cinchona succirubra*）為本文開頭提到的大葉金雞納樹（*Cinchona pubescens*）同種異名。普通的金雞納樹拉丁文學名是 *Cinchona officinalis*

時間回到一八八二年（日明治十五年），田代安定受農商務省之邀，考察沖繩地區栽培金雞納樹的可行性，開啟了他對此議題的關注。一九〇一年，田代安定前往東京著手蒐集熱帶植物種苗時，新宿御苑苑長福羽逸人除了贈與橡膠樹外，也贈與了金雞納樹。次年，該批金雞納樹苗被帶到恆春，在福羽所推薦的吉野戡太郎照顧下順利長大，於一九〇九年（日明治四十二年）開花。其他文獻也提到一九〇六年田代安定自爪哇引進白金雞納樹——即前文提到被荷蘭政府帶往爪哇的優良種。但是很可惜，田代安定歷次引進的金雞納樹不敵暴風襲擊而陸續枯死。最終仍全數失敗。

一九〇九年（日明治四十二年），金平亮三來台灣擔任技師。一九一一年殖產局林業試驗場[51]成立，由金平亮三擔任林業試驗場的主事。一九一九年金平亮三升任林業試驗場場長。一九一〇年代，金平亮三指導佐佐木舜一，進行台灣藥用植物的長期調查。由此可知金平亮三對藥用植物相當用心。金平亮三接任林業試驗場的主事第一份研究工作，便是金雞納樹的繁殖與栽培。

一九一二年（日明治四十五年）二月，英國植物學家亨利．約翰．艾維斯[52]來台視察森林，順道經過爪哇時，購買一盎司白金雞納樹種子，贈予了第五任台灣總督佐久間左馬太作為見面禮。而到印度、斯里蘭卡、泰國、南洋諸島視察回台灣的川上瀧彌，也在爪哇及印度各買到一些紅金雞納樹種子。總督命田

註

51｜殖產局林業試驗場為今日林業試驗所前身
52｜英文：Henry John Elwes

代安定製作關於金雞納種子播種的各項準備與注意事項報告，並將報告與這些種子全部交給金平亮三研究。

金平亮三是一位很細心也富有實驗精神的科學家。他分了數次來進行金雞納樹的發芽試驗。從一九一二年三月一日至四月二十八日，金平亮三陸續採用五種方法培育金雞納樹的種子。前三回發芽率60～80％，第四、五回則全數失敗。

五月十九日，他選了首次實驗的一百株小苗進行移植。沒想到六月八日因為夏日高溫全部枯死。後來他記取教訓，入秋後才移植剩下的小苗，沒想到入冬又凍死大半。剩下的植株緊急移入溫室度冬，隔年夏天又折損大半。最後，七百多株小苗只剩下八十三株存活。

除了自己進行實驗，一九一二年八月至一九一四年七月間，金平亮三還將小苗交給各單位協助試驗栽培：請「東京帝國大學農學部附屬台灣演習林[53]」於溪頭栽培六十六棵金雞納樹；川上瀧彌移植一百棵到桃園復興區角板山、移植五十棵到新竹竹東五指山、南投埔里桃米坑五棵、嘉義阿里山五棵；山本由松移植十棵於台北北投。一九一六年確認移植結果：東京帝大演習林存活三十五株，桃園角板山存活四株，南投桃米坑存活三株，皆生長良好。嘉義阿里山存活三株但發育不良，新竹五指山因暴風雨全部枯死，台北北投的苗木亦全數枯

註

53｜「東京帝國大學農學部附屬台灣演習林」光復時由台灣省政府接收，成立第一模範林場。1949 年撥歸台灣大學農學院，仍沿用演習林舊名。次年演習林更名為實驗林。台灣大學農學院前身是 1919 年成立的「台灣總督府農林專門學校」。1928 年，台灣總督府成立台北帝國大學，設理農學部。1943 年理農學部分家，設理學部與農學部。日治時期，台灣大學實驗林附屬於東京帝大，而非台灣大學前身的台北帝大

死。一九一七年復查，桃園角板山與嘉義阿里山全數枯死，僅溪頭與桃米坑還存活。

一九一五年第二批試驗，調整了部分栽培地，結果也不良。一九一六年依川上瀧彌建議，將種子直接配送到各地，不過仍然只有南投竹山林杞埔三菱竹林事務所與東京帝大有成果。一九一八年，在溪頭取得四千株金雞納樹小苗，並於南投廳五城堡蓮華池庄、茅圃庄設立藥用植物培育場來培育金雞納樹。一九二〇年嘉義林業試驗支場在沄水溪大士鳥[54]試驗，生長狀況也十分良好。瘴癘之島台灣，搖身一變成為奎寧製藥寶庫。

一九一四年第一次世界大戰爆發，進口藥品價格暴漲。在台試驗栽種金雞納樹的同時，日本各大藥廠也如火如荼地研究金雞納樹皮，研製奎寧類用藥。一九一八年星規那產業株式會社（簡稱星製藥）率先研發出符合標準的硫酸奎寧，並快速成為世界第二大的奎寧製造商，僅次於荷蘭。

一九一九年，星製藥請田代安定協尋金雞納栽培地，發現屏東來義社武威山氣候與各方面條件都非常適合。一九二二年星製藥委託田代至爪哇購買金雞納樹種子與苗木，開始於屏東來義造林。一九二四年星製藥又於台東知本溫泉附近設置金雞納造林事業，揭開民間業者在台種植金雞納的序幕。可惜在

註

54 | 位於今日嘉義縣中埔鄉

一九二六年遭遇嚴重的暴風，加上後來星製藥倒閉，屏東來義與台東知本的金雞納園便無人管理。

一九二七年，東京帝大於高雄旗山郡六龜庄演習林試種金雞納樹，是學術界投入金雞納樹栽培研究之始。

一九三三年沼田大學根據多年經驗，研發出有別於前所使用的爪哇式集約栽培法，改採粗放的京大式[55]栽培法，大大降低生產成本。同年，武田長兵衛商店向東大借場地設立苗圃。翌年於台東廳大武支廳、高雄州潮州郡的山林中，採用京大式栽培法種植金雞納樹林。

後來星製藥東山再起，鹽野義商店、圖南產業株式會社陸續於台灣栽培金雞納樹。一九三七年中日戰爭爆發，日本產官學緊密合作，台灣金雞納栽培面積達五百多公頃，散於台中州竹山郡，高雄州屏東郡、潮州郡，台東廳台東郡各地。

光復初期瘧疾問題仍未解決。政府依舊積極推廣金雞納造林。日治時期的金雞納園分別由林業試驗所、台大實驗林及衛生處接管。民間經營的金雞納事業則委由台灣省醫療物品股份有限公司管理。

註

55 | 京大式栽培法於台灣施行，所以又稱為台灣式

一九四七年，台醫公司成功從金雞納樹皮中研製出硫酸奎寧，並開始銷往上海和中國其他地區治療瘧疾。國民政府也將金雞納視為國家進步的依據。

一九四九年，台醫公司所生產的奎寧失去了中國的市場，財政出現赤字。一九五〇年，台醫公司不堪長期虧損而結束經營。除了研究機構，全台的金雞納樹林場與工廠均荒廢。當時統計，全台金雞納造林面積近千公頃。台灣老一輩的都還有印象，台語稱呼金雞納為「巾那」。

一九四二年商品化的ＤＤＴ上市，蚊子、蒼蠅、蝨子等害蟲得到控制，瘧疾也開始變少。一九五二年台灣全面噴灑ＤＤＴ，撲殺瘧蚊。一九六五年世界衛生組織正式宣告台灣根除瘧疾。

台灣的瘧疾與金雞納栽培逐漸走入歷史。

然而，經過了一個世紀，二〇一三年台灣的植物學家才發現，原來林業試驗所轄下各單位栽培的，竟是另一種具有類似藥效的藥用植物毛土連翹，而非金雞納樹。真正金雞納屬的植物大葉金雞納樹，目前於台灣大學實驗林內，包含溪頭自然教育園區與鳳凰自然教育園區仍可見到。

當初究竟是哪裡弄錯了，何時弄錯？對這段抗瘧歷史已無關緊要。誤打誤撞引進的毛土連翹仍舊在當中扮演了重要角色。只是隨著金雞納栽培史漸被淡忘，曾經救命無數的毛土連翹，卻還來不及被大眾認識就已日漸老去、凋零。不勝唏噓！

溪頭的大葉金雞納樹植株

大葉金雞納樹

學名：*Cinchona pubescens* Vahl

科名：茜草科（Rubiaceae）

原產地：哥斯大黎加、巴拿馬、哥倫比亞、委內瑞拉、厄瓜多、祕魯、玻利維亞

生育地：安地斯山脈東側山地潮濕森林

海拔高：（300）600-3300（3900）m

茜草科金雞納樹屬約有 25 種，分部在安地斯山脈東側。大葉金雞納樹又稱紅金雞納樹，常綠喬木，高可達 15 公尺。單葉、十字對生、全緣，長可達 25 公分。花紅色或玫瑰紅色，聚繖花序。蒴果。幼樹耐陰，樹下常可見自然更新的小苗。

大葉金雞納葉長可達 25 公分

台北植物園的毛土連翹

毛土連翹

學名：*Hymenodictyon orixense* (Roxb.) Mabb.

科名：茜草科（Rubiaceae）

原產地：印度、斯里蘭卡、孟加拉、尼泊爾、中國南部、緬甸、泰國、寮國、柬埔寨、越南、馬來半島、蘇門答臘、爪哇、西里伯斯、摩鹿加、小巽他群島、菲律賓

生育地：低地次生林或雨林內較開闊處

海拔高：0-1500m

毛土連翹的果實

毛土連翹的種子與裂開的果實

茜草科土連翹屬約有30種，主要分布於熱帶亞洲及非洲。屬名由兩個希臘字結合而來。Ὑμήν（Hymen）意思是薄膜，δικτύων（diktyon）指的是網，用來形容種子周圍的薄翅。毛土連翹是落葉喬木，高可達高25公尺。葉全緣，十字對生。托葉外緣有鋸齒狀排列的腺體。花小，圓錐花序。蒴果橢球形，表面有白色斑點。種子有薄翅。種子苗有肥大的主根，植物體含水率高。

毛土連翹的小苗

樂生樂山療養院——大風子

一九九四年，台北市捷運工程局選定樂生療養院，作為新莊機廠預定地。二〇〇三年開始第一波拆除工程。次年，青年樂生聯盟成立，推動保留樂生療養院。一度快被世人遺忘的樂生療養院，開啟了一頁歷經十多年仍未落幕的抗爭史。

二〇〇五年底行政院文建會依《文化資產保存法》，將樂生療養院舊院址指定為暫定古蹟，二〇〇九年九月七日，樂生療養院正式登錄歷史建築。

台灣早期環境衛生極差，除了上一篇提到的瘧疾，還有漢生病等多種傳染病肆虐。然而對於漢生病的防治或醫療，清領時期乃至日治初期，政府機構都沒有積極的作為，全部仰賴國外教會所提供的醫療。

日本強大以後，極欲擺脫這類西方文明國家早已根絕的「非文明病」，將瘧疾、漢生病等傳染病視為落後民族的象徵。

一九二七年（日昭和二年），台灣第十一任總督上山滿之進決議創建癩病療養院。一九二九年正式動工，一九三〇年啟用。最初名稱為「台灣總督府癩病療養樂生院」。經過數次擴建，收容的漢生病患一度逼近七百人。二次世界大戰結束，國民政府接管樂生療養院後仍陸續擴建，病人最多時曾破千人。後來治療藥物發明，不再強制隔離，才慢慢開放讓院民回家。

除了樂生療養院，在台灣提到漢生病，不能忽略的重要人物是馬偕醫院前院長，來自加拿大的醫療宣教士戴仁壽醫師。戴仁壽在台行醫期間發現台灣漢生病的問題，一直積極想成立專門防治與醫療機構，曾尋求歐美的癩病救治會協助，並於一九二七年在馬偕醫院內設立癩病專門診療所，而成立於八里的樂山教養院則是一九三四年啟用。

樂山教養院是私人機構，而樂生療養院正是官方出面，執行了戴仁壽的部分理念。

有別於樂生療養院採行「強制收容，絕對隔離」政策，樂山教養院採自願隔離，強調「自治」與「自養」的生活型態。除了可以自我照護外，目標是希望病友最終能回到人群，傳播防治漢生病的知識。

一九四〇年二次世界大戰期間，戴仁壽離台。一九四六年為了保留樂山園再度回台奔走。一九五四年逝世後葬於樂山園。

樂生療養院舊院區消費合作社遺址

樂山教養院入口

光復後，另外兩位宣教士孫雅各醫師與孫理蓮女士也投入改善樂生療養院的環境。一九四九年樂生院傳出病患自殺，孫理蓮前往探視。一九五二年募資蓋了聖望禮拜堂，至今仍保留於樂生療養院區。

漢生病或韓森氏症即一般俗稱的痲瘋病、癩病，是由痲瘋桿菌及瀰漫型痲瘋分枝桿菌所引起的慢性傳染病。經由飛沫傳染，不過傳染性不強。主要影響神經系統、呼吸道與皮膚。

漢生病存在數千年，自古以來就是絕症。一八七三年，挪威醫師格哈德·韓森[56]發現了痲瘋桿菌，人類才了解漢生病是一種傳染病。在醫藥不發達的時代，雖然能以大風子油治療漢生病，但治癒率不高。一九四〇年代抗生素問世後，漢生病才得以治癒。

中國古代稱漢生病為癘風或大風。最早的中醫著作《黃帝內經》便有記載這項疾病[57]。許多朝代都有設立專門收容及隔離漢生病的機構。唐朝名醫孫思邈是當時治療漢生病的專家。宋朝王懷隱、王祐等人編著的《太平聖惠方》於西元九九二年成書，是「痲風」一詞最早的出處。在第二十一卷治偏風諸方、第二十四卷治大風疾諸方都反覆提到「痲風」二字。

孫雅各紀念館與孫理蓮女士銅像

聖望禮拜堂

註

56｜挪威文：Gerhard Henrik Armauer Hansen

而關於漢生病的用藥大風子油介紹，在一二九六年元代周達觀《真臘風土記》中，有一段關於吳哥王朝出產物的記載：「大風子油乃大樹之子，狀如椰子而圓，中有子數十枚。」李時珍的《本草綱目》中也有專章描述大風子的名稱由來、性狀、療效等等[58]。

大風子樹的種子所提煉的大風子油，除了治療漢生病，也可以外用，廣泛治療一些皮膚方面的疾病。亦常被製作成肥皂、添加於保養品或化妝品中，用於一些敏感性的肌膚。

台灣大約是一九二〇年代至一九三〇年代開始引進大風子屬的植物。依據散在全台各地大風子老樹的生長狀況推測，應該是由數個不同單位引進。較知名的引進紀錄，是戴仁壽在樂山療養院啟用前，至印度考察漢生病療養機構時連同大風子油一併帶回。

《台灣植物誌》第一版第六冊羅列四種大風子，再加上其他圖鑑內收錄的約有六、七種之多。不過有數種大風子屬的植物引進紀錄並不詳細，是否引進成功？栽培何處？皆不清楚。推測是過去資訊不發達，加上引進者可能不是植物方面的專家，造成引種資訊錯誤或闕漏。

註

57 │《黃帝內經》素問 ・ 風論原文：「黃帝問曰：風之傷人也，或為寒熱，或為熱中，或為寒中，或為癘風，或為偏枯，或為風也；其病各異，其名不同，或內至五藏六府，不知其解，願聞其說。歧伯對曰：風氣藏於皮膚之閒，內不得通，外不得泄；風者，善行而數變，腠理開則洒然寒，閉則熱而悶，其寒也，則衰食飲，其熱也，則消肌肉，故使人怢慄而不能食，名曰寒熱。風氣與陽明入胃循脈而上至目內眥，其人肥則風氣不得外泄，則為熱中而目黃；人瘦，則外泄而寒，則為寒中而泣出。風氣與太陽俱入行諸脈俞，散於分肉之閒，與衛氣相干，其道不利，故使肌肉憤 而有瘍；衛氣有所凝而不行，故其肉有不仁也。癘者有榮氣熱胕，其氣不清，故使其鼻柱壞而色敗，皮膚瘍潰。風寒客於脈而不去，名曰癘風，或名曰寒熱。」

58 │李時珍《本草綱目》木之二 ・ 喬木類五十二種 ・ 大風子原文：
「【釋名】時珍曰：能治大風疾，故名。
【集解】時珍曰：大風子，今海南諸國皆有之。」

就現有的觀察紀錄，台灣本島可以見到的大風子樹有三種，分別是最多單位栽培的驅蟲大風子、僅存一株的庫氏大風子，以及戴仁壽所引進的毒魚大風子。

其中，毒魚大風子不曾出現在台灣的引進紀錄，會發現它是個偶然。

這些年一直以為台灣只剩下驅蟲大風子與庫氏大風子兩種大風子屬的植物，其他曾引進的大風子都沒有存活。加上引進紀錄不明確，所以也不曾特別去找。

二〇一七年九月我重新查詢跟大風子相關的資料，意外看到一張照片，內容是一株栽植於樂山教養院的特殊樹木，被稱為「大風子」。照片中那株號稱「大風子」的植物，葉片似是鋸齒緣，不同於庫氏與驅蟲大風子是全緣，讓我十分納悶。

好奇心驅使下，二〇一七年九月十八日，我前往台北八里的樂山教養院觀察這株植物，想確認它是否為大風子。在吳長霖督導引領下親臨現場看到葉子，確實是鋸齒緣，跟我過去認識的兩種大風子屬植物完全不同。但是我不知道它是什麼植物，只覺得十分面熟，似乎在台北植物園見過。

當天，我跑了一趟熟悉的台北植物園，去看大風子，還有同樣是大風子科羅庚梅屬的「羅庚梅」。果不其然，這株戴仁壽栽培在樂山教養院的所謂「大風子」，跟台北植物園牌子掛「羅庚梅」的植物長得一模一樣。我心裡想，是戴仁壽醫生弄錯了嗎？還是植物園弄錯了？雖然沒有花，但我想這株植物是大風子科沒錯，只是不曉得是什麼？

記得當初我看到台北植物園掛「羅庚梅」時，也曾經懷疑過，其葉子還有其他形態，跟我在蘭嶼植物圖鑑上看到的都不太相同，枝條沒有刺，也沒有支柱根。時間久了，我漸漸忘了這個疑點。

直到這次樂山教養院號稱「大風子」的植株出現，我又想起了這個疑點。重新爬文，我判斷是台北植物園弄錯了，那不是羅庚梅！戴仁壽引進大風子是要提煉大風子油來治療漢生病，而羅庚梅並無此效用，不至於會濫竽充數。加上戴仁壽是從印度引進，那也不是羅庚梅的自然分布地，所以我相信它應該是大風子屬的植物沒有錯。

再查了大風子屬的引進紀錄，比較有可能的是樟葉大風子[59]或衛氏大風子[60]。上網比對國外資料，卻一直不敢確定，總覺得還是有說不出來的差異。找了整整一天，終於發現斯里蘭卡特有的毒魚大風子有一個特別的特徵，台北植物園

註

59｜拉丁文學名：*Hydnocarpus laurifolius*
60｜拉丁文學名：*Hydnocarpus wightiana*

的「羅庚梅」跟樂山教養院的植株都符合，就是它的樹幹筆直，而且有非常多的皺褶。雖然沒有花果可以供比對，但是葉子的形態一模一樣。

大風子屬的分類，也困擾國外的學者許久，除了驅蟲大風子，很多種類這些年都陸續被刪除或合併了。所以我想，當初引進時應該是弄錯了，而且沒有留下任何紀錄。前些年台北植物園重新調查園區內的植物時也誤判，所以一直沒有人發現它。參考種種資料，我大膽地推測，它就是毒魚大風子。

二〇一七年十月十六日，為確定樂生療養院所栽種的大風子為何種，我特別前往院區觀察。該樹不高，可能曾遭受風折，使得分枝特別多，而且枝條較低矮。它正好在開花，觀察其花的形態，確定了我先前的假設，是大風子屬的植物無誤，而且它也是毒魚大風子！台灣確定有第三種大風子——毒魚大風子，應該是一九三〇年代由戴仁壽自印度引進。台北植物園、樂生療養院與樂山園各留存一株。

跟許多熱帶雨林植物類似，大風子屬的植物嫩葉多半也呈暗紅色，尤其是驅蟲大風子，會持續數日，慢慢變淡紅色，再轉黃、黃綠、綠。春日吐新芽之際整棵樹都在變色，相當引人注目。除了供藥用，也是十分美麗的景觀樹種！

台灣各地零星可見大風子樹的蹤跡，如台北植物園、新莊樂生療養院、八里樂山教養院、興隆路萬有公園、台中中興大學、嘉義樹木園、高雄蓮池潭、美濃雙溪熱帶樹木園、屏東科技大學等地。

雖然大風子只是一棵不起眼的樹，也不是台灣的原生植物，可是它卻一直靜靜地佇立在那兒，為我們見證了台灣百年的醫療史。

樂山園的毒魚大風子

大風子又稱驅蟲大風子、泰國大風子，大風子科喬木，高度可達30公尺，樹幹筆直。單葉、互生、全緣。花黃綠色，花瓣基部泛紅，五瓣，星芒狀，聚繖花序腋生。果實球狀，像壘球一般大，裡頭有許多黑色不規則狀的種子。種皮又硬又厚，發芽需要較長時間。國內資料常把拉丁文種小名改寫成陰性結尾的 *anthelminthica*。應該是1921年引進。

驅蟲大風子

學名：*Hydnocarpus anthelminthicus* Pierre ex Laness.

科名：大風子科（Flacourtiaceae）

原產地：中國（廣西、雲南）、緬甸、泰國、柬埔寨、越南

生育地：熱帶常綠森林

海拔高：低海拔

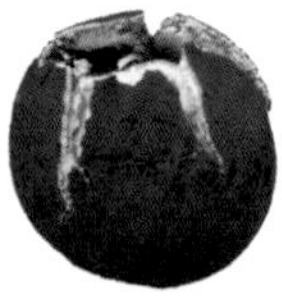

驅蟲大風子的果實與種子

驅蟲大風子長新葉

剛發芽的驅蟲大風子，粉紅色的子葉十分美麗

左側行道樹即驅蟲大風子

庫氏大風子葉片十分巨大

庫氏大風子

學名：*Hydnocarpus kurzii* (King) Warb.

科名：大風子科（Flacourtiaceae）

原產地：印度、緬甸、寮國、越南

生育地：雨林或常綠森林

海拔高：200-800(1800)m

庫氏大風子又稱印度大風子、毯利大風子，大風子科喬木，高度多半在 15 到 20 公尺，但是最高可達 30 公尺。單葉、互生、全緣。花白色，單生於葉腋。果實球形，褐色，內含許多種子。原產於印度及緬甸的常綠森林，僅見於高雄美濃雙溪熱帶樹木園，應該是 1937 年引進台灣。它的葉片比前述的驅蟲大風子（*Hydnocarpus anthelminthicus*）大非常多，葉脈較稀疏，葉子也比較厚，十分容易區分。台灣部分地區，如台中中興大學中興湖畔被標示為庫氏大風子的植物，應該都是驅蟲大風子。台灣植物誌第一版第六冊所列毯利大風子，學名 *Hydnocarpus kuyzii* Warb. 應該是打字錯誤。

美濃雙溪熱帶樹木園的庫氏大風子

毒魚大風子的葉子

毒魚大風子的雄花

開花中的毒魚大風子枝條

毒魚大風子

學名：*Hydnocarpus venenata* Gaertn.

科名：大風子科（Flacourtiaceae）

原產地：斯里蘭卡

生育地：近河岸低地森林

海拔高：600m 以下

毒魚大風子是大風子科喬木，高度多半在 15 到 20 公尺。單葉、互生、鋸齒緣。果實球形，黑褐色。種子榨油可供毒魚或藥用，治療痲瘋病。原產於斯里蘭卡常綠森林，大約是 1930 年代引進台灣，僅見於台北植物園、新莊樂生療養院與八里樂山教養院。

樂生療養院的毒魚大風子

古巴香脂刷存在感

二〇一三年，嘉義樹木園西側入口有一株巨大的豆科植物開花了。雖然花十分細小，跟它的體型不成比例，卻給了台灣植物圈一個值得紀念的小驚喜。套句網路用語，它刷了一下存在感。只是這一刷，等待了百年。它是誰──柯柏膠樹。

柯柏膠樹是台灣的植物學家替它取的中文名。其實它有一個更美麗的名字「古巴香脂」，英文是 Copaiba balsam。近年來又被翻譯成苦配巴香精──此處的苦配巴正是第二章曾介紹的巴西柴油樹另一個名稱。以下為了便於溝通，其樹脂稱為古巴香脂[61]，柯柏膠樹[62]則專指植物本身。

Copaiba 一詞，是來自南美洲的圖皮瓜拉尼語[63]中 cupa-yba 這個字，意思是存款樹，用來形容它樹幹內部富含油脂。跟古巴這個國家其實沒有直接關連。

古巴香脂可抗菌、抗發炎，直接塗抹在皮膚上，能治療一些皮膚問題，或協助傷口癒合；也可促進膠原蛋白分泌，以緊緻肌膚、減少疤痕與妊娠紋；還能治療靜脈曲張、胃痛、生痰、尿失禁等問題。在哥倫布發現美洲大陸前，南美洲的原住民便應用於治療戰士的傷口，還有為新生兒肚臍消炎。

註

61｜英文：Copaiba balsam
62｜英文：Copaiba tree
63｜英文：Tupi–Guarani languages

一五三四年，一封由彼德．馬丁斯[64]從法國史特拉斯堡寄給教宗里奧十世[65]的信中，提到一種印地安人使用的藥物稱為Copei。這應該是古巴香脂在西方文明中最早的歷史紀錄。一五六〇年底，在巴西宣教的耶穌會宣教士何塞．安切塔[66]寄給祭司的一封信中，也曾強調古巴香脂強大的治療功效。

一五七六年，葡萄牙歷史學家佩羅．德．麥哲倫．岡達沃[67]撰寫《聖克魯斯省歷史，俗稱為巴西》[68]一書，介紹了一些歐洲人所不熟悉的巴西動植物，其中包含巴西亞馬遜河口馬拉尼昂州[69]的重要出口產品：菸草以及古巴香脂，率先提及古巴香脂的癒合與止痛功效。

一五九六年，西班牙耶穌會宣教士暨博物學家何塞．阿科斯塔[70]有一本用印地安方言完成的著作《De Natura Novi Orbis》。該書於一六〇六年被翻譯成法文《西印度自然和精神的歷史》[71]。這是一本關於新世界動植物的重要著作，當中記載了古巴香脂的香氣與療效，並預言它將被廣泛使用。

一六四八年，德國科學家馬格格雷夫[72]與荷蘭的熱帶醫學暨生物學家威廉．皮索[73]在《巴西自然史》[74]書中首次描述柯柏膠樹這種植物的形態。一七六〇年，荷蘭科學家尼可拉斯．約瑟夫．馮．雅克[75]率先命名柯柏膠樹屬及柯柏膠樹這種植物。不過由於他沒有採集到柯柏膠樹的果實，錯誤引用了馬格格雷夫與皮

註

64｜葡萄牙文：Pethus Martins
65｜英文：Pope Leo X
66｜葡萄牙文：José de Anchieta
67｜葡萄牙文：Pero de Magalhães Gândavo
68｜葡萄牙文：História da Província de Santa Cruz, que vulgarmente chamamos de Brasil
69｜葡萄牙文：Maranhão
70｜西班牙文：José de Acosta
71｜法文：Histoire naturelle et morale des Indes
72｜德文：Georg Marggraf
73｜荷蘭文：Willem Piso
74｜拉丁文：Historia Naturalis Brasiliae
75｜荷蘭文：Nikolaus Joseph von Jacquin

索的標本。一七六二年，林奈糾正了他的錯誤並重新發表柯柏膠樹屬及柯柏膠樹[76]。一八二一年，法國植物學家勒內．路易斯．德方丹[77]發現並命名了兩種柯柏膠屬的新植物：蓋亞那柯柏膠[78]與蘭氏柯柏膠[79]——即第二章曾介紹的巴西柴油樹。

一八一八年巴西政府訂定法規，限制古巴香脂的出口，希望減少對森林的破壞。然而很不幸，這似乎只是巴西政府想從中分一杯羹，減少森林破壞只是藉口罷了，巴西的熱帶雨林仍舊不斷消失。

一九〇九年，橫濱植木株式會社自南美首次引進柯柏膠樹，並栽培於台北植物園，現存兩棵。一九二四年再次引進，栽培於恆春熱帶植物園，今日尚存數株。兩處栽培植株皆十分高大，不過似乎只有恆春熱帶植物園所栽培的柯柏膠樹偶爾會開花結果。

由於舊的文獻上並沒有看到其他植物園有栽培柯柏膠樹，加上近百年來幾乎不曾有人注意過它是否開過花，嘉義樹木園的柯柏膠樹便一直被當成其他常見的豆科植物，默默於西側入口站崗。後來，入口外的建築物由於老舊傾頹而被拆除，它才重新接受到充足陽光洗禮，二〇一三年這株巨大的柯柏膠樹開花，吐了一樹的白。台灣熱帶植物引進史中失落的一塊拼圖才得以尋回。

註

76｜馮·雅克所命名的柯柏膠樹屬拉丁文為 *Copaiva*，而柯柏膠樹學名是 *Copaiva officinalis*。而林奈則將柯柏膠樹屬拉丁文改成 *Copaifera*，柯柏膠樹學名也變成 *Copaifera officinalis*

77｜法文：René Louiche Desfontaines

78｜拉丁文學名：*Copaifera guianensis*

79｜拉丁文學名：*Copaifera langsdorffii*

柯柏膠是豆科的大喬木，樹幹粗大、通直，高可達30公尺。一回羽狀複葉、小羽片全緣，新葉紅色。花白色，總狀花序或圓錐花序。豆莢橢球型。與第二章新興的油用植物中介紹過同屬的巴西柴油樹（*Copaifera langsdorffii*）形態十分類似。就我目前觀察，巴西柴油樹與柯柏膠樹最明顯差異在於前者小枝條較光滑，後者小枝條密被細毛。

柯柏膠樹

學名：*Copaifera officinalis* (Jacq.) L.

科名：豆科（Leguminosae）

原產地：哥倫比亞、委內瑞拉、蓋亞那、巴西、祕魯、玻利維亞

生育地：亞馬遜雨林

海拔高：低地

柯柏膠樹的羽狀複葉

柯柏膠樹的花

嘉義植物園入口處的柯柏膠樹

七上八下九不活——見血封喉

一大清早老友便說：「走！今兒個帶你去熱帶雨林公園瞧瞧。」某一年到中國廣西訪友，老友知道我鍾愛熱帶雨林，貼心地替我安排了這樣的行程。

雖然是人工的森林公園，倒是整理得不錯，是個踏青的好所在。但是說也奇怪，怎麼好多大樹都被斷頭過。想了半天，得到了一個結論：「該不會連森林都是山寨的吧？所有的大樹彷彿都是移植過來的，虧他想得出來這種速成的方法。」

一行人正覺得有趣，面前出現一株被鐵欄杆圍著的大樹。靠近一看，哇賽！竟是傳說中「中毒後上坡七步、下坡八步，平地不超過九步，必死無疑」，簡稱「七上八下九不活」的見血封喉。

「以前上課時老師好像有教過耶！」

「有嗎？有嗎？我怎麼沒有印象。我想應該只有你會記得吧！」

廣西熱帶雨林公園中用鐵欄杆圍著的見血封喉與解說牌

回台灣後馬上翻書，確認一下老師的書上是否有描述過該植物，結果證明自己沒有記錯。雖然書上並沒有明確記載台灣曾引進見血封喉，卻沒有讓我就此打消找尋它的念頭。不知為何，我一直相信如此特別又具有藥用價值的植物，一定曾經被引進台灣。

我持續在網路上搜尋相關資料，直到二〇一四年，終於讓我如願在台中山區的一座私人藥用植物園，再度見到見血封喉的挺拔身影。

提到雨林中的桑科植物，大多數人都會先想到如白榕一樣會纏勒的榕屬植物[80]，或是第一章提過的馬來橡膠樹與猴面果等麵包樹屬的植物。但是桑科其實還有一個分布很廣的物種，也是世界最毒的植物——見血封喉，存在於非洲、亞洲及大洋洲的熱帶雨林。

見血封喉汁液有劇毒，中國雲南傣族及印尼爪哇原住民，自古便善用這項天然毒藥，於戰爭及狩獵時抹在箭頭上。不過其毒性需進入血液才能作用，口服不具毒性。在非洲、新幾內亞、中國雲南等地，都有將種子、葉子及樹皮作為藥用。此外，見血封喉果實可鮮食。在野外，鳥、蝙蝠、猴子及地表活動的羊等大型動物都會食用。樹皮含單寧，可供染色，樹皮纖維可以做繩索。中國雲南西雙版納的少數民族甚至將它做成床墊以及衣、裙。

註

80｜詳見第十七章

就目前在台灣所觀察到的見血封喉，可以推測應該是一九八七年後才引進。二〇一〇年後種苗商也繁殖不少苗木出售。雖然它在東南亞地區是很常見的植物，但是引進台灣卻有特殊的歷史背景。

一九八七年台灣解嚴，解除外匯管制，政府鼓勵企業至海外投資，越來越多台商及台幹至中國、東南亞國家設廠及工作。過去不容易接觸到的奇特植物，經由貿易或是在海外工作的玩家輸入，開始出現在台灣的植物市場。為了滿足國人獵奇與珍蒐的嗜好，中國與東南亞的稀有植物陸續引進。見血封喉差不多就是在這樣的時代背景下，首次輸入台灣。

二〇〇三年中國最大網路購物淘寶網成立，二〇一〇年左右開始於台灣流行。雖然法令規定國外輸入的種子需要經過檢疫，但是玩家不熟悉檢疫規定，加上淘寶網初期也沒有限制台灣地區的民眾下單購買。透過淘寶網交易，見血封喉又再度引進。

見血封喉又稱箭毒木或大藥樹，是桑科大喬木，高可達40公尺。樹幹通直，具板根，枝條水平生長。樹型類似榴槤（*Durio zibethinus*）等雨林大喬木。單葉、互生、歪基、細鋸齒緣，被粗毛。托葉環痕。單性花，雌雄同株，雄花盤狀，雌花單生。核果。

見血封喉

學名：*Antiaris toxicaria* Lesch.

科名：桑科（Moraceae）

原產地：西非（subsp. *africana*）、馬達加斯加（subsp. *madagascariensis*）、印度、斯里蘭卡、中國南部、緬甸、泰國、越南、馬來西亞、印尼、澳洲（subsp. *macrophylla*）、菲律賓

生育地：熱帶雨林或季風林

海拔高：0-1500m

見血封喉的植株

台中私人藥用植物園栽培的見血封喉

Chapter 05

今天的雨林很巴黎

時尚工業中的植物

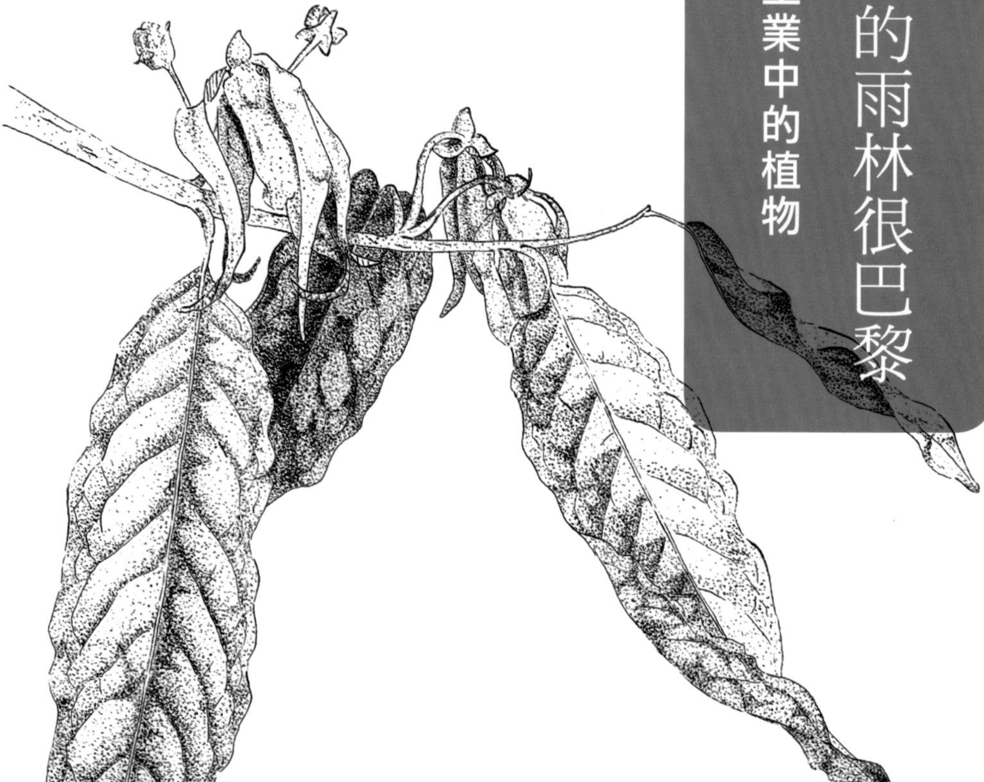

香水樹

雅詩蘭黛與嬌蘭——祕魯香脂樹

保養品中常常會添加一種類似香草，具有淡淡香氣的成分。這種成分在一九四五年法國化妝品公司嬌蘭生產的日晚霜率先使用，後來一九五二年雅詩蘭黛青春露，還有一九七三年日本的資生堂，也都將它添加進產品裡。這種女性朋友常接觸，既熟悉又陌生的成分，是祕魯香脂[81]。

祕魯香脂並不是特產於祕魯，而是由於西班牙殖民南美洲時，祕魯香脂多半是經由祕魯最大的港口卡亞俄[82]出口而得名。

首先發現祕魯香脂並描述它藥效的人，無疑是西班牙的醫生暨植物學家尼可拉斯．蒙納德斯[83]。他本人最重要的著作《西印度群島帶給我們的藥物歷史》[84]，於一五六五年、一五六九年分次發表，並於一五七四年成書。後來總共被翻譯成英文等六種語言，四十二個版本。對後世影響極大。

為了實驗、了解這些新世界帶來的藥物，尼可拉斯栽培了許多美洲植物。雖然後世發現有些描述不完全正確，但是他仍是近代首位描述菸草、胡椒、肉桂、藥用癒瘡木[85]，以及祕魯香脂樹的科學家。還有許多超出歐洲人經驗的植物，如鳳梨、花生、玉米、地瓜、古柯，以及製作黑松沙士的植物墨西哥菝葜[86]。

註

81｜英文：Balsam of Peru
82｜西班牙文：Callao
83｜西班牙文：Nicolás Bautista Monardes Alfaro
84｜西班牙文：Historia medicinal de las cosas que se traen de nuestras Indias Occidentales
85｜拉丁文學名：*Guaiacum officinale*
86｜沙士中文名稱由來，是製作原料墨西哥菝葜的英文 sarsaparilla 諧音

不過祕魯香脂樹除了能用來採製祕魯香脂，還可以採收托魯香脂[87]。兩者的成分及藥性其實都相同，只是採集方法有異。托魯香脂是直接劃開樹皮，收集它的樹脂。祕魯香脂比較麻煩，要先敲打樹皮，然後再用火去燒，用布包住樹幹受傷處，過幾天取下包裹的布，用水去煮，將樹脂分離出來。

至於托魯香脂名稱的由來，又是另一個故事了。一七五三年林奈在其名作《植物種志》[88]書中首先替祕魯香脂樹命名。當時命名所使用的標本來自哥倫比亞北部加勒比海沿岸的城鎮托魯[89]。林奈遂將植物命名為 *Toluifera balsamum*，而於該植物直接採收的樹脂則稱為托魯香脂。

一七八一年，林奈先生的兒子，小林奈[90]以另一種植物建立了祕魯香脂樹這個屬，拉丁文屬名 *Myroxylon* 是結合了希臘文中的 μυρον（myron）與 ξύλον（xylon）。xylon 意思是木頭或是樹，myron 是沒藥，沒藥的樹脂可以做香料及藥用。兩個字結合，形容祕魯香脂樹是一種如沒藥般樹脂可製藥的樹。後來的植物學家將祕魯香脂樹從 *Toluifera* 屬併入 *Myroxylon* 屬，得到現在這個學名。

註

87 ｜英文：Tolu balsam
88 ｜拉丁文：Species Plantarum。此書名將在本書不斷出現，後面將不再附註書名原文
89 ｜西班牙文：Tolú
90 ｜拉丁文：Linnaeus filius

祕魯香脂應用非常廣，中南美洲的土著應用來治療支氣管方面的疾病、皮膚外傷以及狐臭。日常生活中，除了製作化妝品，也普遍添加在口香糖、感冒糖漿、酒精飲料之中。不過，它在台灣比上一章提到的古巴香脂更少，就我知道只有一棵，於一九三〇年代引進，栽培於台北植物園。

全台灣只有一棵，而且我個人從不曾見過它開花。如果哪天發生意外，這種樹就會從台灣消失了。如果可以，真的很希望植物園讓我高壓一株，帶到南部栽培，讓它順利開花結果。在這塊土地上保有一塊小小的立足之地，為人類文明發展與台灣植物引進史留下見證。

台北植物園栽植的祕魯香脂樹

祕魯香脂樹

學名：*Myroxylon balsamum* (L.) Harms

科名：豆科（Leguminosae）

原產地：墨西哥南部、薩爾瓦多、尼加拉瓜、哥斯大黎加、巴拿馬、哥倫比亞、委內瑞拉、巴西、厄瓜多、祕魯、玻利維亞

生育地：熱帶潮濕森林

海拔高：100-600m

祕魯香脂有很多俗名，例如祕魯橡膠樹、祕魯膠樹、托魯膠樹、香脂木豆、吐魯香膏樹。它是豆科的大喬木，樹幹筆直，高可達 45 公尺。一回羽狀複葉，小葉全緣，總狀花序，莢果有翅。

祕魯香脂樹的葉子

克蘭詩與臉書——哈倫加那

這十多年來，我勤跑台北植物園、台中科博館植物園、彰化歡喜園、南投竹山下坪熱帶植物園、嘉義樹木園、高雄美濃雙溪熱帶樹木園，把我在文獻資料中查到的熱帶植物栽培位置大致摸熟，自以為文獻上的熱帶植物我大概都識得。

二〇一六年四月五號，我在竹山下坪亂逛，無意間瞥見植物園邊界的小山坡上有一株奇特的樹，高十餘公尺。我爬上小山坡，靠近一看，那株植物葉背、嫩芽跟小枝條都是紅褐色，十分特殊。自己查了資料苦無收穫，在臉書社團問人也沒有回應。我透過臉書的粉絲頁把照片傳給了台大實驗林，向實驗林請教。實驗林回覆我會查查看。但是卻遲遲沒有消息。

五月中，國立自然科學博物館植物研究員王秋美博士來電詢問該植物位置，才知道原來台大實驗林也查不到它究竟是什麼樹，轉而向王博士求救。

五月底，這株特殊的樹開花了。王博士提供了花的照片，並提示它是多體雄蕊，費了一番功夫，終於查到它正是來自熱帶非洲的哈倫加那。

哈倫加那，多麼陌生的名稱。沒有留下引進台灣的紀錄，也不曾出現在任何台灣的植物圖鑑或介紹植物的網站。

詢問google大神，跳出來的第一筆資料，是法國知名化妝品公司——克蘭詩。

從該公司的網頁上可以了解，哈倫加那樹葉有殺菌及改善肝功能的效用。橘紅色的樹液可以舒緩肌膚，促進膠原蛋白合成。除此之外，還有止痛、止血、催吐、祛痰止咳、治療便祕等藥效。果實可生食或做菜。樹汁可以做天然的染劑。又是一種多用途的植物。

其實這些年，有好幾種特殊的外來植物跟哈倫加那有著同樣的命運。過去因為資訊交流不便，這些植物一直鮮為人知。引進數十年，不是沒有人認識，就是當初引進紀錄遺失，也不再有人記得它。但是臉書與智慧手機卻改變了這些罕見植物的命運，讓它們有機會被認識。

一九九〇年代流行網路論壇，人們開始在「塔內植物園」、「網路花壇」等植物論壇上交流。不過早期使用不便，上傳照片還要經過壓縮。使用者最多時期不過近兩萬人。

一九九七年十二月，結合英文的 Web（網路）與 log（日誌）二字而成的 Weblog（網路日誌）一詞被創造出來，後來簡化成 blog（部落格），並於隔年在美國開始流行。

之後，台灣也開始陸續出現部落格服務。PCHome 個人新聞台於二〇〇〇年推出、二〇〇三年痞客邦 PIXNET 成立，二〇〇四年微軟推出 MSN space。二〇〇五年，雅虎奇摩部落格、無名小站、蕃薯藤經營的 yam 天空部落、中華電信開發的 Xuite 日誌陸續推出。一時間百家爭鳴，許多熱愛植物的人開始在部落格上介紹植物。部落格成為大家認識植物的管道，與網路論壇的交流形式各有千秋。

二〇〇六年臉書 Facebook 正式對一般大眾開放。二〇〇七年一月蘋果推出第一支 iphone 手機，同年十一月 Google 領導成立開放手持裝置聯盟，各大廠相繼推出安卓系統 Android 的智慧手機。臉書也開始在台灣流行。

二〇一〇年後，隨著網路的發展，智慧手機及臉書的普及，幾乎所有人都可以透過手機快速分享植物照片。除了提供社會大眾更快速認識植物的管道，也促進了全球植物愛好者的交流。

學習辨識植物的方式，從傳統的圖鑑，演變成小眾的論壇與部落格，最後變成全民普及的臉書社團。我想這是植物學家與３Ｃ產品公司始料未及的一種影響力吧！

手機高畫素的拍照、定位功能，讓照片上傳更加快速、便利，更是台灣許多珍貴、罕見的外來植物陸續被發現的重要推手。對於生活在二十一世紀的人們，透過智慧手機認識植物，也算是種另類時尚吧！

哈倫加那

學名：*Harungana madagascariensis* Lam. ex Poir.

科名：藤黃科（Guttiferae）

原產地：塞內加爾、馬利、甘比亞、幾內亞、獅子山、賴比瑞亞、象牙海岸、迦納、奈及利亞、喀麥隆、赤道幾內亞、薩伊、聖多美普林西比、蘇丹、烏干達、肯亞、盧安達、蒲隆地、坦尚尼亞、安哥拉、尚比亞、馬拉威、辛巴威、莫三比克、馬達加斯加、模里西斯

生育地：低地至山地雨林、次生林、灌叢、疏林

海拔高：0-1800m

哈倫加那，也有稱馬達加斯加哈倫加那。金絲桃科的小喬木，一般高約十餘公尺，最高可達 25 公尺。單葉，對生，葉背有紅褐色鱗片。花細小、白色、五瓣、頂生複聚繖花序。果實球形，漿果狀核果，成熟時紅色。

開花中的哈倫加那

哈倫加那的葉子

哈倫加那的花

可可．香奈兒與克里斯汀．迪奧——香水樹

二十世紀時尚圈經典人物可可．香奈兒[91]有句名言：「一個不擦香水的女人沒有未來。」[92]

一九一〇年，香奈兒的第一家店在巴黎開張。一九二一年，「一瓶聞起來像女人的香水」誕生了——正是風靡世界近一個世紀的香奈兒五號[93]。一九五二年，美國巨星瑪麗蓮．夢露[94]回答記者自己睡覺時都穿什麼的問題，她不說自己一絲不掛，卻妙答：「香奈兒五號。」

一九四六年，另一位時尚界舉足輕重的男性，克里斯汀．迪奧創立了時尚品牌克里斯汀．迪奧[95]。一九九九年，號稱一瓶香水等於一束花的「真我宣言J'adore」香水上市。

這兩款堪稱法國時尚界最經典的香水，成分都採用了一種經典的植物——香水樹。

香水樹又稱依蘭花[96]，依蘭的英文是ylang-ylang，來自菲律賓他加祿語[97] ilang-ilang，意思是荒野，暗示它生長的環境。常被錯誤解釋為花中之花。

註

91｜法文：Coco Chanel。全名嘉布麗葉兒·波納·香奈兒，法文是Gabrielle Bonheur Chanel。Coco是她的暱稱

92｜法文：Une femme qui ne porte pas de parfum n'a aucun avenir.，英文：A woman who doesn't wear perfume has no future.

93｜法文：Chanel N°5

94｜英文：Marilyn Monroe

95｜品牌與設計師同名，法文為Christian Dior

96｜依蘭花或是伊蘭花皆可

97｜他加祿語：Wikang Tagalog。他加祿語是菲律賓的第二官方語言。屬於南島語系

香水樹的花富含香氣，經蒸餾提煉後所得到的精油，稱為依蘭精油[98]，是香水工業著名的原料。在原產地泰國、馬來西亞、印尼，一直以來用於各種節慶、結婚新床、女生髮飾等。許多資料上還提到，依蘭花具有抗菌、止癢、消毒、舒緩緊張，甚至催情的效果。二〇一一年中國知名連續劇《後宮甄嬛傳》中，善用香的安陵容便曾用依蘭花魅惑雍正皇帝。

一六八三年，宣教士暨藥劑師喬治．約瑟夫．卡邁爾[99]接受耶穌會的派駐來到菲律賓。由於擅長繪畫與植物學，卡邁爾成為第一位收集並記錄菲律賓植物的歐洲人，也是第一位記錄香水樹的科學家。當時，卡邁爾依照當地土名，將依蘭的名字拼寫為 **alanguilang**，其實念法跟 **ilang-ilang** 相似。

卡邁爾繪製的香水樹

註

98 ｜英文：ylang-ylang oil
99 ｜德文：Georg Joseph Kamel

一七〇四年，英國博物學之父約翰．雷[100]出版了《植物歷史》[101]第三卷，根據卡邁爾的紀錄，他將依蘭花命名為Arbor saguisen。Arbor這個字的意思是喬木，但這個名稱還不算是依蘭花的正式學名。約翰．雷是生物分類學史上很重要的科學家，在十八世紀林奈的生物命名法建立前，約翰．雷首先定義「物種」是生物分類的最終單位，並率先將開花植物分為單子葉與雙子葉。

在約翰．雷之後，命運乖舛的德國植物學家格奧爾格．艾伯赫．郎弗安斯[102]的名作《安汶島植物》[103]第二冊，清楚地提到香水樹的馬來語稱為Kenanga。

這位郎弗安斯的書《安汶島植物》除了描述了香水樹，還記錄了第四章的見血封喉、第九章將介紹的榴槤，以及第十七章的南洋白花蝴蝶蘭，是熱帶植物學歷史上很重要的作品。不過，不說您不知道郎弗安斯的命運到底有多慘，簡直就是「天將降大任於斯人也，必先苦其心志，勞其筋骨，餓其體膚，空乏其身，行拂亂其所為」的最佳代表。

一六五二年，郎弗安斯應荷蘭東印度公司之邀，離開了歐洲，踏上前往摩鹿加群島的旅程。一六六六年他開始研究香料群島的動植物，並且詳細記錄和繪圖。很不幸地，一六七〇年他因為青光眼失明了。不過，他仍舊在妻兒及助理的幫助下繼續寫書。但是上天對他的打擊還未結束！一六七四年，他的妻子跟

註

100 ｜英文：John Ray
101 ｜拉丁文：Historia plantarum
102 ｜德文：Georg Eberhard Rumpf 或 Georgius Everhardus Rumphius
103 ｜拉丁文：Herbarium Amboinense

女兒在地震及大海嘯中喪命。一六八七年，一場大火燒掉了他許多手稿和素描。一六九〇年，他跟助理好不容易把書完成了，要將手稿帶回荷蘭時，船竟然被法國擊沉！晴天霹靂。

幸好部分文稿助理還有留下副本，可以重新編寫。一六九六年手稿終於運回荷蘭。不過，荷蘭東印度公司覺得內容太敏感，禁止他發表。一七〇二年，還沒有機會看到自己作品出版，郎弗安斯便過世了。一七四一年《安汶島植物》才終於面世。

回到香水樹，直到一七八五年，提出「用進廢退」學說的演化生物學家拉馬克[104]，才給了香水樹一個符合二名法的拉丁文學名 *Uvaria odorata*。目前香水樹的學名 *Cananga odorata*，是一八五五年英國植物學家約瑟夫．道爾頓．胡克[105]與蘇格蘭化學家湯瑪斯．湯姆森[106]依拉馬克的命名所做的修正。其中 *odorata* 意思是芳香的，許多芳香的植物都是以這個字為種小名。而屬名 *Cananga* 正是來自郎弗安斯書中的馬來語名稱 Kenanga。

一八六〇年，一位水手阿伯特．施文格[107]在菲律賓收購香水樹的花，並率先開始用蒸餾法提煉依蘭精油。起初菲律賓是全世界依蘭精油最主要的產地。台灣許多舊的植物圖鑑甚至因而誤認為菲律賓是香水樹唯一的自然分布地。

註

104 ｜法文：Jean-Baptiste Pierre Antoine de Monet, Chevalier de Lamarck
105 ｜英文：Joseph Dalton Hooker
106 ｜英文：Thomas Thomson
107 ｜德文：Albert Schwenger

不過，香水工業極為發達的法國很快就在其他地方大量栽培香水樹，並取代菲律賓的地位。一七七〇年法國引進香水樹至印度洋上的領土留尼旺島[108]，作為觀賞植物，並於一八九二年開始於留尼旺島西邊的馬達加斯加和科摩羅群島大規模種植。

一九〇二年，什麼都想種，什麼都想試驗看看的日本人，正式將香水樹引進台灣。一九〇一年，田代安定委託出差至菲律賓馬尼拉的横山壯次郎技師引進香水樹。隔年横山技師帶回兩株香水樹小苗，栽培於恆春熱帶植物殖育場[109]。田代安定對這兩株香水樹珍愛有加。但是他離開殖育場後，其中一棵香水樹因颱風傾斜，日漸衰弱至枯死。田代安定聞訊，曾寫下「猶聞喪子之痛，悲痛至極」，可見他非常重視那兩株香水樹。

雖然後來台灣沒有大規模栽培以蒸餾依蘭油，卻也為中南部的夏天，增添了一份南洋的芬芳。在熱帶地區，香水樹全年皆會開花，台灣主要花期在夏季，約每年六月至十月。推薦大家可至下列地點賞花：台北植物園、台大農場、台中中興大學、科博館熱帶雨林溫室、台中豐樂路與后庄路近四張黎圖書館與四張黎公園段、二高古坑休息站。不用怕找不到，循「香」而去便可看見。

註

108 ｜法文：Réunion。位於馬達加斯加東方約 650 公尺的海上。目前是法國的海外省
109 ｜即今日的恆春熱帶植物園

香水樹

學名：*Cananga odorata* (Lam.) Hook. f. & Thomson

科名：番荔枝科（Annonaceae）

原產地：泰國南部、馬來西亞、爪哇、婆羅洲、摩鹿加、澳洲東北部、菲律賓

生育地：低地熱帶雨林內受干擾處或次生林

海拔高：500m 以下

在植物學上，香水樹屬於番荔枝科大喬木，高可達 30 公尺，枝條下垂。單葉、互生，全緣或波狀緣。花的形態與番荔枝（釋迦）類似。不過，香水樹的花大而顯著，成熟時呈金黃色，十分耀眼。漿果成熟時紫黑色。

香水樹的花

香水樹高大的植株

Chapter 06

我在西拉雅碰見阿凡達

天然染劑與纖維植物

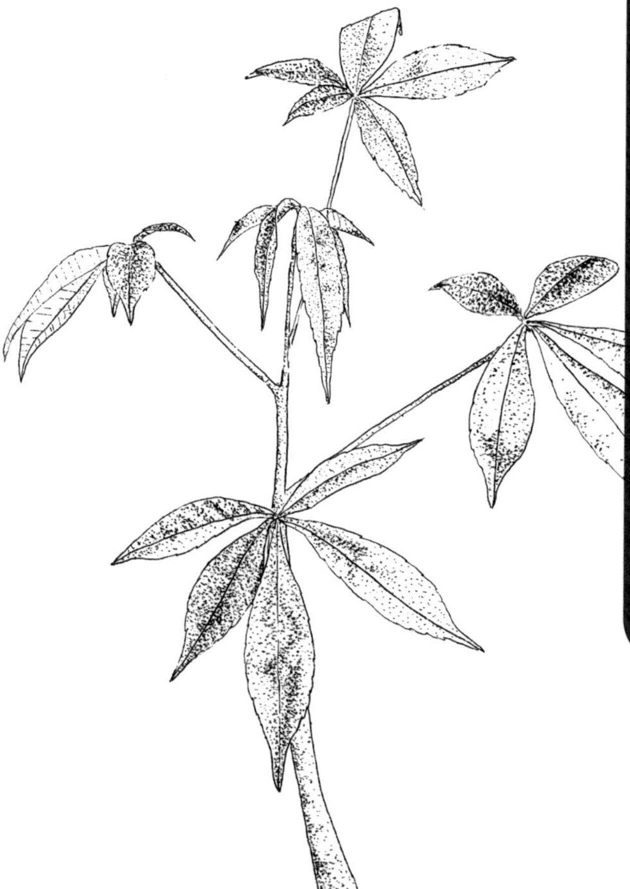

吉貝木棉

紡織工業、貝里斯與細胞學——墨水樹

影響歐洲時尚發展的，當然不只有化妝品與香水。紡織工業同樣占了舉足輕重的地位。而影響歐洲紡織工業發展的植物，首推墨水樹。

墨水樹英文稱為 logwood（蘇木）或 bloodwood tree（血木），拉丁文學名中的屬名也是同樣的意思。一七五三年，林奈在其名作《植物種志》書中便替墨水樹命名為 *Haematoxylum campechianum*。*Haematoxylum* 來自希臘文的 αίμα（haima）及 ξύλον（xylon）兩個字。xylon 意思是木頭，haima 是血。而種小名則是指它的產地 Campeche（坎佩切）[110]為墨西哥猶加敦半島[111]西岸的一個州。

墨水樹的原產地，正是馬雅文明[112]的所在地。馬雅人稱它為 ek。而中美洲另一個古文明阿茲提克帝國[113]則給了它許多稱呼，如：quamochitl、uitzquauitl 或 huitzcuahuitl。自古以來，馬雅與阿茲提克便使用墨水樹的樹汁作為墨水及紡織品的染劑。西元一五一九年，摧毀阿茲提克帝國的西班牙殖民者埃爾南·科爾特斯[114]來到墨西哥時，阿茲提克人衣服上豐富的紫色及黑色，正是墨水樹的萃取液所染製。

註

110 | Campeche 是西班牙文
111 | 英文：Yucatán Peninsula，西班牙文：Península de Yucatán
112 | 英文：Maya civilization
113 | 英文：Aztec Empire
114 | 西班牙文：Hernán Cortés

歐洲的紡織工匠發現了墨水樹的價值，西班牙開始從猶加敦半島採收大量的墨水樹。一五七〇年代，墨水樹萃取液傳入了英國。不過因為馬雅人萃取染劑的技術遺失，一開始墨水樹染的布料非常容易褪色，加上英國女皇伊莉莎白想要降低西班牙出口墨水樹所獲得的利潤，一五八一年英國甚至立法禁止墨水樹的使用。一直到一六六一年這項禁令才取消。而容易褪色的問題，在一六二〇年荷蘭科學家科尼利斯．德雷貝爾[115]發現了利用金屬鹽作為媒染劑的方法後大幅改善，這項發現同時也促進了歐洲紡織工業的發展。

不過，墨水樹所引發的利益衝突並沒有結束，後來墨水樹的栽培與貿易，加劇了英國和西班牙海上霸權及中美洲殖民地之爭。

一六三八年英國海盜在中美洲猶加敦半島南方，約莫是今日貝里斯一帶建立殖民地與港口。剛開始是為躲避西班牙的攻擊，一六五〇年代轉而從事墨水樹的伐採與貿易。為了鞏固殖民地主權，一七一七至一七七九年，西班牙四度強迫英國人離開貝里斯。一七八三年西班牙終於同意讓英國人在貝里斯伐採墨水樹。英國人卻為了想要進一步伐採桃花心木而要求新的協議。一七八六年西班牙用墨水樹與桃花心木的伐採權，要求英國撤離蚊子海岸[116]，即今日宏都拉斯北部至尼加拉瓜東部大西洋沿岸。

註

115 ｜荷蘭文：Cornelis Jacobszoon Drebbel
116 ｜西班牙文：Costa de Mosquitos

一七九八年九月，英國與西班牙在中美洲發生聖喬治之戰，英國成功占領了現在貝里斯所在地，埋下日後台灣在中美洲的邦交國貝里斯獨立的遠因。

一六六五年，提出《虎克定律》[117]並命名Cell（細胞）一詞（後來成為台灣國中生物及理化必考題），卻常常跟牛頓吵架的英國知名科學家虎克[118]出版了《顯微圖譜》[119]一書。他率先使用墨水樹作為顯微鏡觀察的染劑，觀察到軟木塞上的植物細胞。

一八一〇年，法國化學家米歇爾-歐仁·謝弗勒爾[120]利用蒸餾墨水樹木材的方式，成功分離出蘇木精晶體[121]，大幅提高墨水樹染劑的保存期限。後來，經過科學家不斷地改良，墨水樹染劑成為細胞學研究最重要的染色劑，細胞學也隨著墨水樹染劑的改良而日益進步。

一九〇四年，田代安定向日本橫濱植木株式會社購買了三十盎司的墨水樹種子，經過多年試驗，成功在恆春熱帶植物園栽培了一批墨水樹母樹。這批母樹所培育的苗木，陸續被移往嘉義植物園等地方栽培。但後來墨水樹及其他染料植物在台灣一直沒有受到重視，十分可惜。

註

117 ｜虎克定律，F=kx。彈性限度內彈簧的伸長（壓縮）量 x 與所受的外力 F 成正比。k 為彈性系數
118 ｜英文：Robert Hooke
119 ｜英文：Micrographia
120 ｜法文：Michel-Eugène Chevreul
121 ｜英文：hematoxylin crystals

墨水樹的花朵小，但是整樹開滿黃花十分耀眼。小羽片新發時呈紅色，而且常常會長成愛心形狀。台灣中南部較常見栽植。國立自然科學博物館、台中中興大學、嘉義埤子頭植物園有幾株較大的墨水樹，十分美麗。

隨著環保意識抬頭，人們開始崇尚自然，大約二〇〇〇年後植物染又漸漸在台灣流行。日治時期被引進台灣，但是並不常見的墨水樹又受到了注意。

只是小小的墨水樹，對於歐洲紡織工業、海上霸權爭奪、貝里斯獨立，甚至近代細胞學研究的影響，卻鮮少被提起。

紅色的新葉

墨水樹

學名：*Haematoxylum campechianum* L.

科名：豆科蘇木亞科（Leguminosae）

原產地：墨西哥猶加敦半島至貝里斯、宏都拉斯

生育地：河岸林或沼澤

海拔高：0-100m

墨水樹是小喬木，高可達 15 公尺。小枝有刺。一回羽狀複葉，小葉呈倒三角形或倒心形，新葉紅色。花黃色，總狀花序。莢果。

墨水樹的小枝有刺

墨水樹的花

墨水樹的葉子

墨水樹老樹亦十分高大

婀娜多沒有姿——胭脂樹

一七五三年林奈大作《植物種志》問世，書中除了前面曾提到的墨水樹與祕魯香脂樹，還有許許多多新世界植物同時被命名，很巧地，胭脂樹也是其中一種。

胭脂樹的拉丁文學名是 *Bixa orellana*，*Bixa* 可能是來自葡萄牙語 biché，指具有鳥喙形種子的植物；而種小名 *orellana* 是紀念第一位全程航行亞馬遜河的西班牙探險家奧雷拉納[122]，將其西班牙文名字 Orellano 拉丁化。

提到熱帶雨林中的天然染劑，許多人第一個聯想到的植物，我想應該都是原生在美洲的胭脂樹。胭脂樹種子製成的染劑胭脂樹紅婀娜多[123]可供作紅色墨水、食用色素、布料染色、身體彩繪等，由於應用廣泛，除了原產地，全世界的熱帶地區幾乎都有引進栽培。

中美洲古文明馬雅人認為它是血的象徵，具有神聖的意義，經文都是用胭脂樹紅婀娜多抄寫。美洲的土著會用它來染髮或作為口紅。甚至塗在身上防曬、防蟲叮咬，甚至避邪。

胭脂樹的種子

註

122｜佛朗西斯科·德·奧雷拉納，西班牙文是 Francisco de Orellana
123｜英文：Annatto

除了染劑，熱帶美洲的土著還將胭脂樹種子或樹葉作為藥用，驅除腸胃道寄生蟲，減緩辛辣食物對腸胃的刺激。甚至還有降低血糖之類的功效。

網路上許多資料都有提到，印度用來標示已婚的硃砂痣[124]或新婚時用的髮髻紅線辛杜爾[125]，都是使用胭脂樹紅婀娜多。這種說法並不完全正確。印度這項傳統由來已久，使用的主要都是有毒的硫化汞，也就是俗稱的硃砂，極少使用胭脂樹紅。不過當地確實有人在推廣胭脂樹紅，並直接稱胭脂樹為「辛杜爾樹」[126]，為的就是避免重金屬中毒的問題。不過，胭脂樹紅偏橘紅色，而非鮮紅色，所以在當地較難被接受。

此外，胭脂樹紅具有類似胡椒混合肉豆蔻的淡淡香氣，而且不具毒性，可作為食物色素及香料。古代阿茲提克人便把胭脂樹紅加入神聖的食物巧克力中。阿茲提克人使用胭脂樹紅的文化影響了入侵者西班牙的飲食。

時至今日，西班牙及其統治過的菲律賓、中美洲、加勒比海等地區的料理，也仍使用胭脂樹紅作為香料或食用色素，取代西班牙料理（如燉飯）中昂貴的香料番紅花。

註

124 ｜印度文：Bindi，點的意思
125 ｜印度文：Sindoor，朱紅色的意思
126 ｜英文：Sindoor tree

台灣於一九〇三年便引進胭脂樹，跟石栗一樣由柳本通義自越南購買種子。之後，一九〇八年也曾引進過，一九三一年三月山田金治再從墨西哥引進，一九三七年十月佐佐木舜一從南洋引進。可是一直以來都只有中南部零星栽培供觀賞，或是作插花的花材。

由於胭脂樹紅顏色的穩定度不佳，即使這些年植物染在台流行，仍極少作為染料。而台灣的飲食文化不太會將食物染紅，因此也沒有使用胭脂樹紅婀娜多的習慣。

二〇一六年台東區農業改良場推廣當地部落種植，期望能營造在地特色。也許將來有一天我們到台東旅遊可以品嚐到胭脂樹調味的特色料理。也許，哪一天台灣街頭平價的西班牙海鮮燉飯中，除了墨魚口味，也會多了胭脂樹口味。

胭脂樹是灌木或小喬木，高可達 5 公尺。單葉、互生、全緣，具有長葉炳。花粉紅色，五瓣，頂生圓錐花序。蒴果鮮紅色，密被軟刺。

胭脂樹

學名：*Bixa orellana* L.

科名：胭脂樹科（Bixaceae）

原產地：墨西哥、貝里斯、瓜地馬拉、宏都拉斯、薩而瓦多、尼加拉瓜、哥斯大黎加、巴拿馬、哥倫比亞、委內瑞拉、蓋亞那、蘇利南、法屬圭亞那、巴西、厄瓜多、祕魯、玻利維亞

生育地：雨林及半落葉林

海拔高：0-2200m

胭脂樹的花朵

照片提供／小兔校長

胭脂樹的果實

胭脂樹新鮮的果實十分美麗

胭脂樹苗

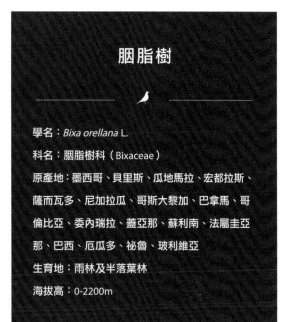

阿凡達與西拉雅——吉貝木棉

阿凡達與西拉雅

《阿凡達》[127]是二〇〇九年上映的一部美國科幻電影。看過電影的人大概都會對納美人[128]世界裡超級巨大的樹留下深刻的印象。

電影或許是虛構的，但是對大樹的崇拜，以及世界中心樹的概念，並不是編劇無中生有。在中美洲古文明馬雅的文化、藝術與神話中，就存在世界中心樹。

納美人居住的環境也跟馬雅人類似，都是在熱帶雨林裡。馬雅人所在的中美洲熱帶雨林，生長著一種超級巨大的樹——吉貝木棉。對馬雅人而言，吉貝木棉是天空、陸地與地底相連接的橋梁，是世界的軸心。這個世界中心樹的概念，由生活在低地的馬雅人明確刻畫或形塑在陶甕等容器、石碑、墓碑上。直到今日，馬雅人的後裔仍舊十分尊重吉貝木棉。

註

127 ｜英文 Avatar 是向梵文 अवतार 借字，應該轉寫成 Avatara。有「化身」的意思，在現代英語中亦表示「頭像」

128 ｜英文：Na'vi

除了馬雅文明，奧爾梅克與阿茲提克也有類似的概念。在南美洲亞馬遜叢林中有幾個部落相信神明就住在吉貝木棉上。介紹墨水樹時提到的征服者埃爾南．科爾特斯[129]也知道這個道理，一五二五年，甚至刻意選在吉貝木棉樹上吊死阿茲提克帝國的皇帝。

瓜地馬拉一九五五年宣布吉貝木棉為國樹。墨西哥、宏都拉斯、波多黎各都有以吉貝木棉為名的城鎮[130]。波多黎各還有一座吉貝樹公園[131]，保護一株據說哥倫布發現新大陸時就存在的吉貝木棉大樹。

高聳筆直的吉貝木棉

註

129 ｜西班牙文：Hernán Cortés

130 ｜墨西哥東南方，於 1528 年成立的恰帕斯州（Chiapas）與其中心恰帕·德科佐鎮（Chiapa de Corzo）；波多黎各島東北方海邊，1838 年建立的城市賽瓦（Ceiba）；位於宏都拉斯北方沿　，1877 年建立的城鎮拉賽瓦（La Ceiba），都是直接或間接以吉貝木棉樹的屬名（*Ceiba*）為名

131 ｜西班牙文：Parque de la Ceiba

從中南美洲的歷史、文化來看，不難理解為何城市的名稱會與吉貝木棉有關。這就跟台灣很多地名中有茄苳這種大樹是同樣道理[132]，如茄苳腳、茄苳坑、佳冬、花壇[133]。不過，台灣竟然也有地方以「吉貝」為名，這就令人匪夷所思了。台南市東山區東河里竟然有一個地名——吉貝耍。當地有吉貝耍國小、吉貝耍部落學堂。

吉貝木棉是原生於美洲及非洲熱帶雨林裡的超級大樹，一九〇四年川上瀧彌才自南洋引進台灣。台灣早期怎麼會有「吉貝」呢？難不成台南有來自中南美洲的移民？

註

132｜茄苳是台灣西部平原很常見，而且往往特別巨大的樹木，就像是吉貝木棉在美洲地區一樣的存在

133｜茄苳腳這個地名在台灣很常見，新北市汐止區、南投縣南投市與埔里鎮、雲林縣大埤鄉、嘉義縣太保市、台南市新營區都有茄苳腳這個地名。屏東縣佳冬鄉舊稱也是茄苳腳，彰化縣花壇鄉舊稱茄苳腳，因為茄苳的台語發音與花壇的日語發音相似，1920 年更名為「花壇」

吉貝的考證

其實這是一個誤會很深的故事。

吉貝耍其實是來自西拉雅語 Kabua-sua，意思是木棉花的部落，古代也稱作桔根耍[134]。當地居民是台灣的原住民西拉雅族蕭壠社的後裔。雖然已經高度漢化，但仍保留「嚎海祭」等傳統信仰及習俗。

這裡的吉貝，指的是我們所熟悉，開橘紅色花朵的木棉花，而非來自遙遠中南美洲的吉貝木棉。

西拉雅語稱木棉花 Kabua，除了音譯作吉貝，也音譯作「茄拔」。台南善化就有茄拔里、茄拔國小，楠西區有茄拔路。用國語念，兩個詞的語音差很多。但是如果用台語來念，茄拔（ka-pua̍t）跟吉貝（ka-po̍k）音就非常接近了。

木棉花是外來植物，一般相信是荷蘭人一六四五年引進台灣。但是因為吉貝耍這個西拉雅族的地名，也有部分學者支持木棉花是更早來到台灣的西拉雅族引進。

註

134 ｜ 1774 年（乾隆 39 年）所刊行，由台灣府知府余文儀修纂之《續修台灣府志》卷二原文：「蕭壟社縣西七十里。近番眾分居社東桔根耍莊，距舊社十五里、哆囉嘓社縣南三十里。」歷史學者認為文中的「桔根耍」就是吉貝耍

西拉雅族[135]又作希萊耶族，是台灣原住民平埔族中的一族，主要分布在嘉南平原。一八二九年起，受漢人爭地影響，部分西拉雅族人東移至花蓮玉里、富里以及台東池上、關山、長濱、成功一帶。因為幾乎完全漢化，失去傳統風俗及語言，未獲中央政府認定為原住民，僅台南市政府與花蓮縣富里鄉公所承認。

十六、十七世紀葡萄牙、荷蘭、西班牙等西方國家稱台灣為福爾摩沙（Formosa），稱台灣原住民為福爾摩沙人（Formosan）。除了指福爾摩沙島上的居民，部分學者認為也可以專指與西方國家接觸過的西拉雅族人。

與台灣原住民語言同為南島語系的馬來文，稱木棉為kapok，其實發音十分類似西拉雅語中的木棉花Kabua。這或許可以作為支持木棉花是由原住民引進的論述。但是千萬別忘了，英文，還有十七世紀曾來過台灣的荷蘭、西班牙，也稱木棉為kapok。西拉雅族仍有可能是受這些外來語的影響，而不是族語中本來就有這個字。

台語稱呼木棉花為斑芝（pan-tsi）、斑枝（pan-ki）、紅棉（âng-mî）、加布棉（ka-pòo-mî）、吉貝棉（ka-pòk-mî）。加布棉與吉貝棉的音跟西拉雅語很接近，甚至跟馬來語一模一樣，似乎是受到西拉雅語的影響？我覺得也未必。「吉貝」二字，在中國古代就有。

註

135 ｜西拉雅文：Siraya

136 ｜《西京雜記》是中國古小說集，共收錄 129 則小故事。短篇僅十多字，長篇亦不過千餘字，相傳是東晉葛洪著，一說漢朝劉歆著。書的作者是誰？沒有定論。「西京」指京都長安。全書所記多為西漢遺聞軼事、時尚風習、奇人絕技等

木棉花廣泛分布於印度、華南、東南亞至澳洲。西元前二百年，漢朝時中國就開始栽培木棉花了。據中國古小說集《西京雜記》[136]一篇關於南越王趙佗的小故事：「積草池中有珊瑚樹，高一丈二尺，一本三柯，上有四百六十二條。是南越王趙他所獻，號為烽火樹。至夜，光景常欲燃。」文中的珊瑚樹或烽火樹指的就是木棉花。

而「吉貝」二字的出處，目前我查到最早的文獻是北宋，西元九八四年成書的《太平御覽》。當中提到林邑國[137]產吉貝樹，絲可織布，卻沒有提到為什麼叫作吉貝。南宋的《嶺外代答》與《諸蕃志》兩書中也都有〈吉貝〉專章。不過內文看起來比較像是描述「棉花」，而不是木棉[138]。

到了明朝李時珍名著《本草綱目》，他就發現木棉有兩種[139]，一種是我們今日所謂的木棉，稱為古貝；另一種就是英文為 cotton 的棉花，稱為古終。而吉貝，「乃古貝之訛也」。沒看錯，就是古人寫錯字，以訛傳訛。而「古貝」這兩個字，從李時珍的記錄可知來自更古老的語言梵文的音譯。梵文的木棉為कर्पास（Karpasa），可以指棉花或木棉，佛經上通常稱作劫貝或劫波薩。

註

137｜林邑國是今越南中部古國

138｜《太平御覽》香部二・沉香：「《梁書》曰：林邑國出吉貝，及沉香木。吉貝者，樹名也。其華成時如鵝毳，抽其緒紡之，以作布，與紵布不殊。亦染成五色，織為班布。」
《嶺外代答》吉貝：「吉貝木如低小桑，枝萼類芙蓉，花之心葉皆細茸，絮長半寸許，宛如柳綿，有黑子數十。」
《諸蕃志》吉貝：「吉貝，樹類小桑、萼類芙蓉。絮長半寸許，宛如鵝毳，有子數十。」

139｜李時珍《本草綱目》木之三・灌木類上五十一種・木棉原文：「【釋名】古貝（《綱目》）、古終。時珍曰：木綿有二種：似木者名古貝，似草者名古終。或作吉貝者，乃古貝之訛也。梵書謂之婆，又曰迦羅婆劫。
【集解】時珍曰：木綿有草、木二種。交廣木綿，樹大如抱。其枝似桐。其葉大，如胡桃葉。入秋開花，紅如山茶花，黃蕊，花片極濃，為房甚繁，逼側相比。結實大如拳，實中有白綿，綿中有子。今人謂之斑枝花，訛為攀枝花。」

既然「吉貝」是「古貝」的誤寫，又是從梵文翻譯來的，那再從古貝下手去查吧！果不其然在佛書找到答案了。西元六六一年前唐朝釋玄應[140]的佛教訓詁書《一切經音義》有解釋「古貝：府蓋反。謂五色氎也。樹名也。以花為氎也。」很明顯是在描述木棉花。到了西元八〇一年，唐朝杜佑歷時三十多年編撰而成的《通典》，在哥羅國[141]的記述中，有「古貝布」一詞[142]。

從以上的古書可以歸納，古貝一詞最早大約從唐朝開始出現，又是譯自梵文，應該跟唐朝佛教興盛有關。

到這邊可以理解，不論是西拉雅語的 Kabua、馬來語 kapok、英、荷、西語的 kapok，或是中文裡的吉貝、古貝，都是受到梵文的影響。指的其實都是木棉花。那新的問題又來了，既然吉貝是木棉花的古名，為何到了現在又變成了另一種植物？

只能說，木棉花與吉貝木棉實在太類似了，分類上又是同一科的植物，所以被搞混了。

註

140 ｜釋玄應生年不詳，卒於西元 661 年。其著作《一切經音義》成書年代不詳，只能推測是 661 年前

141 ｜哥羅國大約位在今日馬來半島雪蘭莪州一帶

142 ｜《通典》邊防四 ・ 哥羅原文：「哥羅國，漢時聞焉。在槃槃東南，亦曰哥羅富沙羅國云。其王姓矢利婆羅，名米失缽羅。其理城累石為之。城有樓闕，門有禁衛，宮室覆之以草。國有二十四州而無縣。庭列儀仗，有纛，以孔雀羽飾焉。兵器有弓、箭、刀、柏、皮甲。征伐皆乘象，一隊有象百頭，每象有百人衛之。象鞍有鉤欄，之中有四人，一人執　，一人執弓矢，一人執殳，一人執刀。賦稅人出銀一銖。國無蠶絲、麻紵，唯出古貝布。畜有牛，少馬。其俗，非有官者不得上髮裹頭。又嫁娶初問婚，惟以檳榔為禮，多者至二百盤。成婚之時，唯以黃金為財，多者至二百兩。」

一七五三年，林奈在《植物種志》書中命名了這兩種重要的纖維植物。木棉花拉丁學名是 *Bombax ceiba*；而吉貝木棉當時也被放在木棉屬，學名是 *Bombax pentandrum*。*pentandrum* 是結合了兩個希臘字，五 πέντε（penta）與雄性 ἀνδρων（andron），是指它有五根雄蕊。

從命名來看，我相信林奈一定知道吉貝是指木棉花，所以木棉花的拉丁文學名種的小名就是 *ceiba*（吉貝）。然而，美洲產的幾種木棉還是有許多地方跟舊世界的木棉不太一樣，於是，一七五四年蘇格蘭植物學家菲利普．米勒[143]出版第四版《園丁辭典》[144]，將幾種美洲產的木棉獨立成另一個屬。而不知道為何，菲利普竟然選了 *Ceiba*（吉貝）作為美洲木棉的屬名。一七九一年德國植物學家約瑟夫．加特納[145]調整了吉貝木棉的分類，將它從木棉屬 *Bombax* 搬家到美洲木棉屬 *Ceiba*。成為了現在這個學名 *Ceiba pentandra*。

二十世紀初，吉貝木棉傳入台灣。不曉得是哪一位植物學家所命名，但是我想他應該知道吉貝一詞，於是將學名為 *Ceiba pentandra* 的植物命名為吉貝木棉。

註

143｜英文：Philip Miller
144｜英文：The Gardeners Dictionary
145｜德文：Joseph Gärtner

到這裡，繞來繞去，我想大家都被疲勞轟炸了。只能說這是一個多重誤會的複雜故事。

吉貝木棉的纖維不適合紡織，但是質輕，彈性佳，又比較不易吸水且耐高溫，可以作為床墊、枕頭、睡袋、絨毛玩具、救生圈、救生衣的填充物。加上種子還可榨棉籽油，製成肥皂、飼料等用途，因此在二次世界大戰前是重要的商業纖維。印尼曾大規模栽培，尤其以爪哇地區栽培最多，所以又有爪哇木棉的別稱。化學纖維發明後，就鮮少利用了。

台灣因為自古就有栽培木棉花，用途與吉貝木棉極為類似，其實不需捨近求遠引進吉貝木棉。直到日治時期，輸人不輸陣的日本為了掌握這項戰略物資，殖產局局長宮尾舜治與植物學家川上瀧彌積極推廣，開始在恆春半島栽培。

一九〇四年川上瀧彌先自南洋輸入，次年，田代安定又從印度採購種源。不過恆春風大，最初田代安定栽培的吉貝木棉生長狀況不是很好。一九〇九年殖產局又從爪哇與檀香山購買了大量種子，發送到各地方機關及事業單位栽培。吉貝木棉才慢慢出現在中南部各地校園及公園。一九三七年，佐佐木舜一也曾自南洋引進，栽培於竹頭角熱帶植物母樹園[146]入口處，目前植株也已十分高大。光復後政府雖然也曾積極研究吉貝木棉與木棉花，但是並沒有再推廣栽培。

註

146｜即現今美濃雙溪熱帶樹木園

除了作商業纖維與榨油，非洲地區甚至食用其嫩葉、嫩芽、幼果、鮮花。而樹皮、樹葉，美洲的原住民用於利尿、壯陽、墮胎、緩瀉劑，也治療頭痛、糖尿病等，或外用作為止痛、傷口癒合的民俗草藥，亞馬遜的薩滿[147]巫師甚至會用吉貝木棉作為死藤水這種迷幻藥的添加劑。

吉貝木棉的樹形雄偉，板根巨大，也算是一種特殊的景觀植物。目前台灣各地留存或新栽植的吉貝木棉主要都是觀賞用。樹勢可觀或特別的栽培地有：台北植物園的溫室後方、台大女九宿舍門口右側有一棵隱身美人樹中、台北士林區社子國小、台中永東街永南街口的小公園、高雄文化中心、高雄鳳山步兵學校小營站門口、美濃雙溪熱帶樹木園入口處、高雄六龜新威國小、屏東泰武鄉武潭國小。

吉貝木棉的板根十分顯著

註

147 ｜英文：Shamanism，源自滿－通古斯語族

吉貝木棉是超大喬木，高可達 70 公尺。樹幹通直，樹幹上有刺，枝條輪生，基部有巨大的板根。掌狀複葉，小葉全緣、無柄。花為黃白色，花徑僅約 5 公分，單生或叢生於細枝條。蒴果紡錘形，內有棉絮。每年 1 月落葉後會開花，花期約持續到 4 月。

吉貝木棉

學名：*Ceiba pentandra* (L.) Garetn.

科名：錦葵科（Malvaceae）木棉亞科（Bombacoideae）

原產地：熱帶美洲、非洲

生育地：低地熱帶雨林

海拔高：1000m 以下

吉貝木棉的落花

吉貝木棉果實與種子

掛在枝頭的果實

高雄文化中心栽培的吉貝木棉植株十分高大

台南白河林初埤木棉花道

木棉花

學名：*Bombax ceiba* L.

科名：錦葵科（Malvaceae）木棉亞科（Bombacoideae）

原產地：印度、中國南部、中南半島、馬來西亞、印尼、澳洲東北、菲律賓

生育地：溝谷雨林、季風林至疏林

海拔高：1400m 以下

木棉花是大喬木，高可達 40 公尺。樹幹通直，樹幹上有刺，枝條輪生。掌狀複葉，小葉全緣，小葉柄與葉柄極長。花為橘紅色，大型，單生。蒴果紡錘形，內有棉絮。

盛開的木棉花

牆角自生的木棉花

Chapter 07

22K效應

飲料植物

咖啡

總是可口可樂——可樂樹

生活中的咖啡、可可等飲料，人們大多知道是由植物製成。可是還有一種暢銷全世界的碳酸飲料——可樂，卻較少人認識它的原料「可樂果樹」。

一七七二年，那位第一章所提到，發現橡膠可以輕易擦去鉛筆字跡的英國化學家卜利士力[148]，在啤酒廠裡不小心又發明了碳酸水，並發現氣體溶入水中會有特殊的口感。碳酸水即大家所熟悉的氣泡水。除了特殊口感，一開始氣泡水與碳酸飲料甚至被認為具有藥效而流行，十九世紀也於美國熱銷。

此外，葡萄酒中加入古柯鹼[149]也是十九世紀常見的補藥。一八六三年法國化學家安傑洛．馬里亞尼[150]發明了第一支連發明大王愛迪生也十分喜愛的古柯葡萄酒[151]——馬里亞尼酒[152]。

美國的藥師約翰．彭伯頓[153]覺得碳酸飲料市場有利可圖，嘗試將兩種流行的飲料混合。一八八五年，一款含有古柯鹼葡萄酒的碳酸飲料被註冊了，稱為法國葡萄酒古柯神經補藥[154]，並打算開始銷售。但是很不幸地，隔年美國喬治亞州富爾頓郡以及亞特蘭大通過禁酒令。彭伯頓只好再開發無酒精版的法國葡萄酒古柯神經補藥，並以原料中的Coca（古柯樹）與kola nuts（可樂果）來命名，

註

148｜英文：Joseph Priestley

149｜古柯鹼英文是Cocaine，或是coke。是一種管制性的麻醉藥，也是一種興奮劑。由古柯樹（Coca）樹葉所提煉。除了可口可樂早期曾使用，2009年紅牛能量飲料也曾經檢測出微量的古柯鹼。古柯樹原產於南美洲西部，安地斯山脈東側山地森林至亞馬遜河低地雨林。在植物分類學上，古柯樹屬於古柯科古柯屬。用來提煉古柯鹼的植物主要有兩種：古柯（*Erythroxylum coca*）與長柄古柯（*Erythroxylum novogranatense*）。1910年藤根吉春，1923年阿部幸之助，台灣曾兩度自爪哇引進栽培。不過目前全世界多數的國家都已禁止栽種古柯樹

150｜法文：Angelo Mariani

151｜英文：Coca wine

152｜法文：Vin Mariani

153｜英文：John Stith Pemberton

154｜英文：French Wine Coca nerve tonic

稱之為 Coca-Cola（可口可樂）。彭伯頓聲稱可以安定神經、減輕頭痛、解決消化不良及嗎啡上癮症狀，開始在藥房銷售。不過最初銷量極差。一八八七年，彭伯頓將部分公司股票賣給了艾薩．凱德勒[155]。一八九二年艾薩．凱德勒成立了可口可樂公司[156]。

除了飲用，一八九〇年英國藥廠寶威公司[157]所開發一款稱為「急行軍[158]」的藥錠，也是可樂果和古柯葉混合而成。一樣強調可以增強身體耐力、舒緩精神壓力。一八九三年，喬治亞州東北方臨界的北卡羅萊納州，另一位藥師迦勒．布萊德姆[159]也開始在他的藥房內銷售「布萊德飲料[160]」，一款號稱幫助消化、提供能量的碳酸飲料。一八九八年，布萊德姆從療效「消化不良」的英文 dyspepsia，以及成分 kola nuts（可樂果），將布萊德飲料重新命名為 Pepsi Cola（百事可樂）。

從此之後，大批非洲生產的可樂果被運往了歐美，製造可樂等產品銷往全世界。一九二〇年代，可口可樂開始在中國上海生產。起初取了一個「蝌蝌啃蠟」的怪名，銷售情況奇差無比。可口可樂只好登報徵求譯名。當時在英國留學的中國藝術家蔣彝翻譯成「可口可樂」，既保留了英文的音，又饒富趣味。

註

155｜英文：Asa Griggs Candler
156｜英文：The Coca-Cola Company
157｜英文：Burroughs Wellcome & Company
158｜英文：Forced March
159｜英文：Caleb Davis Bradham
160｜英文：Brad's Drink

台灣也於一九六四年由辜振甫等企業家出資成立「台灣汽水廠股份有限公司」，並於一九六八年開始生產可樂，直到一九八五年被可口可樂公司收購。

後來古柯鹼被發現對人體造成傷害，一九〇三年起，可口可樂不再添加古柯鹼。一九一四年美國也宣布古柯鹼為禁藥。之後又發現可樂果含大量會致癌的亞硝基化合物，於是一九五五年後可樂飲料便改用人工香料替代。可樂果不再大量生產，非洲之外的地方也漸漸遺忘了這種植物。

可樂果又稱為可樂豆，是可樂樹的種子，含可可鹼、咖啡因及茶鹼等黃嘌呤類生物鹼，有興奮劑的作用。跟茶、咖啡相比，具有更強烈的興奮效果。早在歐洲人到非洲之前，可樂在中西非地區便普遍使用，於慶典時招待賓客，與可樂山竹[161]或豬油果[162]的種子一起嚼食。除了非洲，其他熱帶國家栽植並不普遍。

一五五六年，歐洲旅行家李奧．阿非利加努斯[163]曾描述，旅行到蘇丹時接觸到一種苦的堅果叫作 goro（哥洛），而這個名字其實就是奈及利亞地區所稱的 kola（可樂）。不過，一五九三年第一個明確描述可樂果[164]具有四片子葉的人是葡萄牙旅行家愛德華多．羅培斯[165]。多數雙子葉植物都是兩片子葉，可是可樂果的子葉有四片，非常特殊。這是辨識可樂果很重要的特徵。

可樂果的種子

註

161 ｜拉丁文學名：*Garcinia kola*
162 ｜拉丁文學名：*Pentadesma butyracea*
163 ｜拉丁文：Joannes Leo Africanus
164 ｜英文：kola nut
165 ｜葡萄牙文：Eduardo López

不過歐洲人當時還是沒有意識到可樂果的重要性與價值。一六二〇年，英國探險家理查．傑布森[166]沿著塞內加爾河進入非洲。後來他自己回憶，在上游地區非洲人為他們帶來了大量的可樂果，卻沒有受到他們青睞。

一八〇五年，法國的生物學家博瓦[167]，利用自己於一七八六年在奈及利亞收集到的標本，首先命名了可樂樹[168]。同年，法國植物學家旺特納[169]也透過模里西斯來的標本命名另一種可樂樹[170]。一八三二年奧地利植物學家肖特[171]與恩德利歇[172]建立並命名可樂樹屬 *Cola*，將前述兩種可樂樹併入。

不知為何，這麼特殊的植物，日治時期卻不曾引進台灣。台灣也不曾有植物圖鑑提到可樂果樹。一直到二〇〇〇年後，網路上資料越來越豐富，可樂果或可樂樹這種植物名稱才漸漸出現在一些網路植物論壇，如塔內植物園或網路花壇。大約又經過了十多年，種苗商人才引進了這種特殊植物。

台灣有一句俗話：「沒吃過豬肉也看過豬走路。」衷心希望每一個喝過可樂的人，都可以認識可樂樹這種特殊植物。

註

166 ｜英文：Richard Jobson
167 ｜法文：Ambroise Marie François Joseph Palisot de Beauvois
168 ｜最初拉丁文學名為 *Sterculia acuminata*，後改為 *Cola acuminata*
169 ｜法文：Étienne Pierre Ventenat
170 ｜最初拉丁文學名為 *Sterculia nitida*，後改為 *Cola nitida*
171 ｜德文：Heinrich Wilhelm Schott
172 ｜德文：Stephan Ladislaus Endlicher

可樂樹

學名：*Cola nitida* (Vent.) Schott & Endl.

錦葵科（Malvaceae）梧桐亞科（Sterculioideae）

原產地：獅子山、賴比瑞亞、象牙海岸、迦納、多哥、貝南

生育地：低地雨林

海拔高：300(800)m 以下

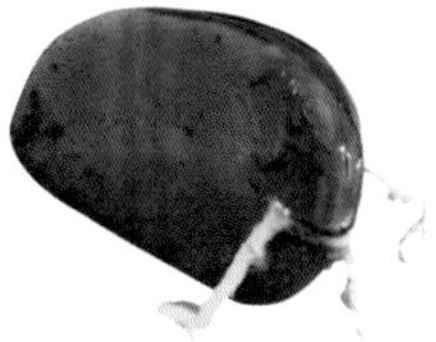

剛發芽的可樂果

可樂樹是錦葵科常綠喬木，高可達 27 公尺。葉大，全緣，尾狀，葉柄兩端膨大。托葉兩枚，著生葉柄基部兩側，線形。花星狀，白色或淡黃色，中央有暗紅色線條，花萼五裂，無花瓣，腋生。蓇葖果綠色，內含種子數枚。種子紅色或白色。子葉兩枚。可樂樹屬是可可樹屬（*Theobroma*）的近緣屬，形態特徵十分類似。原產於西非熱帶雨林。

可樂樹

台美斷交、九二一大地震與22K——咖啡

一九七八年十二月十六日，美國總統卡特宣布一九七九年一月一日與台灣當局斷交，中美正式建交，震撼台灣當局。台美斷交二十年後，一九九九年九月二十一日凌晨一點四十七分，山崩地裂，台灣發生二次世界大戰結束後最大的天災——芮氏規模七點三級的大地震，死亡兩千四百多人，一萬一千人受傷，全台超過十萬間房屋全倒或半倒。又過了十年，二〇〇九年政府支出一百零八億實施大專畢業生至企業實習方案，卻導致企業以22K作為大專畢業生的起薪，使得青年貧窮化。外交、天災與勞資政策，三十年來的三個重大事件，影響台灣發展的同時，也撼動了台灣的咖啡產業。

下面是每個咖啡愛好者都聽過的傳說：一六七一年安東尼奧．福士德．奈羅尼[173]修士的著作《健康的飲料》[174]，在一篇關於咖啡的專論中，講述了衣索比亞牧羊人柯迪[175]的羊群，吃了一種紅色果實後變得活蹦亂跳。好奇心驅使下柯迪也嚐了這種野果，發現果實具有興奮作用。他將此發現帶給了遠在阿拉伯半島南方葉門修道院的修士。結果修士認為是惡魔作怪，將紅色果實丟進火裡。沒想到果實在火中散發出令人垂涎的香氣。於是他們將這些被火烤過的豆子收集起來，磨成粉倒入裝滿熱水的容器裡，發明了世上第一杯咖啡。

咖啡的紅色果實

註

173 ｜拉丁文：Antonius Faustus Naironus
174 ｜拉丁文：De Saluberrima potione cahve
175 ｜拉丁文：Kaldi

雖然這只是個傳說故事，但從中可以推測，衣索比亞是咖啡的原產地，而阿拉伯人則是世界最早飲用咖啡的民族。不過咖啡最初並不是飲料，而是一種藥。阿拉伯傳說，先知穆罕默德有一天突然覺得十分疲倦，大天使加百列於是帶給他阿拉真神賜予的一種稱為 قهوة（qahwah）的黑色藥水。穆罕默德喝下後便恢復了精神，繼續進行他的偉大事業。而阿拉伯語中的 قهوة（qahwah）也成了咖啡名稱的由來。qahwah 經過土耳其文轉化成 Kahveh，Kahveh 成為後來英文中的 Coffee，法文及西班牙文則為 Café，德文是 Kaffee。傳到亞洲，中文稱為咖啡。日本漢字寫作珈琲，片假名是コーヒー。

不過，牧羊人與穆罕默德的故事畢竟都是傳說，最早可信的咖啡記載來自十五世紀葉門的蘇菲派修道院[176]。蘇菲派修士夜間修行時利用咖啡來保持警覺。一四一四年，咖啡已經從葉門往北傳到了麥加與麥地那。再傳入埃及開羅、敘利亞大馬士革、伊拉克巴格達，以及土耳其君士坦丁堡[177]等大城市。一五五四年，這些地方已經存在為數不少的咖啡館。

一五六五年咖啡傳入地中海的島國馬爾他。這是咖啡首次傳入歐洲，卻沒有進一步再流傳到歐陸。德國萊昂哈德．勞沃爾夫[178]於一五七三年抵達黎巴嫩。他是第一位從歐洲到敘利亞與美索不達米亞旅行的植物學家。除了植物調查，他也觀察並記錄當地的人文、風俗及景觀。回到歐洲後，他於一五八二年出版

烘烤過的咖啡豆

註

176 ｜英文：Sufi monasteries
177 ｜君士坦丁堡即伊斯坦堡舊稱
178 ｜德文：Leonhard Rauwolf。1753 年林奈先生便以勞沃爾夫（Rauwolf）作為蘿芙木的屬名（*Rauvolfia*）

了《萊昂哈德．勞沃爾夫博士到東方國家旅行》[179]一書，書中有提到一種稱為Chaube的飲料，像墨汁一樣黑，對胃痛的疾病很有幫助，當地人每天早上都喝。在當時，歐洲還不認識咖啡。Chaube應該是勞沃爾夫博士自己拼音的，也許發音就類似咖啡的台語。

一五八〇年，威尼斯醫生暨植物學家普羅斯佩羅．阿爾皮尼[180]到開羅的威尼斯領事館擔任醫生。一五九一年，他回到威尼斯出版了《埃及人醫學》[181]，一五九二年出版《埃及植物》[182]。這兩本書介紹了許多歐洲所沒有的植物，包含了咖啡。還有大家到東非或馬達加斯加旅遊都會看到的可愛植物寶寶樹[183]——正式中文名稱為猢猻樹[184]。值得一提的是，後來的植物學家為了紀念阿爾皮尼的貢獻，便以他的名字原文Alpini作為台灣及亞洲地區常見的植物「月桃」的屬名*Alpinia*。

一六一六年，荷蘭商人彼得．梵．布羅克[185]成功從葉門摩卡港帶回一批咖啡小苗到阿姆斯特丹植物園栽培。這批小苗改變了咖啡的歷史。一六五八年，荷蘭到印度及斯里蘭卡栽培咖啡。一六九九年後放棄斯里蘭卡，轉往爪哇種植，並漸漸擴張至蘇門答臘、峇里島、帝汶島，成為歐洲咖啡主要的供應地區。

註

179｜德文：Aigentliche Beschreibung der Raiß inn die Morgenländerin
180｜義大利文：Prospero Alpini
181｜拉丁文：De Medicina Egyptiorum
182｜拉丁文：De Plantis Aegypti liber
183｜英文：baobab tree
184｜拉丁文屬名：*Adansonia*
185｜荷蘭文：Pieter van den Broecke

許多咖啡的歷史介紹中都曾提到，一七二〇年法國的海軍軍官加百列．德．克魯[186]用他自己的飲用水灌溉兩株從荷蘭獲得的咖啡樹苗，將樹苗帶到了法國位於加勒比海的領地馬提尼克，使得中南美洲能夠開始栽培咖啡。這個故事很浪漫，德．克魯也確實運送了兩株咖啡到馬提尼克，但德．克魯其實並非首位將咖啡運送到中南美洲的人。早在一七一五年法屬聖多明哥[187]，及一七一八年荷屬圭亞那[188]就已經栽培咖啡樹了。

一七二七年，法國與荷蘭在圭亞那發生糾紛，葡萄牙國王請佛朗西斯科．狄．梅洛．巴耶達[189]出面仲裁。佛朗西斯科趁機迷惑了法國駐圭亞那總督的妻子，成功獲得咖啡種子，並引進巴西。雖然起初並沒有大量栽種，卻埋下其日後成為咖啡最大產地的種子。一八五二年後，巴西成為全球最大的咖啡生產國。

一七五三年，植物學歷史上十分重要的一年，阿拉比卡咖啡有了正式的拉丁文學名 *Coffea arabica*，同樣也是林奈在《植物種志》中發表。而咖啡的種小名 *arabica*，其實就是阿拉伯的意思。

一七七三年美國境內發生波士頓茶黨事件。英國政府強硬的態度與殖民地發生劇烈衝突。波士頓茶黨事件除了進一步引發一七七五年美國獨立戰爭，也導致美國人放棄茶葉，開始轉向喝咖啡，成為今日全球最大的咖啡消費國。

結實累累的阿拉比卡咖啡

註

186｜法文：Gabriel-Mathieu d'Erchigny de Clieu
187｜法屬聖多明哥即今日的海地共和國，位於加勒比海的島國
188｜荷屬圭亞那即今日的蘇利南共和國，位於南美洲北部
189｜葡萄牙文：Francisco de Melo Palheta

一七五七年，歐洲列強七年戰爭[190]期間，英國東印度公司與印度孟加拉王公發生普拉西戰役。英國獲勝，並開始把矛頭轉向法國，逐步將法國在印度的勢力剷除。一七九六年英國出兵錫蘭西部可倫坡。一八〇二年，荷蘭撤離，錫蘭[191]正式納入英國殖民地。一八四九年英國掌握印度全境，英國繼續在印度與錫蘭栽培咖啡。

時間再往回推一點，一七四〇年西班牙方濟會將咖啡引進菲律賓栽種。一八六〇年代，全球熱帶雨林所栽培的阿拉比卡咖啡陸續爆發銹病。菲律賓咖啡趁勢打入美國市場。一八八〇年，因為巴西與爪哇等地爆發了咖啡銹病，菲律賓甚至一度成為全世界唯一的咖啡供應源。

咖啡原本生長於東非高原，被引入世界各地的熱帶雨林氣候環境栽培，便容易發生銹病。歐洲列強一方面找尋新的咖啡產地，一方面也積極到非洲大陸尋找新的咖啡品種。原產於西非熱帶雨林的大葉咖啡首先被發現，並於一八七六年命名為 *Coffea liberica*，因為能夠抵抗銹病而成為名種。一八九七年，植物學家又發現並命名中果咖啡 *Coffea canephora*——即有名的羅布斯塔咖啡。大葉咖啡、羅布斯塔咖啡，與世界栽培最廣的小果種阿拉比卡咖啡並稱世界三大咖啡樹。

隨著歐洲列強在世界各地殖民與貿易，咖啡傳入全世界。

註

190｜英文：Seven Years' War
191｜錫蘭於 1972 年改名斯里蘭卡

台灣從荷蘭占領時期[192]就被納入歐洲列強擴張貿易的版圖。不過，咖啡要到清朝才引進台灣。雖然網路上有些資料提到荷蘭人曾引進咖啡到台灣，但並沒有任何文獻可以佐證。荷蘭引進台灣的熱帶植物都是輾轉從菲律賓及爪哇而來。荷蘭一六六二年就被鄭成功擊敗離台，而荷蘭將咖啡引進爪哇栽培則是一六九九年。從時間上來看，荷蘭應該不曾引進咖啡到台灣。

清朝在一八七四年牡丹社事件爆發後，才真正開始積極治理台灣，派沈葆楨來台開山撫番。甚至一度打算輔導原住民栽種咖啡等作物[193]。不過，清廷只是說說而已，真正付諸實行的是英國人。英國人嗅到了咖啡的商機，想比照茶葉模式在台灣種植咖啡。

從一九一一年田代安定編的《恆春熱帶植物殖育場事業報告》第二輯「珈琲木」的紀錄中，台灣最早的咖啡栽培是一八八四年（光緒十年），英商德記洋行自菲律賓馬尼拉輸入一百株咖啡苗，種植於日治時期台北海山郡三角湧[194]一帶。但最初存活率不理想。隔年又從錫蘭輸入種子，繁殖約三千株咖啡，大約是栽培於水返腳[195]及擺接堡冷水坑庄[196]。

一八六〇年至一八八〇年，英國的殖民地錫蘭爆發嚴重咖啡銹病，英國或許因此而積極找尋其他合適地點栽種咖啡。早期英國曾在中國及台灣從事茶

註

192｜1624 至 1662 年

193｜《劉銘傳撫台前後檔案 撫番善後章程二十一條》原文：「靠山民番除種植薯芋、小米自給外，膏腴之土栽種無多，以致終多貧苦。應選派就地頭人及妥當通事帶同善於種植之人分投各社，教以栽種之法，令其擇避風山坡種植茶葉、棉花、桐樹、檀木以及麻、豆、咖啡之屬，俾有餘利可圖，不復以遊獵為事，庶幾漸底馴良。所有各項種子，由員紳赴郡局領給；俟收成後，將成本按年繳還，以示體恤。其某某處種植某項若干？次年生發苦干？收成若干？責令該員紳稽查冊報，分別有無成效，以定賞罰。」

194｜海山郡即現今的板橋、土城、三峽、鶯歌、樹林與中永和，三角湧則為三峽

195｜水返腳為汐止舊名

196｜擺接堡冷水坑庄為今日新北市板橋區一部分

葉、蔗糖等貨物貿易，正好咖啡生長環境跟茶葉類似，加上當時清廷內憂外患，於是亞熱帶台灣就成為了英國的選擇。即使兩度引種失敗，德記洋行仍於一八九一年自舊金山第三度引進咖啡。直到日本治台，英商的咖啡栽培才終止。

日本統治台灣初期便計畫栽種咖啡，一八九五年至一八九六年數度自南洋購買種子，發配給各地行政單位及農業單位試種，但是成效不彰。一九〇一年，田代安定籌建恆春熱帶植物殖育場時，先自日本引進咖啡。次年，得知英商曾引種，便自擺接堡冷水坑庄游其源先生處收集馬尼拉系的種苗。同時也從小笠原群島收集爪哇系咖啡，並自夏威夷及巴西購買種子，栽培於恆春四個母樹園，於一九〇五年後開始收穫。

一九〇七年東京舉辦勸業博覽會，台灣恆春生產的咖啡生豆受到肯定。一九一五年日本大正天皇繼位典禮，台灣咖啡再度獲得讚許。當此期間，大稻埕知名茶商李春生將台灣生產的咖啡運送至英國倫敦，也蒙英人賞識。

一九一八年，台灣殖產局園藝試驗場嘉義支場[197]設立，加入咖啡品種的收集與試驗行列。參考國外栽培經驗，為了避免銹病發生，於一九二〇年代，引進雜交種咖啡、大果種大葉咖啡與中果種羅布斯塔咖啡。一九二九年殖產局還特別出版櫻井芳次郎的著作《珈琲》，詳細介紹咖啡的歷史、名稱由來、栽培沿革、

註

197 | 日治時期殖產局園藝試驗場嘉義支場即今日農業試驗所嘉義分所前身

栽培方法、品種、成分、市場等等知識。日本政府對咖啡產業的重視可見一斑。

一九一二年台東地區也開始栽培咖啡。一九一三年起往北推廣至花蓮。到了一九四二年，全台咖啡栽培近千公頃。當時主要經營者有：日本住田物產株式會社，栽培於花蓮瑞穗約四百八十公頃；木村珈琲店，栽培於嘉義紅毛埤[198]與台東共約三百公頃；圖南產業株式會社，栽培於台南及雲林斗六約八十公頃。

然而，一九四一年爆發太平洋戰爭，台灣咖啡銷售出現問題。光復後日本公司撤離，咖啡園任其荒蕪，咖啡栽培事業一度沉寂。一九四七年調查，全台咖啡栽培面積僅餘一百八十多公頃，集中於台東、台南、台中。後來各單位戮力復興咖啡栽培：嘉義農試分所致力於咖啡育種，高雄旗山地區研究咖啡加工，一九五〇年起中興大學蕙蓀林場也加入咖啡研究與推廣，贈送免費苗木，台灣才漸漸恢復咖啡栽培盛況。一樣從屏東、台東開始，逐步往北推廣。一九五四年南投成為全台咖啡栽培規模最大縣市。一九五七年後，雲林躍上台灣咖啡栽培面積第一名，維持十多年之久。一九五九年，雲林斗六設立全台唯一，並擁有遠東規模最大現代化烘豆機的咖啡加工廠。

好景不常。一九六五年美援結束，美援機構農復會[199]也面臨改組，停止關注咖啡品種的發展。一九七九年中美斷交，加上全球咖啡生產過剩，台灣咖啡出

註

198｜紅毛埤為蘭潭水庫舊稱

199｜1948 年美援機構中國農村復興聯合委員會（簡稱農復會），目的是帶動戰後農業與振興農村經濟。1979 年改組為行政院農業發展委員會（簡稱農發會）。1984 年農發會與經濟部農業局合併成立行政院農業委員會（簡稱農委會）

口受阻，政府遂不再提倡咖啡栽培。一九八二年，咖啡在台灣農業統計年報中不再獨立列出，整個咖啡產業就此停滯。

一九九九年發生了九二一大地震，震央位於南投集集，附近縣市災情嚴重。為了兼顧災區水土保持與農民生計，並藉由觀光休閒產業振興經濟，政府積極輔導農民於檳榔園內混植咖啡。起初，咖啡種苗取之不易，價格高。農民反倒開始在山林裡尋找過去被遺棄的咖啡老樹，或是採種，或是自樹下採集自生小苗，做起咖啡種苗生意。真正願意投入咖啡種植的農民反而較少。經過幾年努力推廣，二〇〇三年雲林縣政府開始在古坑舉辦台灣咖啡節，二〇〇九年起，台灣栽種的咖啡也頻頻在海外得獎。不過台灣咖啡栽培面積小，人工採豆工資高，95%的咖啡豆仍仰賴進口。

台灣現煮咖啡飲用風潮起步較慢。早期咖啡店較少，受日本文化影響，加上價格偏高，多半被視為文人雅士聚集的場所。市售咖啡產品主要是即飲的罐裝咖啡，如一九八二年成立的伯朗咖啡，或是一九五一年韓戰爆發後，美軍協防台灣時進口的雀巢即溶咖啡。

一九九一年業者自日本引進第一家連鎖咖啡品牌羅多倫 DOUTOR，一九九二年，日本知名咖啡連鎖店 KOHIKANS 登台，並以創始人真鍋國雄的姓為品牌名。一九九三年丹堤咖啡成立，一九九四年怡客咖啡成立，一九九七年西雅圖咖啡成立。上述三家公司都是台灣自創的連鎖咖啡品牌。不過現煮咖啡在市場上接受度仍然偏低。一九九八年三月第一家星巴克咖啡開幕，一九九八年十二月，罐裝咖啡龍頭伯朗咖啡也加入連鎖咖啡店市場。

星巴克咖啡進軍台灣市場前，全台不過三百多家咖啡店。星巴克咖啡來台後掀起一波外帶咖啡風潮。

二〇〇二年壹咖啡成立，切入平價咖啡市場。二〇〇三年85度C成立，結合平價蛋糕發展新的咖啡銷售模式。二〇〇四年現烘的cama咖啡在市場上出現。二〇〇五年7－11便利商店CITY CAFÉ開賣，次年全家便利商店Let's CAFÉ加入戰場。二〇〇八年，速食龍頭麥當勞也來分食咖啡市場大餅。咖啡市場競爭白熱化。至二〇一六年，台灣的咖啡市值約達六百六十億。這些大小集團帶起了現煮咖啡的飲用風潮，咖啡產業蓬勃發展，也培育了無數開店、煮咖啡與烘豆的技術人才。咖啡的相關知識越來越詳實，煮咖啡的機器越來越平價，給足了年輕人開設獨立咖啡店的環境。

二〇〇九年政府實施大專畢業生至企業實習方案，導致企業紛紛以22K作為大專畢業生的起薪，年輕人貧窮化。原本年輕人辭掉高工時工作，以行動咖啡

2000年以後，台灣吹起了現煮咖啡的飲用風潮，咖啡產業蓬勃發展

車或特色咖啡店方式創業只是零星案例，突然間變成了年輕人創業的首選。許多人的夢想都變成了「開一間咖啡店」。

於是乎跟咖啡相關的知識：咖啡品種、產地、歷史、營養價值、栽培技術、烘焙方式、豆子的分類、沖煮技巧、沖煮機器、拉花技藝、經營策略、品嚐評鑑法、公平貿易制度、貿易量等，不斷地被編纂成書籍，一冊一冊出版。幾乎不曾有任何一種植物有這樣豪華的待遇。二〇〇九年鴻海集團董事長郭台銘先生一席話：「現在的年輕人只想著開咖啡店，心中沒有世界。」並沒有打退這股熱潮，反倒使更多年輕人投入咖啡產業，致力提升台灣咖啡的品質。

二〇一三至二〇一四年，數十支台灣生產的咖啡躍上國際舞台，也有數位年輕人獲得世界烘豆大賽、杯測大賽冠軍。台灣咖啡產業蜚聲國際。咖啡店的形式與樣貌也開始多元化發展。除了既有的連鎖咖啡店、行動咖啡車、各種個性化的咖啡店陸續出現，搭配餐飲、民宿、服飾、圖書、網路、音樂、動漫、寵物、小農產品，甚至結合共同工作空間、藝術展出、藝文表演。或是從產品本身尋求變化，主打單品咖啡、立體拉花、改變烘煮方式等，不斷推陳出新。我想，或許可以算是受到郭董另類激勵的影響吧！身為一個咖啡及熱帶植物的愛好者，衷心希望台灣的熱帶植物，都可以像咖啡一樣受到重視。

阿拉比卡咖啡

學名：*Coffea arabica* L.

科名：茜草科（Rubiaceae）

原產地：東非高原

生育地：潮濕山地森林

海拔高：950-1950m

咖啡是茜草科小喬木，高可達 8 公尺。單葉、對生、全緣或波狀緣。花白色，腋生。漿果成熟時暗紅色，種子即為咖啡豆。為全球栽培最多的咖啡種類。

阿拉比卡咖啡植株跟葉子都比較小

咖啡的葉子與未熟果

咖啡小苗盆栽

大葉咖啡是茜草科小喬木，高可達 20 公尺。葉大型，單葉、對生、全緣。花白色，腋生。漿果成熟時暗紅色，種子即為咖啡豆。大葉咖啡的種小名，指的是賴比瑞亞（Liberia），而非利比亞（Libya）。現在台北植物園的名牌皆已改成賴比瑞亞咖啡。過去之所以稱之為利比亞咖啡，應該是引進時翻譯錯誤。若以其特徵，可稱之為大葉咖啡或大果咖啡。1902 年引進台灣，台北植物園、台中科博館熱帶雨林溫室、下坪熱帶植物園有栽植。

大葉咖啡

學名：*Coffea liberica* W. Bull ex Hiern

科名：茜草科（Rubiaceae）

原產地：幾內亞、賴比瑞亞、象牙海岸、迦納、貝南、奈及利亞、喀麥隆、中非共和國、加彭、剛果、薩伊、安哥拉、蘇丹、烏干達

生育地：潮濕森林

海拔高：低海拔

大葉咖啡的花

大葉咖啡巨大的葉片

大葉咖啡

情人節最佳代言——可可樹

中國人喝茶，阿拉伯人喝咖啡，非洲人吃可樂，藉由這些含有咖啡因的植物來獲得刺激、提神。那，美洲人呢？沒錯，就是「可可」，也就是大家所熟悉的巧克力。

人類對於巧克力的愛已經數千年。一七五三年林奈的《植物種志》中甚至將可可樹命名為神的食物。可可樹的拉丁文屬名 *Theobroma* 是結合了希臘文神 θεός（theos）和食物 βρῶμα（broma）兩個字。

考古學家從墨西哥出土，殘留可可的容器發現，大約西元前一九〇〇年，中美洲奧爾梅克古文明出現前，人類就開始使用可可了。只是並沒有留下清楚的紀錄，無法了解當時的使用方式。

直到西元四〇〇年左右，馬雅文明有了代表可可的象形文字。從壁畫及遺留的文物可以了解馬雅人會在住所栽培可可。他們把烤過的可可豆，混合辣椒、玉米和水一起飲用。

阿茲提克甚至把可可當作貨幣，用來購買奴隸及繳稅。不過有趣的是，阿茲提克偏好涼的或是常溫的可可，而不是像馬雅人一樣只喝熱可可。除了辣椒、玉米，阿茲提克人還在可可中加入了香草、以及第六章介紹過的胭脂樹紅，讓可可看起來紅紅的，像血一樣。

一五〇二年，哥倫布第四次來到美洲。哥倫布和他的兒子費迪南德[200]在一艘馬雅人的船上，發現了一種類似杏仁的東西——就是可可豆。費迪南德記錄，當地人十分重視這項貨物，「掉了任何一顆他們都會特別去撿起來，彷彿掉了自己的眼珠子一般。」[201]這是可可和西方世界首次接觸。不過礙於言語上的障礙，哥倫布無法進一步了解那是什麼。

到了一五一九年，第六章介紹墨水樹時曾提過的那位大人物，毀滅阿茲提克帝國的西班牙殖民者埃爾南．科爾特斯[202]來到美洲，第一次見識並品嚐了又辣又苦的可可。這段歷史被一位西班牙的士兵貝爾納爾．迪亞斯．德爾．卡斯蒂略[203]詳細地記錄在《征服新西班牙真實歷史》[204]書中。

不知道是不是卡斯蒂略自己加油添醋，他提到阿茲提克皇帝蒙特祖馬[205]每次臨幸後宮佳麗前，總是會先喝下五十杯用純金杯子裝盛的可可，還說：「這種神奇的巧克力飲料可以增強抵抗力、克服疲勞，喝下去就能一整天不用吃飯。」

註

200｜西班牙文：Fernando Colón、英文：Ferdinand Columbus
201｜英文：When any of these almonds fell, they all stooped to pick it up, as if an eye had fallen.
202｜西班牙文：Hernán Cortés
203｜西班牙文：Bernal Díaz del Castillo
204｜西班牙文：Historia verdadera de la conquista de la Nueva España
205｜英文：Montezuma

類似杏仁的可可豆

這當然是因為可可含有咖啡因，才具有提振精神的刺激效果，而可可鹼與脂肪能夠增強興奮並提供熱量。但是西班牙人卻因此相信巧克力具有催情的作用。

有些網路上的資料會說哥倫布或是埃爾南．科爾特斯把可可帶回了歐洲。這些說法都沒有可靠的文獻，可能性不高。哥倫布只是觀察到可可豆，據其子費迪南德的紀錄，他們並沒有扣押該批貨物。而一五二八年埃爾南．科爾特斯回到西班牙晉見國王卡洛斯一世[206]時，他所帶的禮物清單中也沒有看到可可。

一五六五年，一個不識貨的義大利商人吉羅拉莫．本佐尼[207]出版了一本書《新世界史》[208]，從個人觀點來描述他所見的新世界。他在書中甚至說，可可是給豬吃的，不是人的食物。這樣的紀錄相當偏頗，也與事實不符。

一五八六年，那位預言古巴香脂將被廣泛使用的西班牙耶穌會宣教士何塞．阿科斯塔[209]來到了墨西哥城。在那兒，阿科斯塔盡己所能觀察阿茲提克帝國的文明、宗教、人民以及物產。他在重要著作《西印度自然和精神的歷史》較為客觀地描述，可可在當地是一種受尊重的飲料，或冷或熱，並添加辣椒，對胃很好。不過阿科斯塔個人對可可評價也不好，認為可可是令人不愉快的味道。

註

206｜西班牙文：Carlos I
207｜義大利文：Girolamo Benzoni
208｜義大利文：La Historia del Mondo Nuovo
209｜西班牙文：José de Acosta

不過，西班牙人帶到新世界的食物漸漸吃完了，他們必須尋找新的食物來源，開始慢慢認識並接受新世界的食物，例如玉米。當然，西班牙人也把他們熟悉的植物引進了新世界，例如葡萄、橘子、梨子，還有甘蔗。

一些移民到中美洲的西班牙人，開始跟阿茲提克的女性通婚，加速了食物文化的交流。甘蔗被加入可可中，而原本添加在可可中的新世界特殊香料被拿掉了，歐洲人開始逐漸改變對可可的看法。

可可最早是何時被帶到歐陸，眾說紛紜，一般相信是由宣教士所引進。十六世紀中葉可可就已出現在歐洲大陸。十六世紀末，歐洲開始販售巧克力飲料。十七世紀初，巧克力被佛羅倫斯商人帶回義大利，並逐漸風靡全歐洲。

十七世紀，歐洲的男人喜歡上便宜的咖啡，而女士們則偏好高貴的巧克力。一六一五年奧地利公主安妮[210]帶著巧克力當嫁妝，遠嫁法王路易十三[211]。此後一則又一則歐洲王室與巧克力的傳說，逐漸讓人們將巧克力與愛情間畫上等號。一連串的商業炒作下，巧克力更成為情人節的最佳代言。

一九八三年美國的暢銷書《愛的化學》[212]談論到巧克力含有「苯乙胺」[213]，更演變成「愛情的巧克力理論」[214]。因為人談戀愛時，體內也會自行合成苯乙胺。

自十七世紀以來，巧克力逐漸與愛情畫上等號

註

210｜德文：Anne
211｜法文：Louis XIII
212｜英文：The Chemistry of Love
213｜英文：Phenylethylamine，縮寫是 PEA
214｜英文：chocolate theory of love

這是一種神經興奮劑，它的作用是造成呼吸、心跳加速、手心出汗、瞳孔放大、顏面潮紅，甚至自信心膨脹。巧克力與愛情之間的串連，似乎有了科學的證據。然而，事實上苯乙胺很容易被人體內的酵素代謝掉，根本就很難到達大腦，並不具有明顯的刺激效果。

一六五七年，英國倫敦開了第一家巧克力專賣店。一六五九年，大衛．夏盧[215]甚至獲得法王路易十四[216]特許，在巴黎製作並販售巧克力。一家又一家巧克力屋如雨後春筍般冒出，與咖啡店分庭抗禮。

提到巧克力的現代化，不能不提到梵．浩騰[217]一家人。一八一五年，荷蘭化學家昆拉德．梵．浩騰[218]發明了「荷蘭巧克力」[219]。他在巧克力中加入鹼鹽，降低了巧克力的苦味，讓巧克力更容易溶於水。同年，其父親卡斯帕．梵．浩騰[220]在阿姆斯特丹開了一間巧克力製造工廠，生產巧克力牛奶，還有添加香草跟肉桂的巧克力餅乾。一八二八年，卡斯帕發明了一種方法，將可可豆中的脂肪榨出，降低可可一半的脂肪含量，讓巧克力生產更加容易。時至今日，梵．浩騰仍是知名巧克力品牌，而昆拉德．梵．浩騰本人也被喻為現代巧克力之父。

一八四七年，另一家歷史悠久，於一七五九年就開始生產巧克力的英國公司佛萊父子有限公司[221]，在梵．浩騰的基礎下，製作出巧克力棒。但是很不幸地，

註

215｜法文：David Chaillou
216｜法文：Louis XIV
217｜荷蘭文：Van Houten
218｜荷蘭文：Coenraad Johannes van Houten
219｜英文：Dutched chocolate
220｜荷蘭文：Casparus van Houten
221｜英文：J. S. Fry & Sons, Ltd.

佛萊父子有限公司在一九一九年被同業——另一家英國老牌糖果公司吉百利[222]出奧步併購了。

一八七五年，一位瑞士巧克力製作人丹尼爾．彼得[223]也在同樣基礎下混合奶粉，發明了牛奶巧克力，並在雀巢先生[224]的資助下開始生產。

一八七九年，魯道夫．蓮[225]發明了一項精煉技術，大幅提升巧克力口感與質地。巧克力被帶到更高層次的境界。然而，一八九九年魯道夫．蓮卻將他的巧克力工廠及生產祕方，售予了另間公司，即一八四五年由大衛．史賓利．施瓦茨[226]和他的兒子魯道夫．史賓利．安曼[227]所成立的巧克力工廠，成為了現在全球知名的「瑞士蓮巧克力」[228]。其實魯道夫．蓮才是真正的「瑞士蓮巧克力」發明人。

一九五四年，巧克力穿上由第三章主角——蟲膠所製成的彩色糖衣，化身成「只溶你口，不溶你手」的M&M's巧克力。一九七七年台灣的本土暢銷巧克力七七乳加巧克力誕生。一九八二年，加了榛果與威化餅乾的金莎巧克力出現在歐洲巧克力市場，並於一九八〇年代開始在香港及台灣熱銷，成為時尚的代名詞。

二〇一七年九月，瑞士巧克力大廠繼牛奶巧克力、黑巧克力和白巧克力之後，發明了第四種巧克力，稱為「紅寶石[229]巧克力」，這是自一九三〇年代白巧克

註

222｜英文：Cadbury Plc
223｜德文：Daniel Peter
224｜德文：Henri Nestlé
225｜德文一般寫作 Rodolphe Lindt，但實際上應該是 Rudolf Lindt
226｜德文：David Sprüngli-Schwarz
227｜德文：Rudolf Sprüngli-Ammann
228｜德文：Chocoladefabriken Lindt & Sprüngli AG
229｜德文：Ruby

力問世後，八十年來首次出現的新種類巧克力。

經過了數百年，人類對巧克力的熱愛，有增無減。

或許是因為一開始巧克力的接受度較低，或許是因為巧克力原料可可豆本身就是種子，我始終沒有查到可可有類似前幾章的植物一樣，被人類偷運種子的歷史。不過，可可終究在歐洲複雜的殖民歷史中，被帶往了非洲。時至今日，可可就像諸多美洲原產的重要植物，全球最大產地都不在美洲，而在其他大陸。

巧克力起步的歷史較晚，荷蘭人始終沒有機會把可可樹帶到台灣。台灣於一九二二年自爪哇購買種子開始，於農業試驗所嘉義分所試種。生長情況良好。一九二九年，再次向國外購買可可種子，栽培於高雄州農事試驗場[230]。後來從斯里蘭卡、爪哇、菲律賓等地購買了不同品種的可可樹種子，在高雄、屏東一帶試種。日本明治製菓與森永製菓株式會社也在屏東長治、南州一帶開闢可可園。但是命運跟咖啡類似，日本人離台後栽培計畫宣告終止。

光復後，陸續有農民嘗試栽種。但是缺乏後端技術支援，也沒有出口市場。總是失敗收場。

註

230｜高雄州農事試驗場為今日之高雄區農業改良場，位於屏東市

從可可的歷史不難理解，由新鮮可可到巧克力的製作過程非常複雜，需要經過發酵、曝曬、烘烤、去皮、磨膏、脫脂、乳化種種程序。二〇〇〇年以前，台灣始終停留在趣味栽培階段，所有的巧克力都仰賴進口，政府也不曾推廣或輔導過可可樹的栽培。

目前屏東內埔、萬巒一帶的可可園，是二〇〇二年後，邱銘松等人帶起的栽培熱潮。目的是為了取代日漸式微的檳榔產業。將可可栽培於檳榔樹下，一方面可以繼續收獲檳榔，一方面讓檳榔替嬌貴的可可樹遮陰。同時多一項收入。

故事當然沒有這麼順利。關鍵的加工技術依舊無法突破，不少農民又陸續砍掉可可樹。邱銘松一家人卻堅持繼續種植，並於二〇〇七年起自行研究巧克力製程，二〇一〇年召開記者會發表百分之百台灣生產製造的巧克力。

二〇一五年起屏東縣政府、內埔文化促進協會、屏東科技大學、高雄區農業改良場、水土保持局台南分局等單位開始合作，推動農村產業跨域計畫，推廣可可栽培，並且積極建立系統性的可可加工技術。目前，屏東地區大約有三百公頃的可可園，本土巧克力品牌約有二十五個。二〇一七年六月，世界巧克力大獎賽 ICA 亞太區域賽，屏東福灣莊園巧克力等廠商獲得許多獎項，見證台灣巧克力產業的實力。

可可樹原產於南美洲北部奧利諾科河[231]與亞馬遜河支流內革羅河[232]沿岸的熱帶雨林裡，是雨林下層的小喬木，受到大樹的保護。原生環境終年溫暖潮濕。所以可可樹怕風、怕冷、怕太陽曬、怕太乾燥，被戲稱是有「公主病」的植物。

我個人於二〇〇三年開始栽培並觀察可可樹的生長。其實，只要環境對了，可可樹是很好照顧的植物，而且台灣北中南各地，都能夠開花結果，只是中部以北結實量較低。

種子新鮮時即採即播，栽培約三年[233]可可樹就會開花。可可樹是雨林裡的矮小樹木，花直接開在樹幹上，便於昆蟲授粉。花朵細小，構造卻十分精巧。

可可的果肉可以鮮食，口感跟滋味都不錯，像是果后山竹一般。只是種子太大，可食率較低。加上可可豆價值高，採下後幾乎都直接被送去加工。

隨著台灣巧克力產業發達，二〇一〇年左右，農民也開始陸續自國外引進其他種類的可可樹。例如俗稱古布阿蘇[234]的大花可可，還有俗稱捷豹樹[235]的雙色可可。

註

231 ｜西班牙文：Río Orinoco，英文：Orinoco River
232 ｜西班牙文：Río Negro，意思是黑河
233 ｜可可樹栽培至開花時間要視氣候及土壤條件，並無定數。中南部約三年，北部地區大約要五年
234 ｜葡萄牙文：Cupuaçu
235 ｜英文：Jaguar tree

可可樹

學名：*Theobroma cacao* L.

科名：錦葵科（Malvaceae）梧桐亞科（Sterculioideae）

原產地：南美洲北部奧利諾科河與內革羅河沿岸、厄瓜多有野生

生育地：熱帶雨林

海拔高：0-500m

可可樹是梧桐科常綠小喬木，高可達 15 公尺。單葉、互生、全緣、新葉紅色、尾狀尖，托葉線形、早落。幹生花，單生或叢生。果實紡錘狀，成熟時紅色或黃色。

可可樹的果實

可可樹的幹生花

可可樹的花

可可樹的新葉

大花可可樹在巴西被稱為 Cupuaçu，台灣翻譯作古布阿蘇。小喬木，高可達 20 公尺。單葉、互生、全緣、尾狀、嫩葉紅色。幼枝及葉子兩面都被毛。幹生花。果實橢圓形，咖啡色，可食，亦可提煉大花可可油，作為保濕、補水、防曬修護的化妝品原料。台灣南部有不少玩家栽培。

大花可可樹

學名：*Theobroma grandiflorum* (Willd. ex Spreng.) K. Schum.

科名：錦葵科（Malvaceae）梧桐亞科（Sterculioideae）

原產地：巴西亞馬遜河流域

生育地：亞馬遜雨林

海拔高：400m 以下

大花可可樹

大花可可的花

大花可可紅色的新葉

Chapter 08

香料共和國

香料植物

香草蘭

冰淇淋必備——香草蘭

故事再度回到一五一九年，埃爾南．科爾特斯[236]帶著西班牙艦隊與大批武裝軍士兵，來到中美洲的阿茲提克帝國。阿茲提克皇帝蒙特祖馬[237]聞訊，還以為神祉降臨，準備了非常多祭拜羽蛇神的珍貴食物招待這群「貴客」。這些珍貴的食物包含了又辣又苦的可可，以及添加在可可中的香料植物——香草。

香草是一種蘭花的細長果莢。一般相信，墨西哥東南岸的托托諾克印第安人[238]是最早使用香草的族群。一個托托諾克版本的古老愛情悲劇傳說，公主贊安[239]愛上了一個平民。由於國王反對，公主跟愛人私奔，逃往森林中。很遺憾最後兩個人還是被抓到了。公主的愛人當場被斬首，血濺到森林的地上後，長出了一株美麗的蘭花——香草蘭。

大約十五世紀，墨西哥中部高地的阿茲提克帝國揮軍南下，征服了托托諾克。托托諾克人將香草蘭的果莢進貢給阿茲提克。由於香草的果實成熟後很快會變黑，所以阿茲提克將香草稱為 tlilxochitl——意思是黑色的花。

這次率先描述香草的人並不是記錄阿茲提克皇帝喝五十杯可可的那位士兵卡斯蒂略，而是西班牙方濟會的牧師，也是第一個人類學家貝爾納迪諾．德．薩

註

236｜西班牙文：Hernán Cortés
237｜英文：Montezuma
238｜英文：Totonaco Indians
239｜英文：Xanat

哈貢[240]。一五七五年，其名作《新西班牙事物的普遍歷史》[241]當中，首次描述了香草的使用，這本書直到二十一世紀還繼續印刷出版。

香草跟巧克力一起被帶回了歐洲，二者密不可分，成為高貴的象徵。直到一六〇二年，英國女王伊莉莎白一世[242]的藥師休・摩根[243]建議將香草從巧克力飲料中獨立出來，單獨使用。從此改變了香草的命運，也改變了歐洲的飲食習慣。

最初香草只能從墨西哥進口，因為香草必須生長在墨西哥的原始林中，由當地一種特殊的蘭花蜜蜂授粉，才能夠結出香草莢。所以香草十分珍貴。人們不敢肆無忌憚地使用。

可是香草的味道來源香草醛[244]實在太誘人，讓歐洲人忍不住想添加到各種食物中，法式料理也因為香草的運用而更加豐富。美國第三任總統湯瑪斯・傑佛遜[245]上任前，在一七八五年至一七八九年間，曾被派駐到法國擔任大使。這段時間裡他品嚐到法國人使用香草調味做成的法式冰淇淋，為之驚豔，於是手抄下香草冰淇淋的食譜帶回美國。從此以後，香草成為冰淇淋必備口味，不但於美國暢銷，更影響了全世界。

《新西班牙事物的普遍歷史》
書中所描繪的香草蘭

註

240｜西班牙文：Bernardino de Sahagún
241｜西班牙文：La Historia Universal de las Cosas de Nueva España。由於《新西班牙事物的普遍歷史》保存狀況最佳的手稿存放在義大利佛羅倫斯的圖書館中，因此後人將書名改為《佛羅倫斯法典》（Florentine Codex）。該書最早於 1569 年出版，一共有 12 冊，兩千多幅插圖，生動描述了阿茲提克王國的文化、宗教儀式、世界觀、社會、經濟、自然史。當中，第 10 冊與第 11 冊是描述阿茲提克的醫學與植物相關知識。全書至今日仍是研究阿茲提克的重要文獻
242｜英文：Elizabeth I
243｜英文：Hugh Morgan
244｜英文：vanillin
245｜英文：Thomas Jefferson

這麼特殊的植物，歐洲人當然也會想要人工培育。從一位法國駐西班牙外交官的紀錄上得知，一七二一年西班牙卡迪斯[246]疑似已經有一位神父開始栽培香草蘭。不過，比較明確的香草栽培紀錄是一七三九年蘇格蘭的植物學家菲利普．米勒[247]，只是他的栽培試驗並沒有成功。

後來英國馬爾堡[248]的公爵將香草蘭帶到了查爾斯．弗朗西斯．格雷維爾[249]的溫室兼住家柏林頓花園[250]，香草蘭才在人工環境中首次開花，並且從柏林頓花園傳到歐洲其他國家。

一八一二年，香草蘭先從柏林頓花園被帶到比利時。又不知經過多久，據說比利時植物學家查爾斯．弗朗索瓦．安東尼．莫倫[251]從比利時剪了一些香草蘭送給巴黎植物園。不過巴黎植物園並沒有相關的記載。

十九世紀初，歐洲人終於受不了墨西哥的壟斷。荷蘭首先發難，在一八一九年將香草送到爪哇栽培。對「香味」特別在意的法國人也不遑多讓，繼一七七〇年把香水樹運到印度洋海島留尼旺[252]後，於一八二一年再從巴黎植物園將香草蘭帶到了留尼旺進行商業栽培。結果當然是只開花，沒有香草莢。初步試驗，失敗！

註

246｜西班牙文：Cádiz。西班牙西南部的一座濱海城市
247｜英文：Philip Miller
248｜英文：Marlborough，位於英國南方
249｜英文：Charles Francis Greville
250｜英文：Paddington Garden
251｜法文：Charles François Antoine Morren
252｜法文：Réunion

一八三七年，號稱曾將香草蘭送給巴黎植物園的比利時植物學家查爾斯．莫倫教授，有一天在露台喝咖啡時，無意間看到一種黑色的蜜蜂梅里波納[253]在香草蘭附近飛來飛去。他開始認真觀察這些蜜蜂的行為。幾天後莫倫教授嘗試替香草蘭人工授粉，而且成功了！

不過現在高興還太早，莫倫教授的方法實在太龜速了，根本不是分秒必爭的商業活動所能允許的步調[254]。

一八四一年，一個十二歲的留尼旺奴隸愛德蒙．阿爾比斯[255]發明了一種快速且有效的方法，透過竹片與手勢，成功替香草蘭授粉。從此以後，法屬留尼旺島成為世界重要的香草莢產地，也成為香草的代名詞。世界著名的波本香草[256]，就是以留尼旺島的舊地名波本島[257]為名。

往後幾十年，香草蘭陸陸續續被引進世界各地，進行大規模的生產。馬達加斯加島取代留尼旺的地位，成為全世界最大的香草出口國。所以又出現馬達加斯加香草[258]這樣的稱呼，經常讓人誤以為馬達加斯加是香草蘭的原鄉。

喜歡吃香草冰淇淋的朋友或許都知道香草的英文叫作 Vanilla。Vanilla 是來自西班牙文的 vaina，意思是鞘或莢。為什麼稱香草為「莢」呢？因為香草的香氣，

註

253｜拉丁文屬名：*Melipona*
254｜後來的科學家發現，梅里波納蜜蜂（*Melipona* spp.）太小了，是蜜蜂科（Apidae）蘭花蜜蜂族（Euglossini）中的優格薩屬（*Euglossa* spp.）與優拉瑪屬（*Eulaema* spp.）的大型蜜蜂才比較有機會成功替香草蘭授粉
255｜法文：Edmond Albius
256｜英文：Bourbon vanilla
257｜法文：Île Bourbon，又譯波旁島
258｜英文：Madagascar vanilla

並不像香菜等多數香料一樣來自植物的葉子，而是一種蘭花的果莢。植物本身除了稱作香草蘭，台灣也稱之為香莢蘭，或是音譯作梵尼蘭。港澳地區則翻譯作雲呢拿。

一六〇二年，出生於法國巴黎的植物學家查爾斯．德．盧修斯[259]在荷蘭萊頓大學[260]任教時，完成香草蘭的首份植物學描述報告。

一六九五年，法王路易十四欽點前往中南美洲調查、採集的植物學家查爾斯．普米勒[261]第三次到美洲旅行，足跡抵達了加勒比海島嶼及巴西。一七〇三年，普米勒回國後出版了《美洲的新植物》[262]一書，書中首次以 *Vanilla* 作為香草蘭的拉丁文屬名。一七二二年法國自然學家安東尼．德．朱賽[263]向法國科學院簡報香草這種植物時也沿用 *Vanilla* 這個分類方法。

不過，林奈早期對蘭花的分類不熟悉，不管是美洲、亞洲，還是哪個地區的蘭花，只要是附生在樹上，他統統放到「樹蘭屬」[264]，例如第一種被命名的香草蘭——墨西哥香草蘭，還有我們熟悉的阿嬤蝴蝶蘭。一七五三年林奈《植物種志》中，阿嬤蝴蝶蘭被林奈命名為「阿嬤樹蘭」[265]，香草蘭的名字 *vanilla* 則從屬名降級成種小名，變成香草樹蘭[266]——此即墨西哥香草蘭。

註

259｜法文：Charles de L'Ecluse
260｜法文：Université de Leyde
261｜法文：Charles Plumier
262｜拉丁文：Nova plantarum americanarum genera
263｜法文：Antoine Laurent de Jussieu
264｜拉丁文學名：*Epidendrum*
265｜拉丁文學名：*Epidendrum amabile*。正式學名是 *Phalaenopsis amabilis*
266｜拉丁文學名：*Epidendrum vanilla*。正式學名是 *Vanilla mexicana*

一七五四年，命名吉貝木棉屬的同一本書《園丁辭典》[267]，作者蘇格蘭植物學家菲利普．米勒[268]，也以墨西哥香草蘭為模式種命名了香草蘭屬[269]。

在此之後，有一大堆人搶著要替香草蘭命名，出現過很多特殊的名稱。一七八三年，連曾替香水樹命名的拉馬克[270]都來參一腳，替香草蘭改名為 *Epidendrum rubrum*。不過目前植物學界公認的香草蘭拉丁文學名，是一八〇八年亨利．查爾斯．安德魯斯[271]所命名的 *Vanilla planifolia*。

貿易時常以產地來稱呼，如馬達加斯加香草蘭、波本香草蘭、墨西哥香草蘭、西印度香草蘭以及大溪地香草蘭。除了香草蘭[272]，可以生產香草莢的植物，在植物分類上還有耀眼香草蘭[273]與大溪地香草蘭[274]兩種。馬達加斯加、波本島[275]、墨西哥以及多數地方所栽培的主要都是香草蘭[276]這個種；西印度群島與加勒比海地區生產的是耀眼香草蘭[277]；而位於遙遠太平洋的大溪地，是一種雜交種植物大溪地香草蘭[278]的主要產區。

香草蘭跟大部分人印象中的蘭花非常不同。不是小小一株蘭花草，長在樹上或地上。它是一種爬藤，從土裡冒出來，植株可以不斷延長好幾公尺，還會分岔，爬在樹上、石壁，長成很大一片的特殊蘭花。在植物分類學上，香草蘭這個屬全世界大概有一百一十種。不過，除了香草蘭，幾乎絕大部分的種類香草

註

267｜英文：The Gardeners Dictionary
268｜英文：Philip Miller。即本章節一開始提到 1739 年最早的香草栽培紀錄者
269｜墨西哥香草蘭拉丁文學名：*Vanilla mexicana*。依據國際植物命名法規，當一個新的植物屬被命名時，需指定一個物種作為這個屬的代表與成立的依據。而這個物種就稱為模式種或典型種
270｜法文：Jean-Baptiste Pierre Antoine de Monet, Chevalier de Lamarck
271｜英文：Henry Charles Andrews
272｜拉丁文學名：*Vanilla planifolia*
273｜拉丁文學名：*Vanilla pompona*
274｜拉丁文學名：*Vanilla tahitensis*
275｜波本島即留尼旺島
276｜拉丁文學名：*Vanilla planifolia*
277｜拉丁文學名：*Vanilla pompona*
278｜拉丁文學名：*Vanilla tahitensis*

醛含量都太低，沒有商業價值。台灣也有自生一種台灣梵尼蘭。

台灣的蘭花產業舉世聞名，銷售全球三十六個國家。過去幾年出口金額都超過一億美元。不過都是以蝴蝶蘭、文心蘭這類的觀賞蘭花為主。香草蘭尚未被劃入台灣蘭花王國的外銷版圖。

一九〇一年十月，為了籌建恆春熱帶植物殖育場，田代安定回東京收集熱帶植物，引進兩種橡膠樹、咖啡，還有香草蘭。這是我查到香草蘭在台灣最早的栽培紀錄，比其他觀賞性的蘭花還要更早被引進。可惜不知後續的栽培狀況。

王國瑞所長在一九五一年刊載於農林月刊的文章〈重視台灣之熱帶林業〉，介紹熱帶香料植物時所提到的「嗶呢拉」，很明顯即為香草蘭的音譯。一九六七及一九七〇年，園藝考察團也分別自菲律賓與印尼，兩度引進香草蘭。但是香草蘭在當時仍未受重視。

二〇〇七年起，桃園區農業改良場引進香草蘭，並開始研究香草蘭的栽培與加工技術。希望將技術移轉給農民，在台推廣香草栽培與生產，為台灣蘭花產業另闢蹊徑。說也奇怪，號稱蘭花王國的台灣，在此之前卻絕少關於香草蘭的訊息。我翻了坊間幾本介紹蘭科植物的書皆未收錄這種特殊的蘭草。

菲利普·米勒命名的植物為墨西哥香草蘭（*Vanilla mexicana*），與林奈命名的香草樹蘭（*Epidendrum vanilla*）是同一種植物。該植物分布於佛羅里達和西印度群島。

拉馬克命名的 *Epidendrum rubrum* 是香草蘭（*Vanilla planifolia*）的異名。分布於中美洲、西印度群島及南美洲北部。

由於墨西哥產區的香草蘭（*Vanilla planifolia*）與墨西哥香草蘭（*Vanilla mexicana*）英文都稱為墨西哥香草（Mexican vanilla），而且原產地重疊，所以早期這兩種香草蘭常分不清楚，學名也常被搞混。甚至有植物學家認為這兩種香草蘭是同一種。

二〇〇八年起，市面上陸續出現一些魚目混珠的植物，例如台灣梵尼蘭與無葉梵尼蘭。但是這兩種都不能做香草冰淇淋。除了對台灣原生蘭科植物比較了解的玩家，一般人大概都不曉得「梵尼蘭」，也就這麼被商家呼嚨過去。而且對梵尼蘭這類的植物習性不了解，帶回家裡大概也很少活過半年。

二〇一〇年後，南投、屏東地區陸續有農民投入大規模商業栽培。二〇一五年後，台灣興起一波香草蘭栽培熱。雖然晚於咖啡、巧克力農場，卻可能成為台灣新興的流行產業。

即使一九四八年小美就推出第一杯本土自製香草冰淇淋，一九八四年麥當勞來台灣就開始銷售香草奶昔。吃了一輩子香草冰淇淋，卻不見得知道香草為何物。香草對台灣而言仍舊是一種既熟悉卻又陌生的植物。

香草蘭是蘭科的著生性藤本，植株十分巨大，可以無限延長數十公尺。單葉，互生。花黃色，總狀花序極短，腋生。果實成熟後會開裂，具有特殊香氣，是一般人所熟悉的香草。目前台灣各地廣泛栽培。葉片比台灣野外的台灣梵尼蘭（*Vanilla albida*）更巨大，人工栽培的植株也更容易開花結果。一般採用扦插繁殖，扦插於水苔或排水良好的土壤中皆十分容易發根。

香草蘭

學名：*Vanilla planifolia* Andrews

科名：蘭科（Orchidaceae）

原產地：中美洲至南美北部、西印度

生育地：低海拔潮濕熱帶森林中樹上，著生

海拔高：低海拔

香草蘭的新鮮果莢

香草蘭的葉子與枝條

攀爬在大樹上的香草蘭

台灣梵尼蘭

學名：*Vanilla albida* Blume

科名：蘭科（Orchidaceae）

原產地：泰國、越南、馬來西亞、蘇門達臘、爪哇、婆羅洲、菲律賓？、台灣

生育地：熱帶常綠森林或半落葉林中樹上或瀑布旁岩石上，著生或岩生

海拔高：60-700m、台灣 1200m 以下

台灣梵尼蘭是著生性藤本，莖粗壯，葉互生。植株可以無限生長，長得非常巨大，十分特殊。台灣梵尼蘭喜歡生長在潮濕的地方。野外常見，但不易結果。台灣梵尼蘭果莢香氣不夠濃，商業價值低。

台灣梵尼蘭的植株

無葉梵尼蘭

學名：*Vanilla aphylla* Blume

科名：蘭科（Orchidaceae）

原產地：緬甸、泰國、寮國、越南、馬來西亞、新加坡、爪哇

生育地：常綠潮濕原始林樹上，著生

海拔高：20-500m

無葉梵尼蘭也是大型的著生性藤本。不過無葉梵尼蘭很特殊，沒有葉子，只有細長的綠色莖，以及節上的根。乍看之下彷彿一條綠色的小蛇。拉丁文學名的種小名也是無葉子之意。

無葉梵尼蘭的花

無葉梵尼蘭的植株只剩下明顯的枝條，葉子退化到幾乎看不見了

日本香菜VS越南香菜

臉書上某個好朋友分享了一張照片，說明是在溪頭買的日本香菜，比一般的香菜還要香。

我仔細看一下照片，其實它就是東協廣場常見的越南香菜，正式的中文名是刺芫荽，是中美洲國家、加勒比海島國、祕魯亞馬遜地區以及東協國家普遍使用的香料。

就我所了解，日本是一個很愛吃香菜的國家，近年來推出了許多香菜口味的餅乾。二〇一七年五月三十一日至六月四日還舉辦香菜美食節[279]。為了確認「日本香菜」這個名稱的由來，我進一步在日本的網站上查到些資料。得知日本稱刺芫荽為「オオバコエンドロ」。但是，刺芫荽對日本而言也是陌生的植物，大部分都提到是泰式料理較常用的野生香菜。由此可知，日本香菜並非日本料理常用的香料，從日本傳過來的可能性低，推測應該是菜販為了便於販售而自行取的名字。

刺芫荽的中文俗名很多，除了日本香菜與越南香菜，還有刺芹、鵝蒂、泰國香菜、美國香菜、美國刺芫荽等。拉丁文學名是*Eryngium foetidum* L.，同樣

註

279｜日文：パクチーフェス

是本書反覆提到的林奈，一七五三年在《植物種志》書中發表的眾多新世界植物之一。原產於中南美洲低至中海拔的潮濕地區。英文稱為culantro、Mexican coriander[280]或long coriander[281]。越南文mùi tàu，泰文ผักชีฝรั่ง，印尼稱為walangan，馬來西亞稱為Pokok Jeraju Gunung。

不論是在日本或是台灣，刺芫荽都算是陌生的植物。坊間出版的植物圖鑑或是網路部落格，介紹刺芫荽的文章多半出現在二〇〇〇年之後。推測是因為新住民與移工越來越多，所以他們所使用的香料也越來越多人注意。

不過，早在一九七九年，刺芫荽就已經是第一版《台灣植物誌》第六冊名單中的外來植物。但是一九七九年台灣還在戒嚴，當時沒有新住民，也沒有外國籍移工。刺芫荽這種東南亞國家常見的香料植物是怎麼來到台灣的？

刺芫荽在南投及鄰近縣市山區，有歸化現象。一個外來種植物，如果不是刻意引進，多半會先出現在港口、機場或是鐵道附近。如果是出現在山區，那應該就是人為刻意栽培而逸出了。

慣用刺芫荽作為香料，又住在南投山區的族群，我第一個直覺就是被政府安置到清境農場的泰緬孤軍。

東協廣場常見的越南香菜

註

280 ｜中文意思為墨西哥香菜
281 ｜中文意思為長香菜

國共內戰戰敗後，從雲南撤退的國軍及眷屬因故滯留在泰國及緬甸交界地區。一九五三至一九六一年兩度安排撤退來台。來台後被政府安置於台北士林、中和南勢角、桃園中壢、龍潭、高雄美濃及屏東里港的眷村與南投的見晴農場[282]一帶。

孤軍的眷屬中有許多少數民族，其中以傣族（擺夷）居多。台灣各地可以吃到的擺夷料理、滇緬料理，如米線、米干、大薄片，就是他們與故鄉的文化連結。

依蔡雅惠等人於二〇〇八年的訪談與調查，包含本文探討的刺芫荽等多種香料植物，都是泰緬孤軍在早期移民台灣時就開始栽培。

這些植物，幾乎都沒有引進紀錄。早期台灣認識的人也不多。直到二〇〇〇年後，或許是新住民再引進，或許是部分泰緬孤軍聘僱外籍看護以及後代跟東協國家通婚，而促使這些香料植物與蔬菜在新住民圈子裡交流，並往南北流通，這些蔬菜才逐漸被看到。

刺芫荽，歷史上並沒有留下如之前諸多篇章那麼多明確的紀錄。從東南亞的飲食習慣來看，自熱帶美洲橫越太平洋傳入東南亞的時間至少百年以上。後又隨著滇緬孤軍輾轉來台。沉默了半個世紀，終於在新住民飲食文化中發光發熱。

註

282｜見晴農場即今日的清境農場

刺芫荽是多年生草本植物，莖極短。葉叢生於基部，邊緣有刺。花細小，花梗自植株基部伸出，聚繖狀排列的頭狀花序，每個頭狀花序下方會有一圈葉狀的苞片。果實為離果。

刺芫荽

學名：*Eryngium foetidum* L.

科名：繖形科（Apiaceae）

原產地：墨西哥、尼加拉瓜、巴拿馬、哥倫比亞、厄瓜多、祕魯、玻利維亞

生育地：路旁，丘陵，山地林下以及溝邊等濕潤處

海拔高：100-1700m

刺芫荽葉叢生基部，葉緣有刺

葉狀苞片的邊緣也有刺

開花的刺芫荽

蜀都賦佐紅唇——荖葉

有一種香料植物，使用歷史超過兩千年，整個亞洲熱帶地區仍普遍使用與栽培，台灣幾乎每個人都知道，但是平常卻不會用來做菜，嚐過味道的人不算多，坊間出版的眾多香料圖鑑都沒有收錄——就是荖葉。

荖葉是荖藤的葉子，未熟果則稱為荖花，是一種胡椒科的藤本植物，也是吃檳榔時常用的香料。

荖藤也稱作蔞藤、蔞葉、蒟醬、枸醬。李時珍的《本草綱目》中稱荖藤為醬，又稱土蓽茇、扶留藤、浮留藤等[283]。蔞一開始是錯字，「留字之訛也」。而蒟醬這個名稱就值得進一步考究了。大約西元二九二年，晉代左思〈蜀都賦〉中就有一句「蒟醬流味於番禺之鄉」。唐朝李善注〈蜀都賦〉則進一步說明：「蒟，蒟醬也。緣樹而生，其子如桑椹，熟時正青，長二三寸，以蜜藏而食之，辛香，溫調五臟。」可見荖藤使用歷史相當久遠。只是不知道傳到近代的《本草綱目》是否漏了一個字，還是醬跟蒟單一個字就可以指蒟醬？

註

283 |《本草綱目》草之三 · 芳草類五十六種 · 醬原文：「（音矩。《唐本草》）
【釋名】子（《廣志》）、土蓽茇（《食療》）
時珍曰：按：嵇含云：子可以調食，故謂之醬，乃蓽茇之類也，故孟詵《食療》謂之土蓽茇。其蔞葉名扶留藤，一作扶檑，一作浮留，莫解其義。蔞則留字之訛也。
時珍曰：醬，今兩廣、滇南及川南、渝、瀘、威、茂、施諸州皆有之。其苗謂之蔞葉，蔓生依樹，根大如箸。彼人食檳榔者，以此葉及蚌灰少許同嚼食之，云辟瘴癘，去胸中惡氣。
故諺曰：檳榔浮留，可以忘憂。其花實即子也。按嵇含《草木狀》云：醬即蓽茇也。」

至於土蓽茇這個詞就很有趣了。蓽茇是指長胡椒，梵文稱為पिप्पली（pippali）。蓽茇是 pippali 的中文音譯，或譯作蓽撥，英文則稱為 pepper。古印度於西元前幾個世紀就開始使用長胡椒製藥，傳到歐洲後變成調味用的香料。目前普遍使用的黑胡椒，引進歐洲的時間較長胡椒晚，乾燥的種子外觀幾乎無法與長胡椒區分，在古代常跟長胡椒搞混。十五世紀歐洲地理大發現後，黑胡椒逐漸成為唯一使用的胡椒，而長胡椒則慢慢被淘汰。

一七五三年《植物種志》書中，林奈先生將 pepper 這個字拉丁化成 Piper，作為胡椒的屬名，並且命名長胡椒[284]、黑胡椒[285]、荖藤[286]三種胡椒科的植物，也命名了檳榔[287]。

再說回荖藤，它跟胡椒長得非常相似，也是辛香料。自《本草綱目》書中可知，古代以荖藤子作為香料調味，所以稱為醬，此外也供藥用。而檳榔與荖葉的食用方式「以此葉及蚌灰少許同嚼食之」，可見現代與古代一模一樣，只是現代直接以熟石灰來代替蚌灰。除了古今相同，東南亞地區與台灣的原住民，食用方式也如出一轍。不過東南亞地區往往只有在荖葉上塗抹石灰，放上一粒檳榔，待食用時由食用者自行捲葉包覆檳榔。台灣則將荖葉捲曲成筒狀，將檳榔置於荖葉筒中，十分特殊。台語稱荖葉包裹整個完整檳榔子為「包葉仔」，主要的食用者為原住民、一部分的閩客族群以及東南亞的移工。

註

284 | 拉丁文學名：*Piper longum*
285 | 拉丁文學名：*Piper nigrum*
286 | 拉丁文學名：*Piper betle*
287 | 拉丁文學名：*Areca catechu*

阿美族原住民有個傳說：一對感情很好的兄弟，在山上發現一個被熊攻擊的女孩，兄弟將女孩帶回家輪流照顧。後來兩人都同時愛上了這個女孩。弟弟為了成全哥哥自撞山壁身亡，而哥哥過於自責，也在弟弟屍體旁自刎。女孩一直等不到這對兄弟回家，出門尋人，發現兄弟皆死亡後也跟著自殺了。弟弟死後化身石灰岩，哥哥則變成了檳榔樹。而這個女孩化為荖藤，緊緊攀附在檳榔樹與石灰岩上。阿美族人受這三人感動，便在荖葉上抹石灰，包檳榔一起食用。用意是要成全這三個人。

荖花形態有點類似桑葚，由唐朝李善注〈蜀都賦〉可知，古代中國南方將荖花製成蜜餞「蒟醬」食用，不一定作為檳榔的配角。近代則作香料使用，佐紅灰包在對半剖開的檳榔中。檳榔包荖花這樣的食用方式，除了台灣與華南地區，只見於新幾內亞[288]。不過新幾內亞仍是佐石灰，而非紅灰。紅灰是石灰混入甘草與其他中藥調味品的獨家偏方，只見於台灣與華南地區。這種形式的檳榔，台語稱為「菁仔」，閩客族群為主要的食用客群。

荖藤的使用，除了上述兩種常見的形式，還有第三種。將檳榔剖開，包覆荖藤的成熟老莖與石灰，見於蘭嶼的達悟族與排灣族原住民。

註

288 | 新幾內亞的荖葉與東南亞地區的荖葉形態上有所差異，1753 年林奈命名時將它視為不同種的植物，並命名為 Piper siriboa。不過 Piper siriboa 是一個有爭議的學名，近代有些植物學家認為 Piper siriboa 是荖葉的同種異名

吃檳榔時無論是加入荖藤的葉、莖或未熟果，都是作為香料，加入石灰則是為了去除檳榔本身的澀味。研究顯示，荖花含有高劑量的一級致癌成分黃樟素，而荖葉則無，甚至有少許抗癌成分。因此近年來棄菁仔而改食包葉仔的人口有增加的趨勢。不過，檳榔子本身所含的生物鹼及其他化合物也是致癌成分。因此，不論是哪一種食用方式皆會致癌。

荖藤栽培歷史悠久。一說原產地不詳，一說是馬來西亞與印尼的熱帶雨林自生。台灣的植物學家有人認為荖藤是台灣原生植物，有人認為是跟著檳榔一起由原住民引進後歸化的植物。除了人工栽培，台灣野外，主要生長在南部及蘭嶼低海拔的森林樹上。

荖藤在全台栽培面積約兩千公頃，年產值約四十至八十億。從業人員約四到五萬人。台東栽培量大概占八成左右，分布於太麻里、知本和卑南地區。由於氣候條件合適，台東生產的荖葉品質最佳、價格也最好。此外，屏東萬巒社皮與彰化永靖也有較大栽培面積。屏東的荖葉味道香，價格最便宜，可惜保存期短。或許是氣候不適合，彰化的荖葉品質相對較差，主要供應中部地區。

由於嚼食檳榔會導致口腔癌，連帶著荖葉也同樣成為政府不鼓勵、不輔導，也不禁止的農作物。而荖葉與荖花，則成為一種大家都知道，卻沒有香料書籍

栽培於網室中的荖藤

野生的荖藤

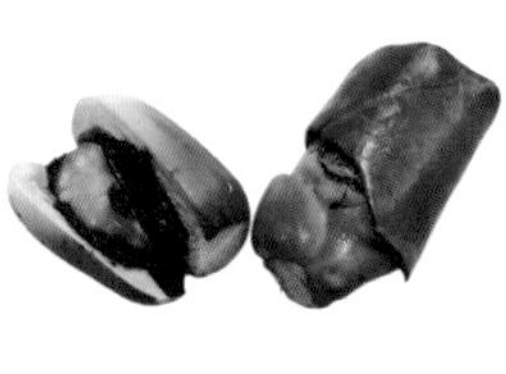
菁仔與包葉仔

會介紹的邊緣植物。

台灣的民間信仰中，各行各業都有祭拜祖師爺的習慣。而喜歡吃檳榔的唐朝詩人韓愈正是檳榔業的祖師爺。西元八一九年（元和十四年），韓愈因作〈諫迎佛骨表〉被貶至廣東省潮州擔任刺史。傳說當時韓愈因不習慣南方氣候而病倒了，食用當地居民所贈與的檳榔後恢復健康，遂養成吃檳榔的習慣。屏東內埔鄉有間全台唯一祭祀韓愈的廟——昌黎祠，原本是當地客家人的祖先，因感念在嶺南生活時受韓愈的照顧而建廟祭祀。近代當地栽種檳榔的人不明就裡，也到廟裡祭拜所謂的「檳榔神」韓愈。

除了韓愈，古代名人如被貶到湖南省永州寫〈永州八記〉的柳宗元，便從永州一路吃檳榔吃到廣西省柳州。「問汝平生功業，黃州惠州儋州」的蘇東坡，一路貶官到廣東省與海南島。還有朱熹、劉伯溫、湯顯祖，甚至玄奘法師等人，都吃檳榔以消南方瘴癘氣，甚至留下詩文，描述檳榔與荖葉[289]。

檳榔起源於馬來西亞的熱帶雨林，檳榔二字應該是輾轉音譯自馬來語pinang。第六章提到古貝布出自哥羅國[290]的同一篇文章中，唐朝杜佑便記載了馬來西亞古代以檳榔為提親的禮物[291]。

註

289 蘇軾於西元 1095 年（宋哲宗紹聖 2 年）被貶至惠州（位於今日廣東省）時曾作《食檳榔》，節錄描述檳榔滋味詩句：「北客初未諳，勸食俗難阻。中虛畏泄氣，始嚼或半吐。吸津得微甘，著齒隨亦苦。面目太嚴冷，滋味絕媚嫵。」
朱熹文集中《次秀野雜詩韻 又五絕卒章戲簡及之主簿》，有幾首與檳榔有關的詩：「錦文縷切勸加餐，蜃炭扶留共一柈。…… 卻藉芳辛來解穢，雞心磊落看唯柈。」蜃炭扶留就是石灰與荖葉，而芳辛是荖葉，雞心是檳榔。
明朝劉基（劉伯溫）作《初食檳榔》前四句：「檳榔紅白文，包以青扶留。驛吏勸我食，可已瘴癘憂。」
明朝湯顯祖也曾被貶到嶺南。北返後創作曠世戲曲名著《牡丹亭》，描述許多廣州的風土人情。圓駕篇章當中男主角柳夢梅就曾提到檳榔：「老平章，你罵俺嶺南人吃檳榔，其實柳夢梅唇紅齒白。」
湯顯祖也有一首詠檳榔的詩《檳榔園》最末幾句形容檳榔滋味：「風味自所了，微醺何不任。徘徊贈珍惜，消此瘴鄉心。」

290 哥羅國大約位在今日馬來半島雪蘭莪州一帶

291 《通典》邊防四．哥羅原文：「哥羅國，漢時聞焉。…… 國無蠶絲、麻紵，唯出古貝布。畜有牛，少馬。其俗，非有官者不得上髮裹頭。又嫁娶初問婚，惟以檳榔為禮，多者至二百盤。」

於《本草綱目》果之三．夷果類三十一種．檳榔文中，明朝李時珍說：「賓與郎這兩個字都是對貴客的稱呼。晉朝稽含的著作《南方草木狀》中有提到：交友廣泛的人，凡是遇到貴客，必定會呈上檳榔。如果兩人邂逅沒有以檳榔相贈，容易被認為不禮貌。由此可知檳榔的名稱與意義。」[292]從這段文字可以了解，「檳榔」這個中文名的由來，除了諧音，更因為檳榔是招待貴客之物。另一段文字又說：「生吃檳榔，一定要佐扶留藤與石灰，三者合在一起嚼食，然後吐掉一口紅色液體，檳榔就會順口而沒有澀味。這三種東西相去甚遠，卻相輔相成，十分特別。所以俗語才說『檳榔為命賴扶留』。」[293]這段話明白點出，荖藤對於檳榔的重要性，可以去除檳榔的澀味。

由周鍾瑄主編，一七一七年（康熙五十六年）完成之《諸羅縣志》[294]卷十，在台灣的物產部分，分別描述了灰、檳榔與荖藤，除了提到三者一同食用，也提到粵人吃檳榔包葉，台人因為荖葉太辣而用藤。此書是少數詳細描述荖藤在台產地、荖花樣貌的古籍，更提到荖葉作為漢人下聘[295]的六禮[296]。

一七七四年（乾隆三十九年）余文儀《續修台灣府志》中第十三卷，關於婚禮的描述，也提到以檳榔及荖葉為聘禮[297]，可見清朝時台灣民眾對這兩樣東西的重視。

註

292｜原文：「賓與郎皆貴客之稱。稽含《南方草木狀》言：交廣人凡貴勝族客，必先呈此果。若邂逅不設，用相嫌恨。則檳榔名義，蓋取於此。」

293｜原文：「又檳榔生食，必以扶留藤、古賁灰為使，相合嚼之，吐去紅水一口，乃滑美不澀，下氣消食。此三物相去甚遠，為物各異，而相成相合如此，亦為異矣。俗謂『檳榔為命賴扶留』以此。」

294｜清朝初年，台灣的行政區劃分為諸羅縣、臺灣縣、鳳山縣

295｜古文稱為納幣

296｜《諸羅縣志》卷十，台灣的物產曾提到：「灰：「異物志」：『古賁』。灰，牡蠣也，不如內地之黏。塗壁，久則灰落；亦用以煮糖。又與浮留、檳榔同食。
陳小崖「外紀」：『粵人夾檳榔用葉；台人憎其辣，獨用藤』。俗名荖藤，產內山；近蕭壠社者最佳。削皮脆如蔗，文如菊，根脆於藤；子如松蕤初吐，俗號荖花。橫切小片，文白點點如梅花，更香烈；類云南蘆子。漢人納幣，取其葉滿百，束以紅絲為禮。按荖，「正韻」無此字；或作蔞，亦非。」

不過，隨著社會變遷，風俗習慣改變，還有檳榔與荖花會致癌的醫學研究報告出爐，檳榔從招待貴客的聖品，慢慢被貼上許多負面的標籤，食用人口日漸下降。

第六章介紹木棉花時曾提到西拉雅族因為高度漢化，而未被官方承認其原住民地位。強勢的華人文化不斷衝擊其他族群，先是華南地區的百越受漢人併吞而漢化，而後歷朝歷代，女真人、蒙古人、匈奴、鮮卑等各種文化漸漸被漢文化併吞。

不過，文化不一定就是完全殲滅，也有融合。像檳榔文化就很特殊，從原產地馬來西亞與印尼的南島民族開始向西、向北傳播。中南半島、印度、中國都受南島文化影響而食用檳榔。

華南移民來到台灣後，原住民文化也受到衝擊。語言、服飾都慢慢改變。可是食用檳榔的文化並沒有消失，甚至被台灣閩客族群發揚光大。如同中美洲阿茲提克帝國雖然被消滅了，但是使用胭脂樹紅作香料的文化，卻透過西班牙的殖民，而傳到了其他不曾與阿茲提克接觸過的國家。

註

297 | 《續修台灣府志》卷十三原文：「婚禮，倩媒送庚帖，三日內家中無事，然後合婚；間有誤毀器物者，期必改卜。納採，簪珥綢帛，別具大餅、豚肩、糖品之屬，謂之「禮盤」；……羊豕、香燭、彩花、荖葉，各收其半。禮榔雙座，以銀為檳榔形；每座四圓，上鐫「二姓合婚、百年諧老」八字。收「二姓合婚」一座，回「百年諧老」一座。貧家則用乾檳榔，以銀薄飾之。」

檳榔文化自古便廣泛流傳於中國華南、台灣、南島民族、中南半島、印度之間，它的地位如同非洲的可樂果或是美洲的可可，都有提神與興奮的效果，也都拿來招待貴客。

如此相比，荖葉之於檳榔就彷彿香草之於可可。荖葉與香草都是香料，命運與香草卻大不相同。原本被添加在可可飲料中的香草後來被獨立出來使用，成為高貴的香料；而荖葉卻鮮少獨立使用，只有紅唇族重視它。可樂果跟檳榔一樣也會致癌，但是可樂果的香氣被可樂飲料保留下來而暢銷全球。可惜檳榔與荖葉，不曾開發成飲料或甜點，傳播到中華文化上千年的雨林元素，終究不敵來華不過百年的舶來品可樂與可可。

倒是栽培時需要遮陰的可可與咖啡，跟檳榔一樣是提神的聖品。當南部檳榔農戶尋求新的出路時，這兩樣植物被栽培在檳榔之下，與檳榔共存，成為一種另類的「文化融合」。上層喬木檳榔，下層灌木可可、咖啡，以及貫穿各層的藤本植物荖藤，意外地在南部的檳榔園中，實現了雨林生態中部分的「垂直結構」。

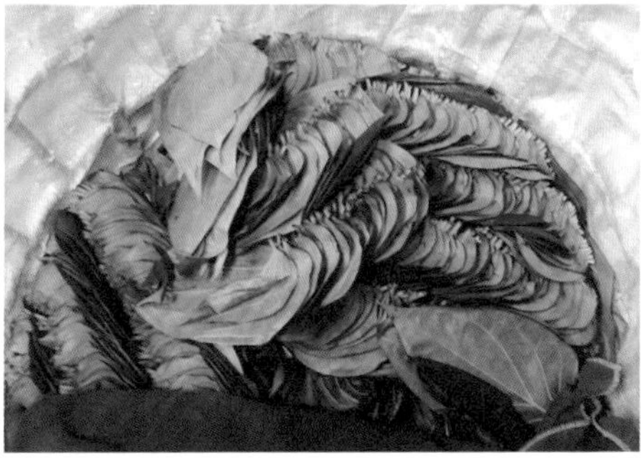

裝盛在簍中販售的荖葉

森林底層的荖葉

荖葉

學名：*Piper betle* L.

科名：胡椒科（Piperaceae）

原產地：可能是馬來西亞一帶

生育地：熱帶森林中樹上

海拔高：900m 以下

荖葉是藤本植物，莖的每一節都會發根，攀附於樹上或岩石上。單葉、互生、全緣。單性花、雌雄異株，肉穗狀花序與葉對生。聚合果肉質。

荖藤田

Chapter 09

媽媽的鄉愁

熱帶蔬果

榴槤

媽媽的鄉愁——榴槤

一九九四年春天，一個陽光明媚的週日午後，我習慣性到水族館看魚。打開門，水族館的老闆一家人正大啖榴槤，整家店瀰漫著榴槤氣味。我起先憋住氣，十秒、二十秒、三十秒，奪門而出。我完全無法接受那股難以形容的味道。

相信不是只有我這樣，也不是只有台灣如此。有一回花輪送了櫻桃小丸子一顆榴槤。小丸子的家人切開後，全家大爆走，還責怪花輪怎麼送給他們一個壞掉的水果。

隔了不知多久，我在報紙副刊上看到一篇文章。文章大意是描述他的母親是位東南亞籍的配偶，總是會藉由吃榴槤來懷念故鄉。可是他們全家都排斥榴槤的味道，他的母親只能在夜深人靜時，瑟縮一隅，一邊流淚，一邊偷偷品嚐榴槤。當時，還未曾離開故鄉到外地求學的我，也許無法體會這份鄉愁，卻一直記得這篇文章。

後來台灣接受榴槤的人漸漸變多了。我自己也從完全不敢吃，一路進化到不吃榴槤會難過。沒有鮮果吃，會去買榴槤口味的冰淇淋來解饞。還替榴槤寫過不少推薦文。其中一篇〈絕品〉是這麼描述：「在榴槤果實欲裂未裂，隱隱發散香氣之際；正當榴槤果肉甜而不膩，口感滑嫩而不失嚼勁的瞬間。用雙手，奮力將榴槤果實撕開。品嚐，絕品的好味道！」

榴槤怎麼吃，各有巧妙不同。有人愛鮮食，有人愛吃口感如冰淇淋般的冷凍果肉。但是不管怎麼吃，吃完之後都會在口腔裡留下一股味道。萬一碰到不愛榴槤的人，說話時難免尷尬。刷牙、吃口香糖，完全沒用。唯一的解法，就是利用榴槤的果殼裝水，喝掉。榴槤果肉味道那麼重，榴槤殼竟然什麼味道也沒有，不得不感嘆造物者真得太神奇。

話說回來，榴槤的營養價值真的非常高。有多高呢？與其表列一大堆數據跟專有名詞，不如告訴大家，野生的老虎跟紅毛猩猩都懂得吃榴槤當月子餐。

取名榴槤，就是「流連」之意，吃完之後令人流連。真心建議不敢吃榴槤的朋友可以從冰淇淋開始嘗試，沒有品嚐過榴槤的絕世滋味，真的非常非常可惜！

再回到媽媽的鄉愁。我猜想，除了那份獨特的味道，榴槤上市對中南半島的居民而言，還有一份特殊的意涵——潑水節。

榴槤是熱帶果樹，幾乎全年都會開花結果，如果到東南亞國家旅遊，尤其是馬來西亞，不論何時都可以看到這種水果。不過，台灣的榴槤絕大多數是自泰國進口。泰國跟馬來西亞不同，乾季跟雨季明顯。榴槤產量因此受到影響。

影響植物開花與否，除了第二章提到的日照時間長短（P.54），還有很重要的因素是「逆境」。例如低溫或乾季，都會刺激植物開花。溫帶及亞熱帶地區，特別是東亞，冬季也是乾季。大家往往只注意到溫度對花期的影響，才有春「暖」花開這樣的成語。

受到西南季風影響，中南半島的雨季是五至十月，跟台灣差不多。十一月至翌年四月為乾季。雨季時，植物快速生長。進入乾季兩三個月後，榴槤受到逆境刺激，開始大量開花。為了讓種子可以在雨季順利發芽、成長，雨季來臨前，果實陸續成熟。

這樣的季節變化，剛好符合中南半島傣族的神話故事。每年大約四月十三至四月十六是潑水節，代表著新的一年即將到來，也是傣族傳說中，讓土地變得乾旱的魔王被殺死，日子恢復太平的日子。

潑水節過後，中南半島的榴槤上市。經過海運或空運，次月，母親節前紛紛大量出現在台灣的市場上。

我相信，榴槤除了是記憶中的好味道，也讓那位新住民的媽媽想起了故鄉的新年，勾起了淡淡的鄉愁。

照片提供／王瑋湞

印尼市場所販售的榴槤

賭爾焉之夢——榴槤

東南亞地區食用榴槤的歷史久遠。除了人，非常多的野生動物都會吃榴槤，連森林之王老虎都愛。所以人類應該還沒進化成人就開始吃了吧！

精通阿拉伯語及波斯語的馬歡，隨鄭和三次下西洋，一四五一年完成《瀛涯勝覽》一書，依序介紹南洋諸國。在蘇門答剌國[298]中介紹：「有一等臭果，番名賭爾焉，如中國水雞頭樣，長八九寸，皮生尖刺，熟則五六瓣裂開，若爛牛肉之臭。內有栗子大酥白肉十四五塊，甚甜美可食，其中更皆有子，炒而食之，其味如栗。」賭爾焉正是馬來語及印尼文對榴槤的稱呼 Durian 直接音譯。Durian 在馬來語中意思是「刺果」。而水雞頭是一種長滿刺的中藥材，芡實。

後來植物學家替榴槤命名時，便將 Durian 拉丁化成 *Durio*，將榴槤的學名命名為 *Durio zibethinus*。種小名 *Zibethinus* 來自義大利文 Zibetto，意思是果子狸或麝香貓，可能是要強調它具有強烈氣味。

義大利威尼斯的商人尼科洛．達．康提[299]，是繼馬可波羅後，西方世界到遠東旅遊的重要探險家，一四二一年他到了蘇門答臘，並在那裡待了一年。那年，是鄭和第六次下西洋，中國與東南亞諸國頻繁接觸的時代。他將鄭和下西洋的

註

298｜蘇門答剌國是古代蘇門答臘島上眾多古國之一。元朝稱須文達那國，明朝才改稱蘇門答剌。蘇門答臘島上的古國還有室利佛逝、八昔、亞齊、那孤兒和黎代等

299｜義大利文：Niccolò de' Conti

相關訊息帶回歐陸，刺激了葡萄牙人探索繞過非洲到遠東的新航線。同時尼科洛也記錄了非常多東南亞的香料與水果，其中也包含了榴槤：「有一種綠色，大小如黃瓜的水果叫作榴槤。有五瓣長條狀如柳橙般大小的果肉，像是凝固的牛奶或奶油。」[300]這是對榴槤很清楚的描述，不過不知道為什麼沒有提到榴槤的味道。

橫濱植木株式會社於一九〇九年率先自新加坡引進榴槤。一九二二年田代安定自爪哇地區引進榴槤，並於農業試驗所嘉義分所培育了兩株。而後，包含櫻井芳次郎與佐佐木舜一，又從東南亞地區引進數次。然而一九五一年出版的《台灣果樹誌》僅記錄「生育緩慢，易受霜害」。後來也沒有其他更多的資料。

一九八〇年代末期，金枕頭榴槤鮮果初進口來台。當時一台斤數百元，一顆榴槤要價一、兩千元。一九九〇年代初期，或許是接受度較低，或許是受其他品種影響，榴槤跌價至每台斤三四十元。

不過也因為價格親民了，果王在市場上漸漸站穩了腳步。從最初的品種金枕頭[301]開始，慢慢的，青尼、曼波尼、甲倫[302]相繼出現。

註

300｜拉丁文原文：Fructum uiridem habent nomine durianum, magnitudine cucumeris, in quo sunt quinque ueluti mala arancia oblonga, uarii saporis, instar butiri coagulati.

301｜泰文：**หมอนทอง**，英文拼音：Mon Thong，黃金枕頭之意，品種代號 D159

302｜青尼的泰文：**ชะนี**，英文拼音：Chanee，長臂猿之意，品種代號 D123；
甲倫的泰文：**กระดุมทอง**，英文拼音：Kardum Thong，黃金鈕釦之意，品種代號 D123

二〇〇〇年後，干腰[303]、泰皇等單價高，滋味更好的榴槤紛紛進口來台。榴槤價格又逐漸往上攀升，從每斤三、四十開始，漲破五十，破七十……時至今日，好吃的榴槤鮮果價格每台斤八十到一百四十元，還常賣到缺貨。我真的不曉得是物價上漲的關係，還是如網路傳言，榴槤被消費力更高的對岸鄰居買光了。只是很可惜，最頂級的馬來西亞黑刺榴槤仍未進口，貓山王榴槤至今仍只有冷凍的果肉且貴到靠北邊走。

在台灣，喜食榴槤的大有人在，號稱以農立國的台灣，從三十年前就開始有人嘗試栽培榴槤。然而，真正見過榴槤花的人卻不多。原因無他，只因為榴槤怕冷，容易夭折！好不容易有栽培成樹者，往往也會因為等不到榴槤開花結果而將其砍伐。其實，榴槤在台灣不是一定會冷死，也並非不會結果！

榴槤原生於土壤貧瘠、溫暖高濕的東南亞熱帶雨林，小苗根系不發達，跟豬籠草一樣，容易肥傷。而且它們有很長的幼苗期，栽培需要遮陰避風。加上榴槤是幹生花，果實又那麼重，樹木要長到能夠負擔果實重量並且開花結果，在台灣起碼要二十年。很多人種了五年十年就放棄砍掉了，時至今日，可以在自家採榴槤的人，少之又少，幾乎都是誤打誤撞成功的。

註

303 ｜泰文：ก้านยาว，英文拼音：Kan Yao，長果梗之意，品種代號 D158

二〇一五年六月中旬，得知台中大聖街的榴槤大樹開花了，沒看過榴槤花的我，下班後興沖沖地跑去拍照。七月中，它結了一顆顆的小果。我在人來人往的路邊站上機車，高舉著手機，啪嚓、啪嚓，難掩興奮的情緒。八月底。小果熬過颱風，接近成熟。開花到果熟，兩三個月，不算太長的時間。可是它的主人，等這一刻，逾二十五年！

還記得無意間發現大聖街兩棵榴槤大樹是二〇〇八年，正好也是我試驗栽培榴槤超過八次，終於成功存活過冬的那年。因為一個紅燈，我拐進了從未走過的小巷子，瞥見兩株栽植於透天厝旁的巨大榴槤樹。樹形雄偉，筆直插入天際。趕緊拿出手機，留下照片。

從那之後，每次我從台北回台中，有空就會去看它，看它是否開花。七年過去，我種活的第一株榴槤已經一層樓多高，而我偶遇的這兩棵大榴槤，不但開花，還結實累累。

我常常想，台灣種過榴槤的人不知凡幾，跟我一樣被笑傻子的不在少數，可是願意堅持夢想到最後一刻的幾希矣。

榴槤落花

開在橫向大枝幹上的榴槤花

大聖街的榴槤大樹

樹上的榴槤幼果

榴槤

學名：*Durio zibethinus* Murr.

科名：錦葵科（Malvaceae）

原產地：馬來西亞、婆羅洲

生育地：低地熱帶雨林

海拔高：0-500m

榴槤屬是錦葵科大喬木，過去歸類於木棉科（Bombacaceae），是較原始的種類。主幹筆直，高可達40公尺，基部具板根。單葉、互生、全緣，葉先端有明顯尾狀尖，葉背被附銀白色鱗片。總狀花序，幹生。非典型蒴果，仍會跟其他木棉科的植物一樣，以背裂方式開裂。花主要是由狐蝠或大型昆蟲授粉，而其種子則藉由猿猴、狐蝠、甚至大象、老虎等大型動物散布。榴槤種子大型，發芽率高。落入枯落物層中，約三天即發芽。發芽後，其子葉並不會出土，而留在種子內。當榴槤長出第一片真葉時，植株多半已有30cm高。此時，在森林底層的榴槤小苗緩慢生長，並忍耐陰暗的環境。待上層出現孔隙，幼苗便迅速向上生長，以爭取光線。

榴槤的幼苗

果實蠅之禍——山竹

提到果王榴槤，很多人會想到果后山竹。一樣是熱帶果樹，山竹跟榴槤的命運大不同。山竹酸酸甜甜，幾乎不曾聽過有人不愛。自開放進口至消失於市場前，一直都是高貴的熱帶水果，每台斤百至數百元，還相當容易買不到。

山竹小苗的引進，比鮮果還要早。一個世紀前，農業試驗所便開始嘗試栽培山竹。一九四五年栽培於嘉義的山竹首次開花，但是只結了兩顆果實。一九四六年，或許是當年氣候較溫暖，開花結果兩次，十五株山竹共採得兩百多顆果實。不過氣候環境不適合，後來山竹結實情況一直稀稀落落。

山竹嫩枝有節，似細竹竿，故名。曾作山竹子或山竺。一九四六年中美農業技術合作考察團至嘉義參訪，團長鄒秉文將山竹取名為鳳果。因為鳳為鳥王，山竹是果后恰好符合該名；而且與山竹的英文 mangosteen 第一音節諧音。此外，唐末劉恂著《嶺表錄異》，記載兩廣物產與風土，稱之為倒捻子。明朝馬歡《瀛涯勝覽》則稱莽吉柿，音譯自印尼文 manggis。

山竹算是相當嬌弱的果樹。在台灣，最早於一九〇一年由藤根吉春自新加坡引進苗木，在台北試種。一九一五年再度引進，並於一九一九年至一九二〇年間移往嘉義。一九二二年再度引進，栽植於嘉義農業試驗所，但是全數枯死。而後於一九二四年自印度植物園，一九二六年蓬萊米之父磯永吉自曼谷、櫻井芳次郎自爪哇，總共引進苗木二十八株，分別栽種於屏東及嘉義，終於成功存活。

除了果實鮮美，山竹的繁殖方式也十分特殊。山竹只開雌花，不開雄花，這種繁殖方式，科學家稱為孤雌生殖[304]。所謂孤雌生殖是說，不論是否有雄蕊與花粉，未授精卵都會發育，也都能著果。白話一點就是，山竹只有媽媽沒有爸爸。而此種無性繁殖產生的後代，基因型與母體基本上一模一樣，鮮少變異。因此，山竹不似榴槤有許多品種。自古以來都只有一個品種。

二〇〇二年，台灣輸入植物產品檢疫規定修正，楊桃果實蠅、木瓜果實蠅等果實蠅疫區的許多水果禁止進口，山竹也被列入其中，以致台灣無法再品嚐到東南亞諸國的山竹。

於是中南部興起山竹的栽種熱潮。然而，山竹果實都不能進口了，種子哪裡來？不肖業者便以形態類似的山鳳果及大葉鳳果魚目混珠。很多人花了大把銀子買回去種了五年、十年，才發現被騙了。至今，山竹小苗已十分便宜，一株才一兩百元。可是臉書資訊如此發達，被詐騙的消息還是時有所聞。

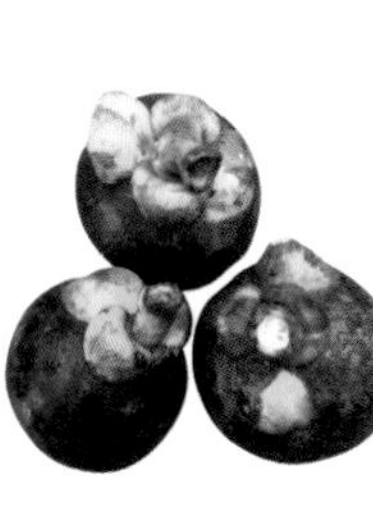
山竹果實

註

304｜英文：parthenogenesis

二〇一〇年後，山竹又以冷凍的方式進口至台灣。無奈，山竹果肉含水率高，冷凍後風味盡失。中南部有些果農曾於山竹禁止進口前開始嘗試栽培，也有不少結實紀錄。可惜，結實量太低，仍舊無法供應市場。

很多人都還記得山竹這種水果，但是卻說不出山竹怎麼消失了。新住民的媽媽在台灣吃榴槤懷念家鄉，台灣人卻得飛到鄰近諸國吃山竹，回憶年幼時能大口吃山竹。

熱帶雨林裡的山竹大樹

山竹

學名：*Garcinia mangostana* L.

科名：金絲桃科或藤黃科（Guttiferae or Clusiaceae）

原產地：馬來西亞、婆羅洲

生育地：原始龍腦香林內

海拔高：0-200（450）m

山竹是金絲桃科常綠喬木，高可達 25 公尺。葉對生，全緣，嫩葉紅色。雜性花，雌雄同株或異株。果實扁球形，紫黑色，果皮甚厚。假種皮可食，白色如大蒜瓣。有果后之稱。東南亞廣泛栽種，馬來半島及婆羅洲仍有野生植株，生長在低地原始熱帶雨林。

山竹、山鳳果及大葉鳳果果實差異甚大，花的性狀不同。但自幼苗栽培至開花結果，需數年至十多年。平時僅能藉由葉片及乳汁顏色來區分。山竹與大葉鳳果乳汁黃色，山鳳果白色。山竹葉背的葉脈明顯，呈閉鎖脈，會在近葉緣處環繞成一圈。山鳳果葉背葉脈相當不明顯。大葉鳳果葉背葉脈會延伸至葉緣。

新鮮種子即採即播，約一週可發芽。幼苗需遮陰避風，而且是深根性樹種。最好直接栽培於林下空氣濕度高的環境。全日照雖然能夠存活，但是空氣濕度太低會影響植株發育。前幾年雖然可以順利生長，但是最後仍然會日漸凋零。

待價而沽的山竹

山竹的果肉

山竹種子

山竹幼苗，嫩葉暗紅色

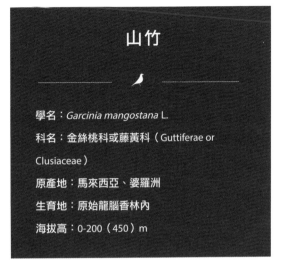

東協廣場

二〇一三年，剛回到台中時，我發現一個有趣的地方。台中的第一廣場附近，有很多賣東南亞雜貨的店、餐廳，週末還有小市集可以買到很多東南亞的特色小吃、蔬果。喜歡泰式料理、越南河粉、熱帶植物的我深深著迷，經常到這些地方尋寶。可是週日午後的成功路，多半只有我一個台灣人。最初朋友跟親人很不解，甚至會擔心我的安危。可是我告訴大家，那裡很安全，來自東南亞的外國朋友很友善、很客氣。

他們總是願意花時間，用不太流暢的中文跟我解釋所販售的東西，而且不會故意賣我特別貴，也不會因為我買的少就不賣我。有回遇到一個台灣人想買沙梨橄欖，卻不曉得沙梨橄欖長什麼樣子，一攤一攤地問。而現場雖然好幾攤在賣，卻沒有一個東南亞朋友知道沙梨橄欖是什麼。我告訴台灣的同胞，他眼前這盒削好皮，一顆一顆像小芒果的水果，就是他要找的沙梨橄欖。台灣人只回答我一句：「喔！謝謝！」正眼也沒看我。但是我們的新住民卻連說了好幾聲謝謝，目送我離開。我猜台灣同胞大概以為我是中文比較好，長得比較不黑的泰國人吧！

還有一次喜酒的場合，有個高中同學告訴我，他們工廠喜歡用外籍移工。因為外籍移工多半大學畢業，具備基本的英文閱讀能力，工作勤奮。可是台灣有些人卻不自覺地歧視這些新住民。其實這些來自東南亞的年輕人，就像從台灣去澳洲打工遊學的年輕人一樣，從事當地人不願意觸碰的工作，賺取比在自己國家更高的薪水。週末聚集在第一廣場，就我觀察，一張一張稚嫩的臉孔，自以為成熟的打扮，跟西門捷運六號出口的台灣年輕人沒有兩樣。

二〇一六年第一廣場正式更名為「東協廣場」。除了第一廣場本身，周邊的綠川東西街、光復路、繼光街、成功路都有許多販賣東南亞雜貨、蔬果、簡餐的商店，假日更會出現許多移工。

台中東協廣場假日人潮聚集

東協廣場販售的蔬菜，有許多在台灣市場不會出現的植物

一九八九年台灣首次開放外籍移工來台。至二〇一七年，全台約有六十四萬八千名移工，主要來自印尼、越南、菲律賓、泰國。假日總是於交通便利的火車站周邊聚集，除了填補人力缺口，也帶來驚人的需求與消費力。

不過，光有需求還不夠，建立移工商圈還必須仰賴新住民。一九九〇年代政府推動南向政策，許多社會經濟地位弱勢的男性紛紛自東南亞尋找配偶。時至今日，全台約有十八萬名新住民。

許多新住民協助夫家一起創業，經營雜貨店、小吃店或是蔬果店；還有腦筋動得快的生意人注意到新的商機，直接招聘新住民做起移工生意。一九九〇年代末期，以台中第一廣場為中心的東南亞市集逐漸成形。除了台中，桃園、中壢、台北、嘉義、高雄，各火車站附近也都有類似情況。為了一解鄉愁、滿足需求，許多東協國家常食用的熱帶植物便在這樣的時空下陸續引進。

二〇一七年七月二十二日至十月二十二日，國立台灣博物館南門園區，舉辦「南洋味，家鄉味」特展。介紹了許多香料植物與東協各國的料理。

除了大家較熟習的榴槤，在台灣，常見的東南亞蔬菜、香草、水果有：甲猜、越南白霞、馬蜂橙、叻沙葉、假蒟、越南毛翁、臭豆、甲策菜、刺芫荽、太平洋橀梈等，都是十分有特色的東南亞蔬果。

泰式料理中的甲猜，正式中文名是凹唇薑，又稱泰國沙薑、手指薑。英文 Finger root，意譯手指根，指甲猜可食用的根部像手指一般。泰文 กระชาย，發音近似 krachai，所以音譯作甲猜。越南文 Bồng nga truật，印尼文 temu kunci，馬來西亞文 Pokok temu kunci。使用方式跟我們台灣使用薑類似，味道也近似。泰國料理與爪哇料理中大量使用。大約二〇一〇年後陸續有進口新鮮的地下根莖。新住民或許有保留塊莖下來栽培，二〇一六年後東協廣場越來越常見。除了食用，台灣的雨林植物玩家也栽培供觀賞。

甲猜（凹唇薑）

學名：*Boesenbergia rotunda* (L.) Mansf.

科名：薑科（Zingiberaceae）

原產地：印度、斯里蘭卡、中國雲南西雙版納、緬甸、泰國、寮國、柬埔寨、越南、馬來西亞、印尼

生育地：河岸石灰岩丘陵的落葉及常綠混淆林，地生

海拔高：0-1200m，主要 300-1000m

泰式料理中的甲猜，正式中文名是凹唇薑。多年生草本，葉鞘紅色，冬季會休眠。莖橫走，根粗大，有辛香味。花白色至粉紅色，唇瓣紫紅色。廣泛分布及歸化於中國南部及東南亞地區，亦常被栽培。

甲猜的花

甲猜粗大的根像手指一般

越南白霞（大野芋）

學名：*Colocasia gigantea* (Blume) Hook. f./*Leucocasia gigantea* (Blume) Schott

科名：天南星科（Araceae）

原產地：孟加拉、中國南部、緬甸、泰國、寮國、柬埔寨、越南、馬來西亞、蘇門答臘、爪哇、婆羅洲

生育地：林下潮濕遮陰處，地生

海拔高：1000m 以下

越南白霞正式中文名稱是大野芋。天南星科芋屬的超大型草本，高可達 3 公尺。葉片叢生於莖頂，長可逾兩公尺。相較於一般食用的芋頭（*Colocasia esculenta*），大野芋除了更加巨大外，其葉緣波浪狀，葉脈呈綠白色，十分明顯。跟其他可食用的芋屬一樣，葉片防水，水珠可聚集。

越南白霞或稱白霞，其實是大野芋的芋梗。口感似蓮霧，可以生吃、煮湯或快炒。東協廣場十分常見。在北越稱之為 doc mùng 或 roc mùng，南越則稱為 bac hà，音譯為白霞。英文 giant elephant ear（大象耳朵）或 giant taro（巨人芋頭）。印尼稱為 talas padang，菲律賓稱 Gabi。推測大約是二〇〇〇年後由新住民引進，全台各地零星栽培。我個人於台中大里、霧峰、南投草屯、彰化二林都有見過。

東協廣場販售的越南白霞

越南白霞的葉子

大野芋葉子上常有凹洞

馬蜂橙其實就是泰式料理中的檸檬葉。又稱劍葉橙、馬蜂柑、泰國檸檬、泰國青檸、卡菲爾萊姆。英文 Kaffir lime，泰文 มะกรูด，越南文 Chanh Thái，印尼文 jeruk purut，馬來文 limau purut，菲律賓稱為 kabuyaw 或 kulubot。是使用廣泛的香料，東南亞雜貨店可買到乾燥的葉子，市集可以買到新鮮的葉子，花市可見盆植植株。應該是早期泰緬孤軍來台時引進的植物。

檸檬葉（馬蜂橙）

學名：*Citrus hystrix DC.*

科名：芸香科（Rutaceae）

原產地：斯里蘭卡、中國南部、緬甸、泰國、越南、馬來西亞、印尼、新幾內亞、菲律賓

生育地：低至中海拔原始林或次生林

海拔高：低至中海拔

泰式料理中的檸檬葉，其實是馬蜂橙葉。芸香科柑橘亞科柑橘屬大翼橙亞屬的小喬木，高可達 6 公尺。枝條帶長硬刺，幼枝扁平具稜，老枝圓柱狀。單身複葉，翼幾乎與葉等大。兩性花腋生。果實近圓球狀，直徑約 5 公分。果皮厚且粗糙，果肉極酸。全株皆含精油。廣泛分布在中國南部及東南亞低至中海拔森林。

乾燥包裝的檸檬葉（馬蜂橙葉）

馬蜂橙的果實

市場上新鮮的檸檬葉（馬蜂橙葉）

叻沙葉又稱越南芫荽、香辣蓼，英文 Vietnamese coriander 是越南香菜的意思，常會跟第八章介紹俗稱越南香菜的刺芫荽搞混。泰文 ผักแพว，越南文 Rau răm，印尼稱為 daun laksa，馬來西亞稱為 daun kesum。味道跟香菜類似。越南吃鴨仔蛋或河粉的時候，常會使用這香料植物，也有人當生菜沙拉吃。據說除了香菜味，還有淡淡的甜味。

叻沙葉

學名：*Persicaria odorata* (Lour.) Soják

科名：蓼科（Polygonaceae）

原產地：泰國、寮國、柬埔寨、越南、馬來西亞

生育地：濕地

海拔高：低海拔

叻沙葉是多年生草本，莖直立，紅褐色。單葉、互生，基部常有酒紅色 V 型斑塊。穗狀花序、頂生。瘦果。

東協廣場販售整把的叻沙葉

人工栽培的叻沙葉

假蒟葉子可以包肉生吃，包肉烤食，或包肉下去煎或炸，沾魚露來吃。有一種淡淡的香氣，有一點點類似九層塔。我認為它應該是東協廣場賣的蔬菜中，比較多台灣人可以接受的植物。

假蒟的蒟指的就是蒟醬，也就是荖葉。它長得跟荖葉非常相似，同樣也是胡椒科植物。泰文是 ชะพลู，馬來文為 pokok kaduk。越南稱 lá lốt。越南語 lá 是葉子的意思，lốt 音譯為洛，所以有不少人稱之為越南洛葉，或直接音譯為「羅絡」胡椒。原產於東南亞一帶，推測它是二〇〇〇年以後新住民及草藥商人同時引進的植物，在中南部有不少人栽種。

假蒟

學名：*Piper sarmentosum* Roxb.

科名：胡椒科（Piperaceae）

原產地：印度東北、中國南部、寮國、柬埔寨、越南、安達曼、馬來西亞、印尼、菲律賓

生育地：森林內、溪谷、灌叢等潮濕處

海拔高：0-1000m

假蒟是胡椒科風藤屬草本或亞灌木，高可達 1 公尺。但多半倒伏，僅末梢直立生長，莖每節都容易發根。單葉、互生、全緣。肉穗狀花序，與葉對生。漿果。其葉子可食用，亦可供藥用。廣泛分布在喜馬拉雅山麓至印尼。扦插就能成活，但是冬天容易凍死。

東協廣場販售整把的假蒟

假蒟的花十分細小

炒熟的假蒟

越南毛翁又稱水薄荷、越南薄荷，毛翁直接音譯自越南語 Ngò ôm，泰語是ผักแขยง。在越南料理中通常剁碎加入湯裡、越南春捲中，也可以生吃，有一種淡淡的檸檬草香氣。它的拉丁文學名種小名 *aromatica* 是「具有芳香」之意。除了食用，水族業者也將越南毛翁作為水草栽培，稱之為三角葉。

它是種植物分類上有待釐清的植物。以拉丁文學名 *Limnophila aromatica* 下去查，會發現台灣稱之為紫蘇草，維基百科卻叫它中華石龍尾。它算是亞洲熱帶地區廣泛分布的物種，但是各國境內的形態都有所差異。分類上還有待植物學家進一步確認。台灣南部自生的紫蘇草，乍看之下跟越南毛翁很像，但仍有些細部的差異可以區分。

越南毛翁

學名：*Limnophila aromatica* (Lam.) Merr.

科名：車前科（Plantaginaceae）

原產地：中國南部、東南亞、澳洲、台灣南部、日本

生育地：曠野池塘邊水濕處

海拔高：0-1200m

越南毛翁是車前科挺水性草本，莖直立，分枝於基部。單葉、對生或三葉輪生，鋸齒緣。莖、葉被、花萼都有毛。花紫色，單生於葉腋。

越南毛翁的花

東協廣場販售的越南毛翁

臭豆正式中文名是美麗球花豆，豆子可生吃或熟食，是東南亞海洋國家，如馬來西亞、印尼、還有泰國南部常見的食材。中南半島除了緬甸，其他地區不太吃臭豆。泰文稱為 สะตอ，馬來西亞跟印尼稱為 petai。生的臭豆沒有味道，炒熟的臭豆有特殊香氣。之所以叫作臭豆，是食用消化後會有特殊臭味，故名。

桃園中壢地區有販售新鮮的臭豆，台中東協廣場附近的印尼餐廳偶爾也會販售臭豆料理。進口的生臭豆仍保有發芽力，可以栽培。

臭豆（美麗球花豆）

學名：*Parkia speciosa* Hassk.

科名：豆科（Leguminosae）

原產地：泰國南部、馬來半島、蘇門答臘、爪哇、婆羅洲、菲律賓

生育地：低地原始龍腦香雨林或山地森林

海拔高：0-1000m

臭豆又叫美麗球花豆，樹幹通直，樹高可達 50 多公尺。二回羽狀複葉互生。頭狀花序下垂。豆莢長達 1 公尺。台灣中南部偶見栽培，結實率較低。

臭豆小苗

可以食用的臭豆種子

甲策菜泰語 **กระเฉด**，羅馬拼音是 krachet，音譯作甲策。一般又稱為水合歡、水含羞草、越南怕醜草。英語 water mimosa，越南語 Rau rút。葉子跟含羞草很類似，碰到也會合起來。拉丁文種小名 *oleracea* 即是蔬菜的意思。是越南、泰國等地常見的蔬菜，東協廣場幾乎四季可見。多半採摘末梢三十公分左右的嫩枝與葉片食用，煮食方式類似我們常吃的空心菜，不過纖維較多，我個人不是很喜歡。

甲策菜（水含羞草）

學名：*Neptunia oleracea* Lour.

科名：豆科（Leguminosae）

原產地：原產地不詳，廣泛分布全球熱帶地區

生育地：水流緩慢的淺水環境

海拔高：0-300m

甲策菜是豆科細枝水合歡屬的水生草本植物。莖平貼水面生長，每節都會長出紅色的根，莖周圍常會有白色的浮水囊。二回羽狀複葉，跟含羞草一樣有明顯的觸發睡眠運動，只要觸碰葉片，小葉就會合起來。花黃色，頭狀花序。喜歡生長在全日照，水流緩慢的淺水環境。台灣各地略有栽培。

甲策菜食用方式類似空心菜

甲策菜白色的浮水囊

東協廣場販售的整把甲策菜嫩葉

沙梨橄欖（太平洋榲桲）

學名：*Spondias dulcis* Sol. ex Parkinson/*Spondias cytherea* Sonn.

科名：漆樹科（Anacardiaceae）

原產地：不詳，可能是美拉尼西亞、玻里尼西亞

生育地：原始林或次生林

海拔高：0-700m

沙梨橄欖是漆樹科喬木，高可達 18 公尺。一回羽狀複葉，小葉疏鋸齒緣。花白色，極小，圓錐花序頂生。核果。種子帶絲，無法與果肉分離，果核中含 5 枚種子。原產地不詳，推測是馬來西亞或太平洋諸島。

沙梨橄欖正式的中文名稱是太平洋榲桲。熱帶地區普遍可見栽植。果實可食用，生食非常澀，醃過會比較好吃。台中的東協廣場有販售鮮果及削皮醃過的果實。泰文 มะกอกฝรั่ง，越南文 quả cóc，泰國及越南人通常是切薄片食用。印尼、馬來西亞人稱為 Kedondong，他們習慣打成果汁或是加入一種稱為囉喏[305]的蔬果沙拉中。除了東南亞，中南美洲也普遍食用。台灣中南部多有栽培。但是，不同於前面的蔬菜，太平洋榲桲並非新住民所引進，而是一九〇九橫濱植木株式會社介紹到台灣。

註

305 | 馬來文：Rojak；印尼文：Rujak

東協廣場販售醃過的沙梨橄欖

東協廣場販售的沙梨橄欖果實，大小如雞蛋

結果中的沙梨橄欖

Chapter 10

是誰的文化資產？

台灣熱帶植物引進史

麵包樹

在台中念書的時候，不知是升學壓力太大，還是年紀未到不懂得欣賞，對身邊的老房子總是無感。再回到台中這些年，陸續把刑務所演武場、舊警察宿舍、放送局、宮原眼科、新盛橋、彰銀招待所、林之助故居、孫立人將軍故居這些日治時期留下的老建築走過幾回，學習去感覺老房子的美。遙想著在我尚未出生的年代，來自日本的年輕建築師如何懷抱夢想，把那些歐洲流行的新穎建築樣式，混搭日式風格，遠渡台灣，將一磚一瓦構築成今日的文化資產。

興許是緣分吧！從小聽著外婆哼唱日文歌、聽爺爺訴說那些個我不曾經歷過的所謂日治時期。大學及研究所階段，成天泡在日治時期第九所帝國大學，坐在一九二八年陸續完工的長廊，爬梳著看也看不完的植物圖鑑，一筆一筆抄錄下近一個世紀前陸續被引進台灣的南洋。從一顆種子發芽，一天一天長成大樹。

一個世紀過去了，一幢幢的日治時期建築陸續被修復。而一株又一株同樣時期來到台灣的文化資產，卻漸漸被淡忘。

台灣的原生植物有四千多種，如果加上外來種植物，保守估計，台灣可以見到的植物應該超過一萬種。其中，我個人統計，來自熱帶雨林的植物逾千種。熱帶植物應該有四、五千種。這些數量龐大的熱帶植物，除了少數是台灣原生種，大部分是分數個時期由不同的族群引進台灣。

這些被引進的植物多半都有特殊用途，如「油、漆、橡膠、染料、纖維、香料、食用、藥用、用材、觀賞」等，與人們的生活息息相關。

一、原住民引進

一五四三年葡萄牙船隻經過台灣海峽，呼出 Ilha Formosa 前，原住民就已經生活於台灣。依據語言學、考古學、人類學家的研究，原住民在台灣活動時間大約有八千年的歷史。台灣的原住民，跟菲律賓、馬來西亞、印尼等地的居民都屬於南島民族。

雖然新的研究認為南島族群源自台灣，不過一般認為有些熱帶植物極有可能是原住民自東南亞帶來台灣，包括我們熟悉的芋頭、薑、椰子、香蕉、檳榔及木棉花，還有蘭嶼島上的番龍眼，應該都是來自東南亞。而我個人最喜歡的麵包樹應該是原住民於清領時期引進。南部山區很常見，跟檳榔一起食用的荖葉，很可能也是原住民所引進。

二、荷蘭人與西班牙人引進

一六二四年荷蘭從大員[306]登陸，至一六六二年被鄭成功擊敗，荷蘭短暫統治台灣西部三十八年。

大航海時代，歐洲列強紛紛來到東亞建立殖民地，希望能與中國及日本貿易。一五六八年爆發荷蘭獨立戰爭，荷蘭欲脫離西班牙統治，遂成立荷蘭東印度公司，開始掠奪西班牙、葡萄牙在亞洲的殖民地。

荷蘭兩度欲占領澳門作為和明朝貿易的基地，但都敗給葡萄牙，轉而占領澎湖，又遭明朝政府驅逐。明朝軟硬兼施，建議荷蘭到澎湖以東，一座不屬於明朝疆土的島嶼——台灣。

荷蘭占領台灣，一部分收入來自貿易。荷蘭向中國購買絲綢、瓷器等，絲綢轉賣日本跟東南亞，瓷器則賣回歐洲；也從東南亞購買胡椒、丁香等香料賣給中國。此外，荷蘭也將台灣所生產的硫磺、鹿皮、烏魚子、蔗糖等產品出口到日本、波斯、中國。

註

306｜大員位於今日台南安平，由西拉雅族大灣社之名轉化而來，也曾被轉譯成臺員、大灣等不同稱呼

荷蘭據台前，台灣沒有嚴格定義的中國移民，只有來捕魚或向原住民收購鹿皮等物資而短暫停留的華人。為了開墾土地，荷蘭自歐洲引進黃牛耕田，並大量招募華南地區的漢人移居台灣，訂定獎勵制度鼓勵開墾。漢人只要耕種指定的農作物，可獲贈土地，並以保證價格收購。指定栽種作物，除了原住民自古便引進的稻米及甘蔗，荷蘭也自印尼或菲律賓引進一些熱帶經濟作物，嘗試於台灣栽培。

荷蘭人直接自亞洲熱帶地區引進的植物有蓮霧、芒果、龍眼、波羅蜜、胡椒、阿勃勒。

西班牙人自美洲引進菲律賓，再由荷蘭自菲律賓引進台灣的熱帶植物有釋迦、牛心梨、芭樂、小番茄、辣椒、菸草、雞蛋花、含羞草、銀合歡、金龜樹、仙人掌、三角柱仙人掌[307]、馬纓丹、虎尾蘭等。

此外，一六二六年，荷蘭占領台灣第三年，西班牙也從菲律賓派兵，沿台灣東岸北上占領雞籠[308]一帶，建立聖薩爾瓦多城[309]。一六二八攻占滬尾[310]，建立聖多明哥城[311]，與南部的荷蘭人展開貿易競爭，直到一六四二年被荷蘭趕走。一六四四年荷蘭在聖多明哥城原址重建安東尼堡，即今日著名古蹟淡水紅毛城。台灣各地常見的金露花即西班牙占領期間所引進。

註

307 ｜改良後即火龍果
308 ｜雞籠為基隆古地名
309 ｜西班牙文：Fuerte de San Salvador
310 ｜滬尾位於今日淡水
311 ｜西班牙文：Fuerte de Santo Domingo

三、明鄭清領時期華南移民引進

一六六二至一八九五年之間，台灣被納入中國版圖，開始漢化。玄天上帝、媽祖信仰、孔廟等文化，皆在此一時期帶進台灣。源自中國福建閩南的漳州人、泉州人，還有廣東潮州人及客家人不斷移入。

這個階段植物主要來自中國。熱帶成分較少，幾乎都是華南地區已廣為栽植的植物，如：楊桃、蘋婆、柚子、油桐花[312]、白玉蘭、香果、仙丹花、薑黃、野薑花、朱蕉，還有美洲原產而華南廣有栽培的鳳梨[313]、番木瓜、美人蕉、晚香玉等。

四、宣教士或其他歐美人士引進

十七世紀，荷蘭與西班牙占領台灣時，基督教[314]曾短暫來台宣教。但是鄭成功統治台灣後，宣教工作便中斷。

一八三九年（道光十九年），中英鴉片戰爭爆發，歷時三年。一八四一年，戰火還一度延燒到台灣。英軍於基隆以及台中大安被擊敗，史稱雞籠之役與大安之役。鴉片戰爭結束後，簽訂南京條約，開放中國沿海五處港口。基督教在

註

312｜詳見第二章
313｜詳見第十六章
314｜包含天主教與基督新教

中國宣教逐漸從地下轉為公開，並開始注意到台灣。一八五八年（咸豐八年），第一次英法聯軍，中國戰敗，簽訂天津條約，進一步開放台南安平、台北淡水等港口。次年，基督教宣教士再度來台，開啟往後百餘年來，對台灣社會文化、醫療、教育的貢獻。特別著名的宣教士如：一八六四年自蘇格蘭來台的馬雅各醫師、一八七一年自加拿大來台的馬偕醫師、來自蘇格蘭的甘為霖牧師，以及一九一一年自加拿大來台的戴仁壽醫師等。

雖然宣教士在台灣的人數不多，許多人終其一生也沒有辦法入台灣籍，但是，宣教士往往具有醫師、生物學家、地理學家、博物學家等身分。他們在台灣，乃至於世界各地——特別是落後國家，對於醫療或是科學的進步與研究都有很大的貢獻。許多熱帶植物都是宣教士發現，或是由他們介紹給西方國家。

在台灣，我們所熟悉且常見的觀賞植物：九重葛、變葉木與垂葉王蘭，便是一八七二年馬偕博士直接從英國引進；而罕見的毒魚大風子，則是日治時期戴仁壽醫師為了治療漢生病，自印度引進；雖然沒有成功，甘為霖牧師也曾嘗試引進金雞納樹[315]栽培於埔里。

此外，清末所發生的多起對外戰爭，很重要的目的是為了貿易。隨著港口開放，許多國外公司來台設立商號。最有名的大概是一八六七年設立於台南安平

註

315 | 詳見第四章

的英商德記洋行，至今仍是台灣股票上櫃的貿易公司，曾於一八八四年（光緒十年）自菲律賓馬尼拉引進咖啡[316]種苗。

除了宣教士、貿易商，清末中國對外開放，也吸引了真正的植物學家到來。蘇格蘭植物學家羅伯特．福鈞[317]就是在南京條約簽訂後，於一八四二年被派到中國。福鈞不但發現綠茶、烏龍茶、紅茶都是由同一種植物製成，還理光頭綁辮子喬裝成中國人，將茶葉從中國偷渡到印度大吉嶺，結束中國對茶葉的壟斷。一八五四年四月二十日，福鈞由淡水上岸採集植物一天，為台灣植物研究揭開序幕。

此後，英、德、美國的植物學家也相繼來台從事植物調查。尤其是英國人最多，他們將台灣平地跟低海拔所採集到的植物標本送回英國，並交由修正香水樹拉丁學名的英國植物學家約瑟夫．道爾頓．胡克[318]等人研究。

英國外交官羅伯特．斯文豪[319]於一八六三年發表世上第一篇關於台灣的植物名錄——〈台灣植物目錄〉[320]，記錄二百四十六種台灣植物。除了植物研究，斯文豪也是位博物學家。一八六〇年英法聯軍攻進圓明園時，斯文豪對於英軍破壞圓明園的詳細紀錄，成為研究圓明園的重要文獻。一八六一年來台設立打狗領事館。一八六二年發表論文〈福爾摩沙哺乳動物學〉[321]，描述了台灣黑熊、台灣獼猴、台灣雲豹等哺乳動物。斯文豪也發現了藍腹鷴等十多種台灣特有鳥類，

註

316｜詳見第七章
317｜英文：Robert Fortune
318｜英文：Joseph Dalton Hooker
319｜英文：Robert Swinhoe
320｜英文：List of Plants from the Island of Formosa, or Taiwan
321｜英文：On the Mammals of Formosa

於一八六三年發表〈福爾摩沙鳥類學〉[322]，至今仍然是台灣鳥類學研究中的經典論文。台灣水鹿、藍腹鷴、斯文豪氏攀木蜥蜴等動物的拉丁文種小名或變種名，都是以斯文豪為名。

一八九二年，另一位重要的愛爾蘭植物學家奧古斯汀．亨利[323]（中文名韓爾禮）來台進行大量採集，並於一八九六年整理發表《台灣植物名錄》[324]，共列出顯花植物一千兩百八十八種。台灣也有不少植物以亨利為名，以資紀念。如台灣魔芋[325]，又稱亨氏蒟蒻。

法國人佛荷里[326]身兼宣教士與植物學家身分，為台灣植物調查而犧牲。一九〇一年佛荷里首次來台採集。一九一三年第二次到台灣採集植物，還深入台灣東部探險。一九一五年六月採集植物時，因為血蛭進入鼻腔，血流不止，回到台北大稻埕住處，次月不幸過世。傅氏鳳尾蕨[327]等十一種台灣的植物，就是以佛荷里命名，以資紀念。

五、日治時期日本人引進

一八九五至一九四五年間，日本大規模自世界各地引進植物。台灣大部分罕見、特殊且重要的熱帶雨林植物，幾乎都是這時期引進。我致力於尋找並收集

台北植物園重要木本植物區的佛荷里銅像

註

322｜英文：The ornithology of Formosa, or Taiwan
323｜英文：Augustine Henry
324｜英文：A List of Plants from Formosa
325｜詳見第十五章
326｜法文：Urbain Jean Faurie
327｜拉丁文學名：*Pteris fauriei* Hieron.

的植物，很多也都是這時期來台。

日本治理台灣期間，把台灣當作重要的熱帶植物研究基地，開始有系統地引進熱帶經濟植物，並進行科學性的栽培試驗。同時也對台灣的野生植物資源進行全面調查。目的是為了開發更多資源供當時的日本帝國使用。

一八九五年（光緒二十一年，日明治二十八年）十二月三十日，日本於小南門旁的陸軍基地，選定未達五公頃的土地作為苗圃，交由當時台灣總督府殖產局林業試驗場負責管理。隔年一月六日正式設立「台灣總督府殖產局附屬苗圃」，官方與民間開始共同協助收集熱帶植物，包括：日本東京新宿御苑與小石川植物園、駒場農學校林學科[328]，以及日本位於爪哇、新加坡、印度孟買、加爾各答的各領事館，還有民間的貿易公司，如橫濱植木株式會社、圖南產業公司、三井物產會社等。一九〇〇年，台灣總督府於台北植物園現址購地闢建，改稱「台北苗圃」，即現今的台北植物園。

一九〇一年，田代安定向總督兒玉源太郎提出「熱帶植物殖育場創設計畫」獲准，奉命以墾丁為基點開始籌建「恆春熱帶植物殖育場」，即為現今恆春熱帶植物園的前身。於一九〇二至一九〇四年間，設立了豬勝束、港口、高士佛、龜仔角四個母樹園，還有建置辦公室、植物標本園。依照引進目的，區分：纖

註

328｜駒場農學校林學科是現今東京大學農學部森林學科

維、澱粉、油料、脂液、染料及鞣皮、藥用、香料、果實、飲料、熱帶用材、熱帶園藝及特殊農藝植物等部門。一九〇六年恆春熱帶植物殖育場設立完成，與台北苗圃成為台灣當時兩大熱帶植物研究與試驗基地。

一九二八年台北帝國大學[329]成立，加入熱帶植物蒐集的行列。一九一八年，殖產局園藝試驗場嘉義支場[330]設立，亦收集了諸多熱帶果樹。

一九三七年發生七七盧溝橋事變，中日戰爭全面爆發。二次世界大戰亞洲戰場開打了。幾乎沒有人敢再從事植物引進工作，只有不怕死的佐佐木舜一，於一九三五至一九四一年期間，陸續從南洋及廣東引進一些熱帶植物。一九四一年十二月七日，日本偷襲珍珠港，太平洋戰爭爆發。直到一九四五年美國丟了兩顆原子彈到日本，日本投降，離開台灣前幾乎都沒有再引進任何植物。

這時期引進的植物中，較特殊的如提煉奎寧、治療瘧疾的大葉金雞納，不知還有多少人記得？被誤以為是金雞納樹一個世紀的毛土連翹，會不會在大家都還不認識它之前就被遺忘？還有治療漢生病的數種大風子樹，會不會有天跟著漢生病一起在台灣消逝？

一九三五年引進的十字葉蒲瓜樹[331]，栽培於台北帝國大學理農學部植物園，

註

329｜台北帝國大學即現今的台灣大學
330｜殖產局園藝試驗場嘉義支場是現今農業試驗所嘉義分所前身
331｜詳見十五章

母樹在本世紀初悄悄離去了。幸好它葉形奇特，台大留存了兩棵小苗。同一時期引進的闊葉榕、圓果榕掛上了台北市受保護樹木的牌子，台大也為它們製作了專屬的解說立牌，大概是目前受到待遇最好的文化資產。

還有其他特殊植物散在全台各地。可惜了台北植物園的長蔓藤訶子、貝羅里加欖仁樹、印度念珠樹、加羅林杜英、鐵線子、柯柏膠[332]、埃克合歡、光葉合歡、祕魯香脂樹[333]等，或許是沒能在適合的環境生長，幾乎沒有觀察到結果，甚至開花。南美香椿、密梭倫榕、優曇華[334]、紅膠木、刺孔雀椰子其他地方也幾乎未見。

二〇一六年重新在竹山下坪熱帶植物園發現的哈倫加那[335]，我猜應該是全台唯一的植株。它跟號角樹[336]、蟾蜍樹、頂果木的引進紀錄可能都弄丟了。而二〇一七年尋獲的美洲橡膠樹[337]，與三株高聳入雲的布氏黃木，太高大反而不易引起注意，認識它的人更是稀少。布氏黃木與大果貝殼杉除了竹山下坪熱帶植物園，還真的不知道哪兒有栽培。

而嘉義樹木園擁有大面積的巴西橡膠樹，以及號稱「嘉義之寶」的單子紅豆，是一九二三年由金平亮三引進。還有消失了數十年的美洲橡膠樹、柯柏膠也是最近幾年才重新被發現及正名。農業試驗所嘉義分所則有珍貴的庚大利、黃酸

註

332 ｜詳見第四章
333 ｜詳見第五章
334 ｜詳見第十七章
335 ｜詳見第五章
336 ｜詳見十六章
337 ｜詳見第一章

棗、一口可梅、巴西栗[338]、大猴胡桃、太平洋栗等熱帶果樹。

一九三五年（日昭和10年），高雄州產業部林務課出張所轄下設立「竹頭角熱帶植物母樹園」[339]，由佐佐木舜一先生數度下南洋收集二百七十六種有用植物。雖然很多植物已經死亡，但遺留下來的樹木，仍有許多全台只有此處可見，如：秦約克、香安納士樹、細枝龍腦香、大花龍腦香、鱗毛白柳桉、登吉紅柳桉[340]、庫氏大風子[341]、太平洋鐵木、緬甸鐵木、樹魚藤。而雷君木、非洲菜豆樹、菲律賓橄欖、山柿、佩羅特木薑子、狄薇蘇木、大葉栲皮樹、南美叉葉樹、大葉蘇白豆、蘇白豆、埃克合歡、馬來橡膠樹[342]，其他地方還十分罕見。翼果漆、倍柱木、白塞木、黃花第倫桃、印尼黑果、菲律賓緬茄、馬尼拉龍眼、小花黃荊皆已死亡多年。唯一一棵柯氏木於二〇一〇年梅姬颱風受創後，已永不復存。

還有扇平工作站的痲六甲魚藤也不知下落如何。原本記載栽培於高雄女中校內的爪哇耀木[343]，幸好二〇〇五年後於高雄原生植物園及澄清湖再度被發現。

國境之南，恆春熱帶植物園則有一九〇一年由田代安定引進的薩拉橡膠樹[344]、奧克羅木、三果木、訶梨勒、木蝴蝶、柯柏膠[345]、非洲叉葉樹、馬來橡膠樹等植物，彌足珍貴。

註

338｜詳見十二章
339｜即現今美濃雙溪熱帶樹木園
340｜以上五種植物詳見第十一章
341｜詳見第四章
342｜詳見第一章
343｜詳見第二章
344｜詳見第一章
345｜詳見第四章

這時期最重要的日籍植物學家，非早田文藏[346]先生莫屬，他是所有在台灣研究植物的人，都認識的重要人物，也是《台灣植物誌》中反覆出現的人名 Hayata。從一九〇三年研究所期間開始研究台灣植物。一九〇五年受台灣總督府聘任鑑定台灣植物標本，至一九二四年為止，十九年間致力於研究台灣植物分類。總共發表了一千六百多種台灣的植物。除了一九〇八年發表的《台灣高山植物》[347]，並於一九一一年至一九二一年陸續發表十卷《台灣植物圖譜》[348]。被譽為「台灣植物界的奠基之父」。

除了早田文藏，日治時期重要的熱帶植物學家還有金平亮三、川上瀧彌、佐佐木舜一、山本由松等人。

金平亮三比對台灣、蘭嶼及菲律賓的植物，提出華萊士線應向北延伸至台灣與蘭嶼之間，將台灣與蘭嶼畫在不同的植物區系。

川上瀧彌[349]就是台灣植物學名中常出現的 Kawakami。台灣數十種植物，如川上氏月桃、台灣冷杉[350]的命名，都是為了紀念他。川上瀧彌一九〇三年來台，一九〇五年出任總督府博物館[351]首任館長。他的足跡遍布全台以及離島澎湖、彭佳嶼、蘭嶼，致力於有用植物研究，著作有《台灣野生護膜樹》[352]、《台灣有用植物》、《紅頭嶼植物目錄》等。

台北植物園早田文藏石碑

註

346｜平文式羅馬字：Hayata Bunzō
347｜英文：Flora Montana Formosae
348｜拉丁文：Icones Plantarum Formosanarum
349｜平文式羅馬字：Kawakami Takiya
350｜川上氏月桃拉丁文學名：*Alpinia shimadae* Hayata var. *kawakamii* (Hayata) J. J. Yang & J. C. Wang；台灣冷杉拉丁文學名：*Abies kawakamii* (Hayata) T. Itô
351｜日治時期總督府博物館為今日臺灣博物館前身
352｜護膜樹是日本人對橡膠樹的稱呼

佐佐木舜一在維基百科上沒有介紹，但他也是跑遍全台，還曾登上小蘭嶼調查植物，光是蘭嶼及玉山植物採集就各七次。在台灣研究植物長達三十年，著作有《台灣植物名彙》、《綱要台灣民間藥用植物誌》等。

山本由松就可憐了。他前往蘭嶼調查植物，卻被恙蟲咬到，發高燒，於台大醫院逝世。

六、戒嚴時期學術單位或農業機構引進

八股的說法是「台灣光復初期，百廢待興」，加上後來又發生了二二八事件，所以一九四六至一九四九年這段時間，幾乎沒有任何植物引進的紀錄。一九五〇年後，一直到一九八七年，戒嚴時期各方面限制重重，資訊也不發達。這階段引進的熱帶植物較少，幾乎都是由學術單位或是農業機構所引進，進行試驗性栽培。

這階段引進的植物如台北植物園的假橡膠木、食用蠟燭木、毛風鈴木、喀亞木、塞內加爾喀亞木、彩虹桉樹、雲南石梓；台大實驗林所栽植的卡鄧伯木；恆春熱帶植物園的黑果欖仁、栗豆樹、風鈴木。

還有農業試驗所或其他農業單位、園藝考察團、駐外農耕隊所引進的大葉鳳果、黑柿、嘉寶果、蜜莓等。

全台常見的觀賞植物蒜香藤、黃金風鈴木、洋紅風鈴木、小葉欖仁、手西番蓮、花旗木、金鳥赫蕉、紅花月桃、彩葉孔雀薑、粗肋草類、蔓綠絨類、白鶴芋、合果芋、袖珍椰子、各種竹芋，以及較少見的寶冠木、火炬薑、絨葉閉鞘薑、斑馬觀音蓮、網紋芋、春雪芋、假玉簪都是這階段引進。

此外，特別值得一提的是一九六二年所成立的園藝公司玫瑰花推廣中心，也在一九六七至一九七四年間，由張碁祥先生自全球各地引進許多熱帶觀賞植物，如鹿角蕨、長葉鹿角蕨、黃苞小蝦花、口紅花、大紅鯨魚花、寶蓮花、象耳榕、戴瑞安納豬籠草等數種豬籠草、皺葉椒草等數種椒草、錦葉葡萄、蜻蜓鳳梨、球拍空氣鳳梨、松蘿鳳梨、白雪粗肋草、羽裂蔓綠絨、象腳王蘭、魚尾椰子、箭根薯等。

七、雲南裔移民和緬甸華僑引進

二〇一五年改編自白先勇先生短篇小說的同名電視劇《一把青》，重述了一九四九年國民政府戰敗，逃難到台灣的那段大時代悲劇。

依據一九五六年第一次人口普查的籍貫資料，一九四五年至一九五〇年間跟著國民政府來台的各省移民約有一百二十一萬人，這當中有一部分來自雲南，像是知名歌手庾澄慶、前立法委員鄭麗文、退役少將羅紹和等人都是雲南裔，也許是一九四九年大逃難來台，也許是一九四六至一九四九年間來台。此外，在台灣的雲南裔移民，還有一部分是曾被遺忘在泰、緬及寮國邊境的「異域孤軍」。

一九四八年國共內戰戰敗後，從雲南撤退的軍隊，原本打算穿過中南半島北邊叢林，由泰國來台。後來計畫失敗，退到緬甸東北部一帶。當時緬甸剛脫離英國殖民，無暇顧及該處，泰緬孤軍趁勢占領了泰緬金三角地區，並在一九五一年於今日緬甸猛撒建立機場，開辦「雲南省反共抗俄大學」。

緬甸政府向聯合國控訴入侵，於是國民政府在一九五三年底至一九五四年初、一九六一年兩度安排泰緬孤軍撤退來台。來台後政府安置於桃園中壢龍岡的忠貞新村、龍潭干城五村、高雄美濃及屏東里港的眷村與南投的見晴農場[353]一帶。不過，至今仍有一部分無國籍的亞細亞孤兒，滯留在泰北清萊府的美斯樂——正是一九八三年費玉清演唱歌曲《美斯樂》所在地。一九九〇年電影《異域》，以及王傑翻唱羅大佑創作的片尾曲《亞細亞的孤兒》[354]都是在敘述這段歷史。

這群從雲南離開中國，輾轉經過泰國、緬甸、寮國金三角來台的孤軍，主要出自雲南省，還有些人源自廣東、廣西、貴州諸省。他們的眷屬有許多少數民族：傣族（擺夷）、苗族、瑤族、彝族、景頗族、蒲蠻族（布朗族）、佤族、德昂族，以及傈僳族、阿佧族（哈尼族）。台灣各地可以吃到的擺夷料理、滇緬料理如米線、米干、大薄片，這些味道就是他們與故鄉的文化連結。

在撤退過程，或是一九八七年兩岸開放探親後，他們引進了一些熱帶植物。例如俗稱羊奶果的密花胡頹子、俗稱臭菜的羽葉金合歡，從食用習慣、栽培時間及台灣主要栽培的地方，推測是由他們所引進。而馬蜂橙、叻沙葉、刺芫荽[355]等等香料植物，他們也栽培許久。

註

353｜見晴農場即今日的清境農場

354｜《亞細亞的孤兒》原本是作家吳濁流成名的長篇日文小說。敘述日治時期的台灣知識分子在台灣受日本殖民的欺壓，到中國後又不被認為是中國人而受到歧視。1983年羅大佑創作同名歌曲《亞細亞的孤兒》，副標題為「紅色的夢魘，致中南半島難民」。以至於此曲一直被視為描述「異域孤軍」後裔的處境。直到 2009 年，羅大佑才說此曲原意是影射中美斷交事件中的台灣人，副標只為應付當年的歌曲檢查政策

355｜以上三種植物詳見第八與第九章

此外，中和華新街一帶也聚集了約八萬的緬甸華僑。他們不是國軍、不是眷屬，當然也不住在眷村裡。

大概從西元前四世紀末，華人就開始經由陸路至緬甸作生意。元朝後，華人開始從海路到緬甸，明代鄭和下西洋後，達到一波高峰。這些古代到緬甸經商的華人，主要聚集在上緬甸克親邦的八莫[356]——這是伊洛瓦底江沿岸的都市，也是中印公路上的城市。還有曼德勒省的阿瓦[357]，也就是瓦城泰式料理提到的「瓦城」。

明朝末年，永曆皇帝也帶著一批舊臣遺老遷都雲南，後來被吳三桂趕到了緬甸跟雲南交界處——現在成為緬甸少數民族「果敢族」。清朝末年，英國發動三次戰爭幹掉緬甸貢榜王朝後，大量招徠華南地區因戰亂而不易生活的漢人來協助開發緬甸，這時期進入緬甸的華人主要居住在下緬甸，也就是首都仰光。

一九四八年緬甸脫離英國殖民，成立緬甸聯邦共和國。一九六二年吳尼溫將軍奪取政權，廢除聯邦憲法，開始獨裁統治，實施一連串對華裔及外僑不友善的政策，緬甸華僑開始陸續藉由移民或是依親的方式遷移至台灣。一九六七年，緬甸甚至發生排華虐殺的事件。許多世居於緬甸的華僑紛紛逃離，大規模移民台灣。原本住在上緬甸的居民，多半聚集在士林、桃園、中壢；而從緬甸南部

註

356｜英文：Bhamo
357｜英文：Ava

仰光過來的移民，多在中和、永和、新店、板橋、土城一帶。他們也有潑水節的文化，飲食習慣跟中南半島其他國家很類似。

一九六三年，華新街出現的第一家緬甸餐廳，是華夏技術學院對面的「李大媽小吃」，在那之後，兩家、三家，緬式料理陸續出現，到現在已經有超過四十家店聚集在華新街一帶，成為南勢角一帶的特殊風景，填補了緬甸華僑的鄉愁與味蕾。

緬甸、雲南、泰國各地的料理各有特色，卻也互相影響，使用的香料植物也雷同。過去交通沒有現在那麼便利，台北、桃園、清境農場、美濃及里港地區，雖然都有來自滇緬泰的移民，但是早期交通不便，各地區聯繫、交流不易，因此各自發展出擺夷料理。

目前一些常見而且使用時間較長的東南亞香料植物，應該就是泰緬孤軍中眾多的族群，與緬甸華僑在早期移民至台灣的過程中，各自引進。

中和華新街

八、一九九〇年後新住民所引進

二〇一六年七月三日，配合蔡英文總統新南向政策，台中火車站附近的第一廣場正式更名為「東協廣場」。更名前，這裡被稱為「小東南亞」。除了第一廣場本身，周邊的綠川東西街、光復路、繼光街、成功路都有許多販買東南亞雜貨、蔬果、簡餐的商店，假日更會出現許多移工。

不過，這個現象並非這幾年才發生。一九八九年台灣首次開放外籍移工來台。一九九〇年代末期，外籍移工便開始在假日於台中火車站周邊聚集，台中第一廣場周邊的東南亞商店應運而生。二〇一〇年，順應趨勢，第一廣場二樓還設立東南亞購物美食廣場。原本已經沒落的舊市區，因為外籍移工，又出現了人潮與新的商機。

每個週末，第一廣場會湧入來自附近幾個工業區將近十七萬名的移工。根據台中市經發局估算，移工每個月在第一廣場附近消費約一億兩千萬台幣，相當於台灣人整年於韓國東大門的消費。

不過，所謂的移工並不是全都一樣，活動的區域有所不同。仔細看，綠川西街底主要是印尼餐館；東協廣場一、二樓、繼光街跟成功路是越南小吃店為主；而泰國小吃店主要位於東協廣場的三樓。各族群互不干擾。

除了移工人數第二的台中，移工人數最多的桃園，則於桃園後火車站的延平路與建國路上，形成所謂的「泰國街」。不過，泰國街上泰國商店不多，主要在延平路北段，中段及建國路是越南商店為主，延平路南段主要則是印尼商店。中壢火車站附近，元化路主要是泰國商店及越南商店，中平路上有菲律賓商店，印尼商店則集中在中壢火車站後站新興路上。此外，信仰天主教的移工週日會聚集在長江路天主堂附近。天主堂周邊，長江路、中光路、元化路上也有不少假日才會出現的攤販。

移工人數分居三、四名的雙北市則較為分散。由於飲食習慣較為相似，中和工業區的移工會聚集到南勢角華新街一帶。台北火車站東側，天成飯店後方這小段北平西路被稱為印尼街，有印尼餐廳、雜貨店、美髮店、電器行。不過最早的印尼街並不在此。一九八九年，隨著鐵路地下化完工，第四代台北車站正式啟用。當時二樓商場由金華百貨得標，一九九〇年代東南亞商店如雨後春筍般冒出。直到二〇〇五年後，金華百貨積欠租金倒閉。台鐵改與微風廣場簽約，二〇〇七年重新營運。印尼商店才因此搬到現在這個地方。

菲律賓早期受美國影響，官方語言為英文。菲律賓移工飲食較為西化，北中南各地幾乎沒有菲律賓小吃店，多半都是雜貨店或超商等其他形式的店家。中山北路三段德惠街口的聖多福天主堂，假日常聚集天主教信仰為主的菲律賓籍移工。中山北路農安街口的金萬萬名店城，腹地雖然沒有台中第一廣場大，但是二樓商家也在相同的歷史背景下陸續轉型，做起移工生意。自聖多福天主堂往南至農安街，漸漸形成台北的小馬尼拉。

二〇一七年五月，全台移工約達六十四萬八千人。印尼籍二十五萬人居冠，越南十九萬人次之，十四萬菲律賓籍第三，泰國籍六萬人排四。跟初開放外籍移工時，以泰國籍為主的結構已完全不同。高鐵完工後，加上泰國本身經濟發展越來越好，過去大家總是稱為泰勞的族群已經越來越少。

大量外籍移工帶來需求與消費力。不過，撐起移工商圈與地下社會還必須仰賴另一批為數不多，但功不可沒的族群——新住民。

一九九〇年代政府推動南向政策，許多從事農、工、漁業為主的鄉村男性，因為社會經濟地位弱勢，紛紛自東南亞尋找配偶。時至今日，遠嫁台灣的人數共有十八萬人。來自越南約十萬人、印尼約兩萬八千人、泰國約八千人、菲律賓約八千人、柬埔寨約四千人。

台北中山北路的菲律賓超市

來台定居的新住民，有的在夫家工作，有的協助丈夫創業。或是小吃店、或是雜貨店、通訊行、服裝店、美甲店等，因而帶進了許多跟生活息息相關的熱帶植物。尤其是可食用的蔬菜和香草，如甲猜、越南白霞、越南毛翁、假蒟、臭豆、甲策菜[358]、越南土豆、黃花藺等。

此外，聘僱大量外籍移工的中和工業區又鄰近緬甸移民聚集的華新街，或許也促使一些原本就被引進栽培，卻較少人認識的香料植物與蔬菜在新住民圈子裡交流。

仔細觀察不難發現，來自中南半島的新住民飲食習慣，跟來自海洋島嶼如印尼、菲律賓等國家不大相同。例如臭豆，可以在印尼餐廳買到，可是越南餐廳根本就不認識這種植物。

除了販售蔬果、小吃，許多外籍配偶外文能力強，從事貿易，進口日常雜貨及罕見的熱帶植物種子，或是從事種苗培育，豐富了台灣的果樹市場。光是麵包樹屬就引進超過十種。還有椰柿、單貝果、藍白果、木奶果、各種山竹、各種樹葡萄等。上百種的熱帶植物，特別是可食用的蔬果類，在一九九〇年後，尤其是二〇〇〇年後大量引進。

台中綠川西街的印尼餐廳

註

358｜以上數種植物詳見第九章

九、一九八七年後在海外工作的台幹、台灣本地的種苗商、水族業者所引進

一九七八年中國改革開放。一九八七年七月十五日，前總統蔣經國宣布台灣解嚴，解除外匯管制，並開放企業對外投資。同年十月十五日宣布，開放台灣人民到大陸探親。一九八八年中國官方公布鼓勵台灣同胞投資規定。一九八九年中國發生六四天安門事件，外資撤離，卻讓台商抓住機會，加速對大陸投資。一九九〇年一月台灣正式公布「對大陸地區間接投資或技術合作管理辦法」。越來越多台商及台幹至中國工作。

同年，李登輝前總統推動南向政策，一九九四年三月通過「加強對東南亞地區經貿合作綱領」，鼓勵台商至越南、泰國、馬來西亞、新加坡、印尼、汶萊、菲律賓七個國家投資。從此之後，台商及台幹開始西進、南向至中國及東南亞地區。

二〇〇一年，台灣正式加入世界貿易組織WTO。而後柬埔寨結束二十餘年的內戰，二〇〇三年加入WTO。台商也開始移動至工資更低廉的柬埔寨金邊等地投資。二〇一〇年緬甸大選後，政治經濟情勢好轉，台商也注意到這個新興的地區。來自世界各地的植物獵人也跟著到這些地方探險，尋找新的植物。

就行政院統計，目前在中國工作的台灣人約有四十二萬人，在東南亞工作的約有十一萬人。若再加上眷屬、學生，長駐於中國及東南亞的台灣人恐怕超過兩百萬。

在這樣的大環境下，不論是種苗商或在海外工作的植物玩家，要引進或帶進一些特殊的熱帶植物變得相對容易，加上二〇一〇年後中國的「淘寶網」大流行，種種原因推波助瀾下，許多日治時期不曾引進，戒嚴時期因為政治敏感問題，而不敢引進台灣的中國植物與東南亞植物——特別是稀有植物或觀賞植物，開始陸續出現在台灣的園藝市場，如德保蘇鐵、叉葉蘇鐵、多歧蘇鐵、雞毛松、幌傘楓、海南菜豆樹、望天樹[359]、金絲楠木、海南黃花梨、格木、麻楝、見血封喉[360]、紅花木蓮、雲南擬單性木蘭，就是在這樣的氛圍下，陸續引進台灣，以滿足國人獵奇與珍蒐的嗜好。

此外，園藝業者、水族業者開始從泰國、菲律賓、新加坡、美國以及日本的花卉市場或植物種苗場，引進各類觀賞植物。二〇〇五年開始，每年在台南後壁區台灣蘭花生物科技園區舉辦的國際蘭展，厄瓜多、祕魯的廠商也會帶進許多南美洲特殊的熱帶植物。

註

359｜詳見第十一章
360｜詳見第四章

引進的有積水鳳梨、空氣鳳梨[361]、孔雀薑、舞花薑、布比薑、蒟蒻薯、雨林椰子、各種奇特的蘭科植物、赫蕉、閉鞘薑、落檐、春雪芋、針房藤、辣椒榕、花燭、魔芋[362]、觀音蓮、粗肋草[363]、石蒜科、澤瀉科、蟻巢玉、西番蓮、豬籠草[364]、紫金牛、野牡丹、苦苣苔、雨林仙人掌、秋海棠[365]、毬蘭、馬兜鈴、爵床科、澤米蘇鐵、鹿角蕨、蟻蕨、各種蕨類等，數以千計綺麗的熱帶雨林植物。

台灣多樣性的熱帶植物，除了自生種，要歸功於台灣這塊土地多元的族群。這些植物來到台灣落地生根，或是遍布全台，或是只餘下一株，甚至芒果、釋迦、鳳梨等還成為另類的台灣之光。這是引進初期始料未及。

我由衷希望這些代表台灣多元文化的熱帶植物，都可以在台灣這塊土地生生不息。而台灣多元的族群，也可以共存共榮，一起打造一個更美麗的寶島。就像生物多樣性最高的熱帶雨林一樣，每一個物種都可以找到適合自己的生態利基[366]。

本章所提到的植物，其學名、引進專家姓名、引進年代可查詢 P.467
〈附錄：熱帶雨林植物引進台灣年表〉

註

361｜詳見十六章
362｜詳見十五章
363｜詳見十四章
364｜詳見十六章
365｜詳見十三章
366｜英文：niche

國立自然科學博物館熱帶雨林溫室一隅

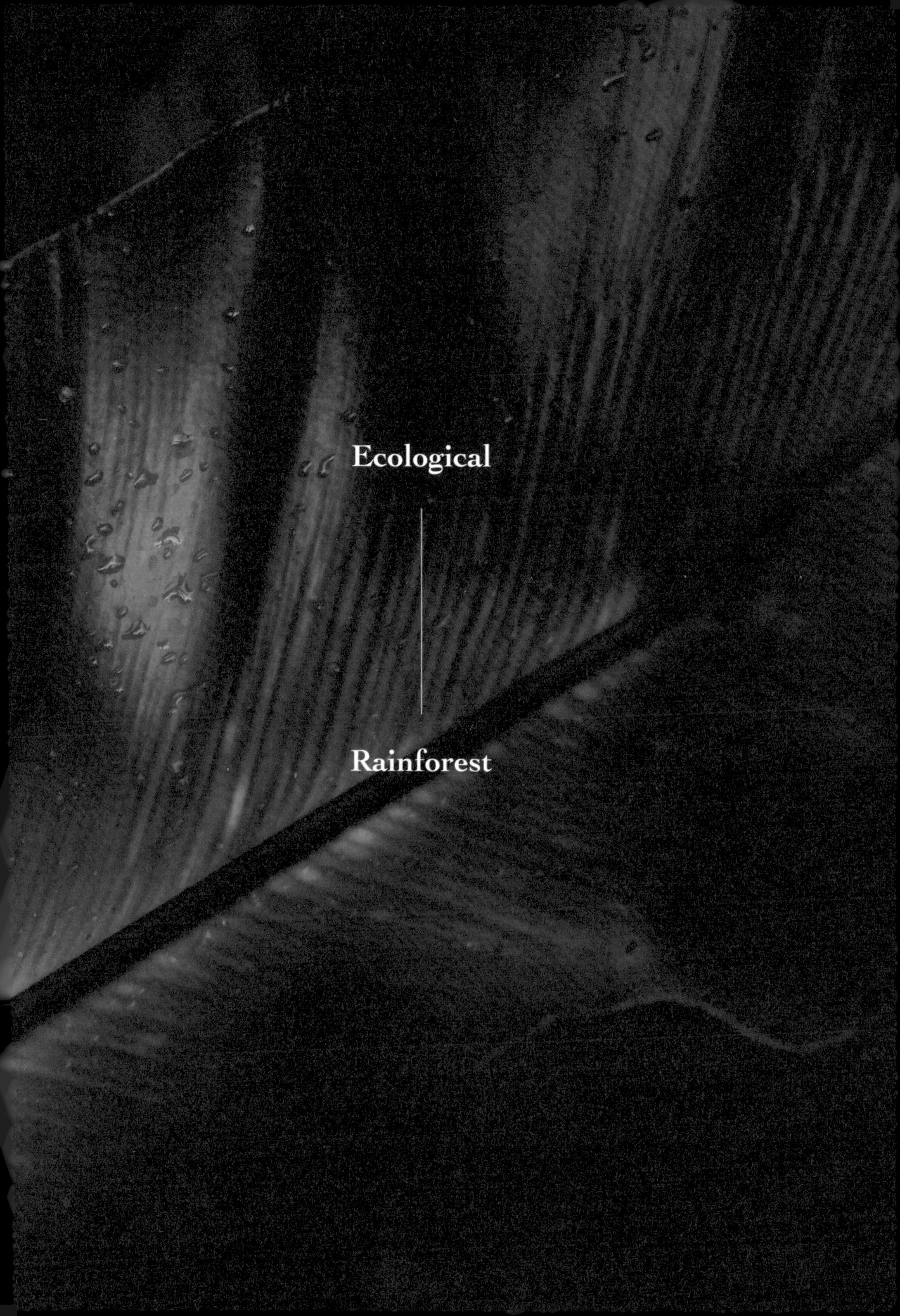

Ecological
Rainforest

PART 2

生態雨林

Chapter 11

佛教三聖樹與莫蘭蒂颱風

雨林的突出樹龍腦香

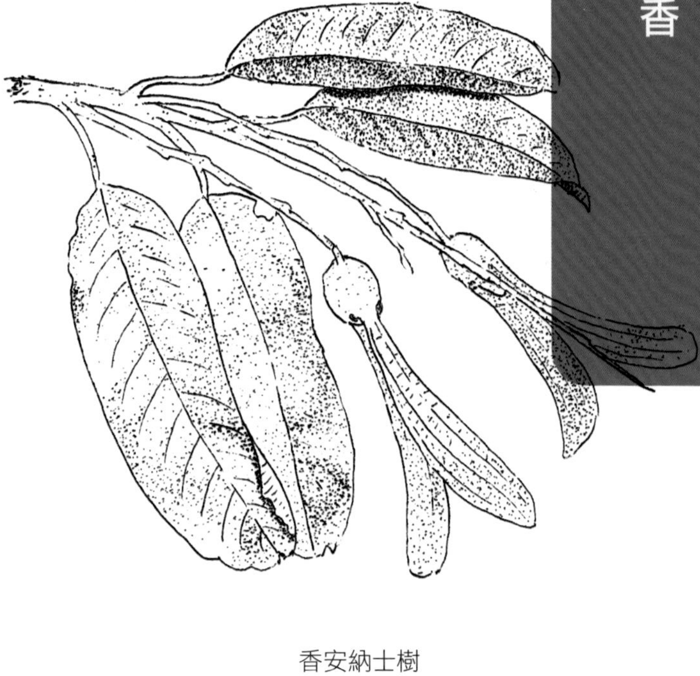

香安納士樹

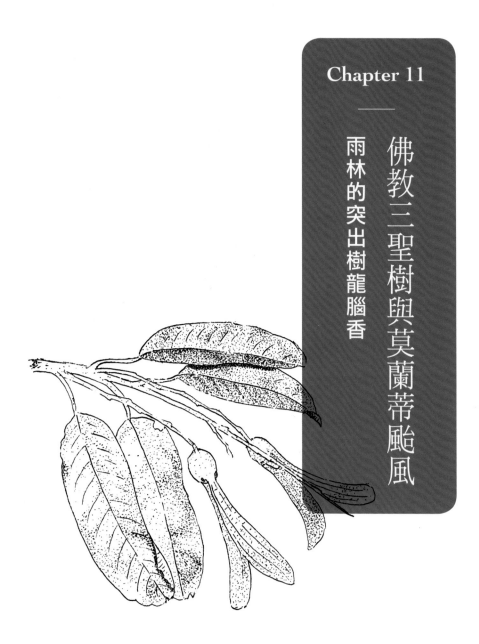

佛教三聖樹與莫蘭蒂颱風

智慧手機普及後，通訊軟體融入台灣每個人的生活。資訊流通快速，卻也經常以訛傳訛。過去幾年，有數位長輩不約而同傳來所謂百年難得一見的佛教聖樹娑羅樹開花奇景——而且必定會附註發給幾個人後會有好事發生。

我打開一看，發現照片裡是玉蕊科的砲彈樹，而非真正的娑羅樹。我感到十分納悶！砲彈樹是原產於中南美洲的大喬木，怎麼會跟發源於亞洲印度的佛教扯上關係？

有關佛教聖樹的傳說，根據佛教經典的記載：佛祖誕生於無憂樹下，悟道於菩提樹下，涅槃於娑羅樹下。無憂樹、菩提樹、娑羅樹便是佛教中的三聖樹。

菩提樹是桑科榕屬，倒三角形的葉子，台灣栽培十分普遍。無憂樹是豆科，花橘紅色，十分美麗，雖然台灣不常見，但是台北植物園、台中中興大學、彰化植物園以及中南部許多地方都有栽培，也不太有人會弄錯。唯獨罕見的娑羅樹，不但台灣沒有引進，連原產地印度都稀有。

娑羅樹梵文是साल（sala）或शाल（zala），也翻譯作沙羅樹。是龍腦香科的植物，卻一天到晚被玉蕊科的砲彈樹篡位，究竟是為什麼？

好奇心驅使下，我開始上網爬文，這個錯誤的消息是源自斯里蘭卡。砲彈樹一八八一年才引進斯里蘭卡，佛祖誕生於西元前五六六年，涅槃於西元前四八六年，不可能在砲彈樹下涅槃。到底為什麼會搞錯，連資料庫龐大的維基百科都說原因不明。

我個人推測，其實原因很簡單。因為娑羅樹跟砲彈樹都是熱帶雨林裡的超高樹，在趨同演化作用之下，有了幾乎一模一樣的樹形，還有巨大的葉子。一般人對植物觀察不深，指鹿為馬的情況時有所聞。而故事差不多是這樣發展的：首位把砲彈樹誤以為是娑羅樹的栽培者，種植十多年後的某日，砲彈樹開花了。他肯定有聽說過娑羅樹極少開花，興奮之餘，開始四處炫耀。偏偏此時砲彈樹在斯里蘭卡仍十分罕見，認識娑羅樹的人也極少，加上砲彈樹的花十分巨大且特殊，香氣襲人，符合人們對聖樹的期待，所以來參觀的眾人也信以為真。這些善良且虔誠的佛教徒，為了讓更多人可以感受神蹟，開始四處奔走，競相告知……

砲彈樹的落花

話說回來，台灣應該沒有引進娑羅樹。不過，彰化歡喜園將同科同屬的登吉紅柳桉當作娑羅樹來栽培。雖不中，亦不遠矣。

柳桉屬植物是亞洲熱帶雨林裡的超高樹，目前發現最高的柳桉樹生長在婆羅洲，達八十九公尺。馬來西亞有一間索雷亞渡假飯店，英文 The Shorea 就是以當地最高大的樹木——柳桉的拉丁學名 *Shorea* 來命名。

柳桉是高級的南洋木材，台灣過去曾大量自菲律賓進口。菲律賓當地人把龍腦香科一類的南洋木材稱之為 Lauan，木材商人將它音譯為柳桉，而台灣的植物學家則進一步將南洋木材中種類最多的 *Shorea* 屬稱為柳桉屬。不過，中國則將 *Shorea* 屬直接稱為娑羅屬，而將中國境內也有分布的 *Parashorea* 稱為柳桉屬。

後來菲律賓漸漸不出口 Lauan 了，木材商人轉而向馬來西亞購買原木。馬來西亞稱柳桉屬為 Meranti，剛開始木材商人或許不知道 Meranti 是柳桉，便將 Meranti 直接音譯成美蘭地。台灣植物學家陳玉峯教授不曉得木材商人的稱呼，二〇一〇年出版的著作《前進雨林》又將 Meranti 譯為「罵懶弟」。時隔多年，二〇一六年九月擦過台灣南部，由馬來西亞命名為 Meranti 的颱風，氣象學家則稱為「莫蘭蒂」颱風。

同一種植物來到台灣，因為梵文 शाल（sala）、拉丁學名 *Shorea*、菲律賓俗名 Lauan、馬來俗名 Meranti 各有不同，經歷了佛學家、旅遊業者、木材商人、植物學家、氣象學家無數次的翻譯後，有了娑羅樹、沙羅樹、索雷亞、柳桉、美蘭地、罵懶弟、莫蘭蒂等稱呼。這種大家常在日常生活中聽到的陌生植物，除了是佛教聖樹外，到底具有什麼樣的魅力，讓人都想為它命名？

故事要從遙遠的熱帶雨林說起。

菩提樹

無憂樹

學名：*Saraca asoca* (Roxb.) Wilde/ *Saraca indica* L.

科名：豆科（Leguminosae）

原產地：印度西部、斯里蘭卡

生育地：熱帶雨林

海拔高：低海拔

無憂樹是豆科的喬木。一回羽狀複葉，小葉全緣、嫩葉紅色。花橘紅色，幹生，繖房花序。莢果成熟會捲曲開裂，種子扁平而巨大。林下植物，耐陰性佳。台灣最早於 1903 年引進。台北植物園及中興大學有栽培。花市偶爾可見。

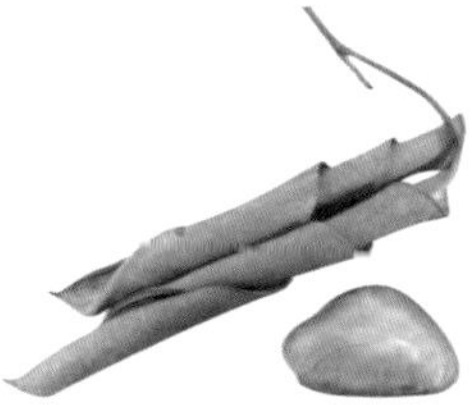

無憂樹的莢果與種子

開花中的無憂樹

菩提樹

學名：*Ficus religiosa* L.

科名：桑科（Moraceae）

原產地：巴基斯坦、印度、斯里蘭卡、孟加拉、尼泊爾、中南半島

生育地：熱帶雨林、季風林

海拔高：0-1500m

菩提樹是大喬木，高可達 35 公尺，樹幹光滑，基部具板根。單葉、互生、全緣，倒三角形，尾狀尖明顯。嫩葉泛紅。隱頭花序腋生。1901 年田代安定引進，全台普遍栽植。

菩提樹的葉子

雨林王者的生存哲學

熱帶雨林彷彿陸地上的珊瑚礁，具有非常高的生物多樣性，樹木的種類占了整座森林約百分之七十。每公頃有上百種，甚至兩、三百種樹木。植物在森林中構築了五層的垂直結構，由下而上：地被層、灌木層、下木層、樹冠層，以及熱帶雨林獨有的突出層。

由於赤道無風，這些突出層的大樹，可以長到四、五十公尺高。在亞洲，龍腦香科的突出樹甚至可達八、九十公尺，筆直入天際。除了豐沛的雨量與溫暖合宜的氣溫，樹木能否突出、傲視森林的關鍵，在於基因。從種子那刻起，就決定了。

熱帶雨林中許多樹木，如可可樹與榴槤，花是開在樹幹上，這樣的演化讓森林下層不擅長飛行的昆蟲，或水果蝙蝠這種習慣倒掛在樹幹上的動物容易替它們授粉。果實成熟後，森林底層的大型動物取食容易，也有利於種子的散播。但是突出層的大樹，花朵依舊開在樹梢，而且種子多半有翅膀。因為樹木夠高大，種子得以從制高點起飛，有機會飛向更遠的地方。

各種龍腦香科植物的種子

溫帶植物中也有些種子具有翅膀，如檜木、松樹、槭樹。不同於它們細小的種子，熱帶雨林的突出樹種子十分巨大。如果不夠高，翅膀不夠大，根本無法在空中作長距離的飛行——從非洲經印度，橫越海洋，一直分布至新幾內亞。

這些種子落地，在一場大雨過後便會快速發芽。當第一片真葉完整展開，小苗高度往往就可以達二、三十公分，甚至更高，遠勝於一般樹木只有三、五公分高的小苗。

不過說也奇怪，龍腦香樹的幼苗期極長，雖然一發芽就能高達三十公分，但接下來生長速度緩慢。漸漸地，就被同期那些原本矮小的樹苗超過了。龍腦香的幼苗在陰暗且土壤貧脊的熱帶雨林中，除了生存條件不佳，有時還會被動物取食。不過它們依舊慢慢成長、茁壯，蓄積長成超高樹的能量。它們靜靜地等待機會，或許五年，或許十年，甚至更久。當同樣年紀的樹已經成熟達開花結果時，它們仍處在青年階段。

直到有一天，森林破空了，機會來了，青年階段的龍腦香就可以開始快速長大，直衝樹冠，最後成為參天巨木，屹立於森林之上。雨林裡其他的樹木或許可以活百年，但是龍腦香的大喬木卻可能活五百年，甚至更久。不過，突出樹有一天也會走向死亡，然後又有下一棵龍腦香木取而代之。

龍腦香科植物剛發芽的小苗

生態學的文獻上提到物種競爭的兩種極端策略：小草生命短、生長快，成熟時間短，開花結果次數少；大樹生命長、生長緩慢，成熟時間長，開花結果次數多。科學家多半認為，大樹的競爭策略對資源利用來說是比較有效的形式。若就這個觀點來看，龍腦香這類每三、五年或七年，間隔質數年才開一次花的超大樹，正是樹木中利用資源最為有效的狀態。由於熱帶雨林環境十分穩定，大樹不易被取代，龍腦香一方面把難得的資源用於生長，一方面演化出動物無法預期的開花週期，減少資源不必要的浪費，正是植物王者中的王者。

大學時於管理學之父彼得杜拉克的書中看到了「生態利基」[367]一詞，令我十分驚訝！後來又拜讀了《從雨林學管理》一系列的管理學著作，發現西方國家時常向大自然取經。近年重讀古文經典，也發現類似之處。師法自然，順應天道，不正是道家的中心思想？

某日我赫然發現，龍腦香成長的過程正好符合《易經》乾卦六爻的爻辭：

「初九：潛龍勿用。」如龍腦香種子在森林裡等待時機發芽。

「九二：見龍在田，利見大人。」初發芽時，便高於其他樹種。

「九三：君子終日乾乾，夕惕若，厲，無咎」、「九四：或躍在淵，無咎。」正是龍腦香在陰暗森林裡蓄積能量，慢慢茁壯之時。

「九五：飛龍在天，利見大人。」機會來臨時快速生長，突出樹冠，成為雨

陰暗雨林底層的
龍腦香科小樹

註

367 | 英文：ecological niche

林王者。

「上九：亢龍有悔。」高處不勝寒，有一天這些突出的王者依舊會殞落。這是天道循環必然之理。

藉由龍腦香的成長過程與《易經》，可以給人莫大的勇氣。記得小時候讀劉墉的三本書：《認識自己》、《肯定自己》、《超越自己》。要超越自己，必先肯定自己，要肯定自己，從認識自己開始。

無論遇到什麼挫折或低潮，都不要忘記了自己體內流著高貴的血液，不要忘記自己是那棵有一天會突破天際的大樹。人生本來就不公平，從落地那刻起就決定了。如果不曾遇到什麼大挫折，那也值得開心，表示將一生平順。如果曾面臨了巨大的挫折跟考驗，更值得慶祝，因為這才是有資格成為大樹的人。再難熬也絕對要咬著牙撐下去，每天都告訴自己，只有撐下去才有衝破天際的那一天。

一年兩年的苦，不算什麼。勾踐忍辱負重伺候吳王三年又臥薪嘗膽十年，才得以報仇復國。雍正躲在家裡假裝學佛參道取得康熙信任，一忍也是十四年的光陰。龍腦香成為大樹前，在陰暗的雨林中隨便熬也是要十年以上的光景。如果想成為大樹，就要耐得住性子，努力不懈。千萬不要放棄希望，放棄了就什麼都沒有了。

《易經》：「天行健，君子以自強不息。」龍腦香能夠成為亞洲雨林中最優勢的植物，其生存策略值得借鏡。我研究熱帶雨林十多年，從雨林植物的生存策略，學到了許多寶貴的經驗。除了植物的相關知識，更希望將這些經驗跟大眾分享。

楊貴妃的香水

龍是中國神話中的祥瑞之獸，更是中國古代皇帝的象徵。所有跟皇帝有關的器物都有龍的標記，如龍袍、龍椅，甚至皇帝的面貌稱為龍顏，皇帝的心情很好叫作「龍心大悅」。取「龍腦香」這樣的中文名，可見它在中國文化中具有獨特的地位。

只是，龍腦香是亞洲熱帶雨林的植物呀！怎麼會有如此「中國風」的名字？

原來龍腦香在唐代，是南方諸國送給中國皇帝的重要禮物，甚至曾經作為楊貴妃的「香水」。

註

368 ｜古書記載烏篤國在中天竺南。天竺是中國古代對喜馬拉雅山以南整個南亞印度次大陸的稱呼。
369 ｜《通典》邊防四．烏篤原文：「烏篤國在中天竺南，一名烏伏那……自古不通中國。大唐貞觀中，其王達摩因陀訶斯遣使獻龍腦香。」
370 ｜ 越南古稱交趾
371 ｜《酉陽雜俎》卷一．忠志原文：「天寶末，交趾貢龍腦，如蟬蠶形。波斯言老龍腦樹節方有，禁中呼為瑞龍腦。上唯賜貴妃十枚，香氣徹十餘步。」

在第六章考證吉貝時曾提到的重要古書，唐朝杜佑所編撰的《通典》中，有記載唐朝貞觀年間，烏篤國[368]國王派遣使者獻龍腦香[369]。

唐代中西方交流的重要紀錄——段成式筆記小說集《酉陽雜俎》也提到，唐玄宗時交趾[370]曾經朝貢龍腦香。唐玄宗將它送給了楊貴妃，香氣在十餘步的距離都還能聞得到[371]。同時，段成式還記錄了龍腦香樹木的形態、製作方式、用途，並且提及龍腦香產自婆利國[372]，當地將龍腦香稱為「固不婆律」[373]。

《本草綱目》的記載就更加詳細了[374]。李時珍說，是因為「貴重」所以稱它為龍腦，又說「白瑩如冰，及作梅花片者」品質最好，所以又稱為「冰片腦」或「梅花腦」。另外也記錄了羯婆羅香、婆律香等名稱。而玄奘法師的《大唐西域記》則譯為羯布羅香樹，並提到該樹產龍腦香[375]。

註

372｜婆利國可能是今日印尼加里曼丹（婆羅洲島東半部）或峇里島。

373｜《酉陽雜俎》卷十八．廣動植之三原文：「龍腦香樹，出婆利國，婆利呼為固不婆律。亦出波斯國。樹高八九丈，大可六七圍，葉圓而背白，無花實。其樹有肥有瘦，瘦者有婆律膏香，一曰瘦者出龍腦香，肥者出婆律膏也。在木心中，斷其樹劈取之。膏於樹端流出，斫樹作坎而承之。入藥用，別有法。」

374｜《本草綱目》木之一 ・ 香木類三十五種 ・ 龍腦香原文：
「（《唐本草》）
【釋名】片腦（《綱目》）、羯婆羅香（《衍義》），膏名婆律香。
時珍曰：龍腦者，因其狀加貴重之稱也。
以白瑩如冰，及作梅花片者為良，故俗呼為冰片腦，或云梅花腦。」

375｜《大唐西域記 卷第十》原文：「羯布羅香樹。松身異葉花果斯別。初採既濕尚未有香。木乾之後循理而析。其中有香。狀若雲母。色如冰雪。此所謂龍腦香也。」

不論「羯布羅」或「羯婆羅」都是譯自梵文 कर्पूर（karpura）。不過有趣的是，梵文 कर्पूर 演變成馬來文的 kapur，傳到阿拉伯文變成 كافور（kafur），到了歐洲拉丁文寫成 camphora，英文則是 camphor，意思都是樟腦。我想這中間應該有所誤會，將外觀相似的樟腦與龍腦搞混了。畢竟提煉樟腦的樟樹是原產於中國華南地區跟台灣的植物，佛教發源地並沒有樟樹。

段成式提到龍腦香跟婆律膏，以為是樹的胖瘦所造成的差異，其實只是有沒有自然乾燥罷了。從交趾所朝貢的龍腦如蟬蠶形，就可以推測龍腦是自然乾燥所形成，所以不成片狀。到了明朝已知「用火成片」，可見明朝已經懂得以蒸餾法取得龍腦香的晶體。

在中醫學中，龍腦香能外敷及內用，可見龍腦香是「可以吃」的。除了段成式的《酉陽雜俎》，唐朝還有一本筆記小說集，蘇鶚的《杜陽雜編》，書中對龍腦香的紀錄也十分有趣、誇張，竟然有舞女吃了「荔枝榧實、金屑龍腦」後，冬天就不用穿棉襖、夏天也不會流汗[376]。

除了直接吃，龍腦香也曾經拿來做「龍腦茶」。中國茶史中的重要人物，南宋趙汝礪在著作《北苑別錄》中提到，朝貢給皇室的茶葉曾經添加龍腦。猜想一方面是增加香氣，二方面是為了突顯貢品的高貴地位。後來因為龍腦香氣蓋

註

376 ｜《杜陽雜編 第二卷》原文：「寶歷二年，淛東國貢舞女二人：一曰飛鸞，二曰輕鳳。脩眉黟首，蘭氣融冶，冬不纊衣，夏不汗體。所食多荔枝榧實、金屑龍腦之類。」

377 ｜《北苑別錄 宣和北苑貢茶錄》原文：「初，貢茶皆入龍腦，至是慮奪真味，始不用焉。」

過了原本的茶香，才不再使用[377]。

到了明朝末年，西元一六四一年，崇禎皇帝還沒自殺之前，有一位名叫周嘉胄的大叔花了二十幾年的時間，收集歷朝歷代所有跟「香」有關的資料，完成了一本「香界」集大成的書《香乘》。該書分二十八卷，第三卷便完整地記錄了龍腦香，包含前面提到關於楊貴妃的故事。雖然這本書在整個中國歷史上沒有非常著名，卻是所有對香有研究的人必讀的經典。該書旁徵博引，不只是香的描述，還有相關的歷史、故事、使用方式，可謂一本包羅萬象的博物學典籍。乾隆皇帝收錄在《四庫全書》子部中。作者逝世後仍不斷再版。近代，台灣商務印書館曾經再版，二〇一四年北京聯合出版公司也有出版。

回到楊貴妃的「香水」主題。既然古人這麼喜歡這個味道，現代人怎麼沒有繼續使用呢？我想那應該是唐玄宗個人偏好吧！根據我的經驗，龍腦香其實是特殊的中藥味，偏向樟腦或檜木香氣一類，屬於木頭香，並且又帶有一點刺鼻味。如果大家在二〇〇〇年以前曾經吃過泰國的五塔標行軍散，跟那個味道十分類似。中藥店販售的藥材，區分龍腦與冰片，兩者味道一模一樣。據中藥店老闆說明，龍腦比較高級，可內服，口感涼涼的，而冰片只供外用。

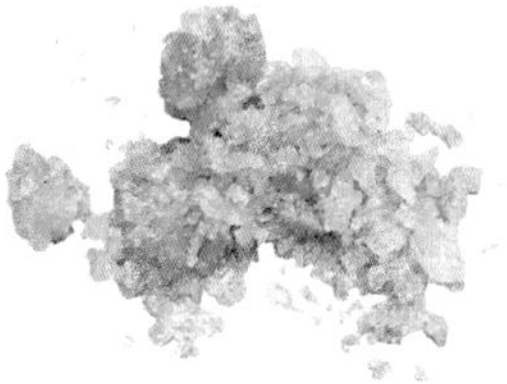

中藥店販售的龍腦，味道與冰片一樣。比冰片更高級，價格也更高

中藥店販售的冰片，只能外用，不能食用

台灣可見到的龍腦香科植物

龍腦香科植物在台灣非常罕見，一般人也十分陌生。它的拉丁文科名 Dipterocarpaceae 來自希臘文的三個字：di 是二的意思，源自 δίς（dis）；πτερόν（pteron）是翅膀；καρπός（karpos）是果實；而 aceae 則是植物科名的結尾，合起來便是「果實有兩個翅膀」的科。全世界約有六百多種，絕大多數分布於亞洲熱帶雨林。僅三十種左右分布在非洲及美洲。本文開頭介紹的柳桉屬約兩百種，是龍腦香科中最大的屬。

目前就我所知，台灣引進的龍腦香科植物至少四屬七種，分別是香安納士樹、細枝龍腦香、大花龍腦香、淺紅美蘭地、鱗毛白柳桉、登吉紅柳桉、望天樹。

其中，香安納士樹、細枝龍腦香、大花龍腦香、鱗毛白柳桉、登吉紅柳桉是一九三五年籌建美濃雙溪熱帶樹木園時引進。除了香安納士樹不確定是否還存活，其他幾種在雙溪熱帶樹木園都還可以見到一至數株。而淺紅美蘭地大約是二〇〇七年前後引進，目前僅知國立自然科學博物館雨林溫室及中興大學各栽培一株。望天樹則是隨著兩岸開放，約二〇一〇年後由園藝業者自中國引進台灣。中南部有較多愛好者栽培。

美濃雙溪熱帶樹木園前身，是高雄州產業部林務課出張所設立的「竹頭角熱帶植物母樹園」，又稱為雙溪熱帶母樹林。由於該地區栽培了許多淡黃蝶的食草鐵刀木[378]，吸引成千上萬的黃蝶聚集，又有黃蝶翠谷的美稱。

一九三五至一九四一年佐佐木舜一幾乎每年都到南洋引進熱帶植物，共計二百七十六種。一九三七年中日大戰開打之後，幾乎只剩下佐佐木舜一繼續從事熱帶植物研究與引進。一九四一年太平洋戰爭爆發後，日本就沒有再引進植物了。而戰爭也導致雙溪熱帶樹木園中的植物半數以上都死亡。

光復後高雄山林管理所[379]接管該處，採粗放管理，植物又損失大半。一九八七年美濃雙溪熱帶樹木園對外開放，但是並未受到重視。直到一九九三年，政府打算興建美濃水庫，要破壞這個地方，激起了生態保育團體和美濃當地居民的保護運動，並於隔年開始舉辦黃蝶祭的抗爭活動。經過十多年努力，美濃水庫的計畫終於廢止。而一九九九年，黃蝶翠谷也被列為台灣鳥類重要棲地。

八十多年過去了，佐佐木舜一當初引進栽培的特殊樹木還餘下六十多種，而全台僅該地可見的約二十種，十分珍貴。

註

378 ｜拉丁文學名：*Senna siamea*

379 ｜ 1960 年高雄山林管理所更名為恆春林區管理處，1989 年與楠濃林區管理處合併成為屏東林區管理處

香安納士樹是大喬木，高可達 45 公尺，樹幹通直。單葉、互生、全緣。嫩芽、葉被、小枝皆被星狀毛。1935 年引進台灣，栽種於高雄美濃雙溪熱帶樹木園內。消失已久，不確定是否還存活。

香安納士樹

學名：*Anisoptera thurifera* (Blanco) Bl.

科名：龍腦香科（Dipterocarpaceae**）**

原產地：馬來西亞、菲律賓

生育地：原始林

海拔高：0-750m

香安納士樹屬的種子較
龍腦香屬纖細

香安納士樹針筆畫

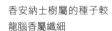

細枝龍腦香是龍腦香科龍腦香屬的超大喬木，高可達 50 公尺，樹幹通直，具板根。單葉、互生、幼葉全緣，老葉全緣或先端粗鋸齒、尾狀葉尖。葉背及葉柄有毛。托葉早落。花白色或粉紅色。堅果，萼片發育而成的果翅，兩長三短。廣泛分布在東南亞地區，中國雲南西部海拔 240 至 800 公尺雨林亦產之。1935 年引進台灣，栽種於高雄美濃雙溪熱帶樹木園內。園區內僅一株。十分珍貴。

細枝龍腦香

學名：*Dipterocarpus gracilis* Blume

科名：龍腦香科（Dipterocarpaceae）

原產地：中國雲南、安達曼、緬甸、泰國、寮國、越南、馬來西亞、蘇門答臘、爪哇、婆羅洲、菲律賓

生育地：原始龍腦香雨林

海拔高：0-1200m

突出森林的細枝龍腦香

森林底層的細枝龍腦香小苗

大花龍腦香是龍腦香科龍腦香屬的超大喬木，高可達50公尺，樹幹通直，基部具板根。單葉、互生、全緣、嫩葉紅色。花瓣中間粉紅色，邊緣白色。堅果，萼片發育而成的果翅兩長三短，果萼筒上有翼。其葉片、花朵、果實應該都是雙溪樹木園中數種龍腦香科植物最大者。1935年引進台灣，栽種於高雄美濃雙溪熱帶樹木園內。園區內僅一株。另外，彰化歡喜園亦有栽培一株。十分珍貴。

大花龍腦香

學名：*Dipterocarpus grandiflorus* Blanco

科名：龍腦香科（Dipterocarpaceae）

原產地：安達曼、泰國、越南、馬來西亞、蘇門答臘、婆羅洲、菲律賓

生育地：熱帶雨林

海拔高：0-1200m

照片正中央的大樹即大花龍腦香

大花龍腦香的嫩葉與托葉

大花龍腦香巨大的葉

淺紅美蘭地

學名：*Shorea leprosula* Miq.

科名：龍腦香科（Dipterocarpaceae）

原產地：泰國、馬來西亞、新加坡、蘇門答臘、婆羅洲

生育地：熱帶雨林

海拔高：0-700m

淺紅美蘭地是大喬木，高可達 60 公尺。單葉、互生、全緣。形態與登吉紅柳桉十分類似，但是葉片較厚。大約是 2007 年前後引進。目前僅知國立自然科學博物館雨林溫室及中興大學各栽培一株。

科博館栽培的淺紅美蘭地

淺紅美蘭地植株

望天樹

學名：*Parashorea chinensis* H. Wang

科名：龍腦香科（Dipterocarpaceae）

原產地：中國南部、越南北部

生育地：溝谷、坡地、丘陵及石灰岩密林

海拔高：300-1100m

望天樹是龍腦香科的超大喬木，一般高 40 公尺，最高可達 80 公尺，基部具板根。單葉、互生、全緣、葉基部有一對托葉。頂生或腋生圓錐花序，果實橢圓形，萼片發育成三長翅兩短翅。分布在中國雲南及廣西，還有越南。望天樹一直到 1975 年才被發現，1977 年正式發表。由於龍腦香科是亞洲熱帶雨林的指標樹種，望天樹的發現在植物地理上有重要意義，確定了中國存在真正的熱帶雨林。隨著兩岸開放，大約於 2010 年後由園藝業者引進台灣。

望天樹的新葉

望天樹的托葉

鱗毛白柳桉

學名：*Shorea palosapis* (Blanco) Merr.

科名：龍腦香科（Dipterocarpaceae）

原產地：婆羅洲北部、菲律賓

生育地：原始龍腦香森林

海拔高：1500m 以下

鱗毛白柳桉是大喬木，高可逾 35 公尺。葉互生，表面長有粗毛，嫩葉紅色，托葉宿存。1935 年引進台灣，栽種於高雄美濃雙溪熱帶樹木園內。園區內僅一株。十分珍貴。最初引進台灣時，稱之為伯克紅柳桉，使用的學名是 *Shorea palosapis*。1978 年張慶恩教授調查時改為鱗毛白柳桉，使用的學名是 *Shorea squamata*。參考國外的文獻，*Shorea squamata* 是 *Shorea palosapis* 的同種異名。木材雖是淡紅色，英文卻稱之為白柳桉（White Lauan），所以才有鱗毛白柳桉與伯克紅柳桉兩種不同的中文名。彰化歡喜園也有一株龍腦香科植物，掛牌上標示為鱗毛白柳桉。該株植物應該是大花龍腦香。

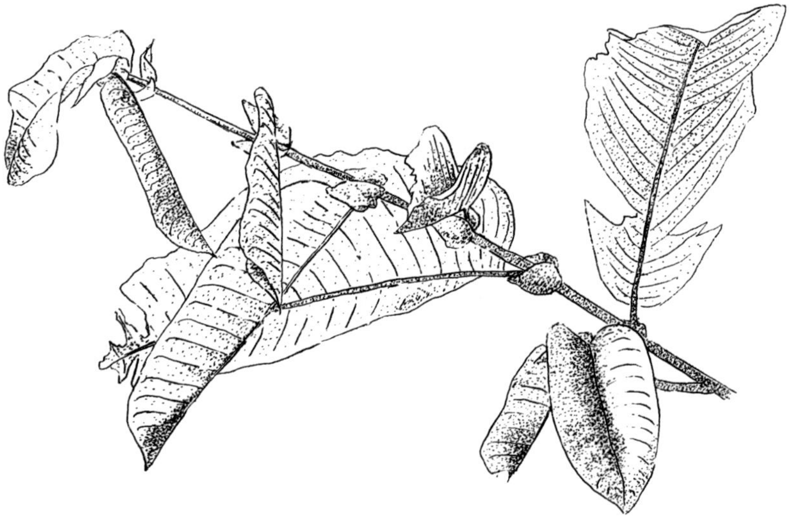

鱗毛白柳桉針筆圖

登吉紅柳桉

學名：*Shorea polysperma* (Blanco) Merr.

科名：龍腦香科（Dipterocarpaceae）

原產地：菲律賓（Philippines）

生育地：龍腦香森林

海拔高：1200m 以下

高聳的登吉紅柳桉

登吉紅柳桉是龍腦香科大喬木，高可逾 40 公尺。單葉、互生、全緣，表面光滑有光澤。花細小，花序腋生。果實有五枚翅膀。1935 年引進台灣，栽種於高雄美濃雙溪熱帶樹木園內。園區內唯一可以天然更新的龍腦香科植物。彰化歡喜園亦有栽培。

登吉紅柳桉的花序

登吉紅柳桉的新葉是紅色的

登吉紅柳桉的葉子

Chapter 12

我愛你、你卻更愛他

蜜蜂、蘭花與巴西栗的授粉關係

巴西栗

蘭花蜜蜂與蘭花的共演化

亞馬遜河雨林裡有一群喜歡「噴香水」、「穿華服」，卻「孤僻」的蘭花蜜蜂[380]——堪稱蜜蜂界的奇葩。

一般我們對蜜蜂的印象是具有社會階層的群居動物。有女王蜂、工蜂、雄蜂的區分，彼此分工，一起住在蜂巢中。不過，蘭花蜜蜂卻極少如此。

蘭花蜜蜂主要分布在中南美洲熱帶雨林。分類上有五個屬，約兩百種。除了替香草蘭授粉的優格薩屬 *Euglossa* 與優拉瑪屬 *Eulaema*，還有 *Eufriesea*、*Exaerete* 與 *Aglae* 三個屬。大都喜歡「獨來獨往」，只有很少的種類有類似其他蜜蜂的社會行為。

蜜蜂「噴香水」、「穿華服」聽起來很弔詭，卻是熱帶雨林裡奇妙的生態。熱帶雨林那麼大，蘭花蜜蜂那麼小，獨來獨往的習性，雄蜂要遇到雌蜂就變得十分困難。因此雄蜂就演化出具有綠色或藍色金屬光澤的搶眼外表，此外牠們還具有特殊的後大腿，替蘭花授粉的同時，還能夠順便蒐集及存放蘭花香氣。收集到這些特殊香氣後，藉由在森林中的特定場域釋放香氣以吸引雌蜂，完成交配。

註

380｜蘭花蜜蜂分類上屬於蜜蜂科 Euglossini 族，英文稱為 orchid bees 或 Euglossine bees

上述的過程並非只有蘭花蜜蜂獲得好處，蘭花也能夠因為蘭花蜜蜂的到訪而授粉。

蘭花也是高度特化的生物。雄蕊與雌蕊合生成柱狀——稱為蕊柱，突出在花朵中央，形成蘭花最重要的特徵。而三片花瓣中，有一片會長得特別奇怪，位於蕊柱下方，作為昆蟲的停機坪，稱為唇瓣。蘭花雄蕊上的花粉聚集成花粉塊。為了避免不同種類間雜交，花粉塊演化成各種特殊的形狀。花粉塊跟雌蕊柱頭的凹槽，就如同鑰匙與鎖，必須要吻合才能夠完成授粉。

而且蘭花跟蘭花蜜蜂共同演化，不同的蘭花有不同的味道，吸引的蘭花蜜蜂也不同。這是生物多樣性極度複雜的熱帶雨林裡，才能看到的生態。

除了第八章介紹的香草蘭，蘭花蜜蜂偏愛有強烈味道的奇唇蘭亞族[381]與飄唇蘭亞族[382]的蘭花。

奇唇蘭亞族在台灣花市比較常見的有奇唇蘭屬[383]與吊桶蘭屬[384]。而飄唇蘭亞族常見的有天鵝蘭屬[385]與飄唇蘭屬[386]。這些蘭花雖然不是主流的商品，但由於形態詭異，加上濃郁的「味道」，總是吸引不少收藏家。

註

381｜拉丁文學名：Stanhopeinae
382｜拉丁文學名：Catasetum
383｜拉丁文學名：*Stanhopea*
384｜拉丁文學名：*Coryanthes*
385｜拉丁文學名：*Cycnoches*
386｜拉丁文學名：*Catasetum*

除了藉由濃郁的香氣吸引蘭花蜜蜂前來，這些特殊蘭屬植物的花朵幾乎都特化成「陷阱」，以確保蘭花蜜蜂來偷「香水」時，可以萬無一失地將花粉塊「偷渡」到蘭花蜜蜂背上，好讓牠帶到下一朵花去，替蘭花完成授粉任務。

就目前我見過的種類當中，吊桶蘭屬設下的陷阱大概是最怪異的一類。它的外型已特化到令人瞠目結舌，很難看得出來，哪裡是花瓣，哪裡是花萼。

從側面看，吊桶蘭的花像吊在空中的水桶，而且桶中還積滿了水——瞬間秒懂它中文名稱的由來。從背面來看，有兩片很巨大的「翅膀」，像是某種飛行動物。而從正面看，鋼盔般的構造貌似男性生殖器，所以台灣常常戲稱它ＬＰ蘭。

各種造型奇特的飄唇蘭

仔細觀察、解構，包裹在外，像翅膀一樣的構造，基部還密合，那是它的花萼，或學術一點稱為萼瓣，作用像簾子一樣，遮蔽了吊桶蘭陷阱的「出口」。桶狀構造是唇瓣演化而成，唇瓣基部鋼盔狀的構造通常會披覆絨毛，是桶狀構造跟花柄連接的橋梁。花柄與蕊柱交接處有兩個犄角，會不斷分泌水滴，由桶狀構造上方開口滴入。蕊柱則蓋住桶狀構造另一端的開口——即陷阱的「出口」。當桶內水半滿時，多餘的水便會從蕊柱這端開口溢出。

花演化成如此複雜，無非就是為了授粉。授粉的方式又是一絕，除了造物者我實在不知道還有誰能想出這種怪招。吊桶蘭濃郁的香氣吸引蘭花蜜蜂的雄蜂前來。當一大群雄蜂爭先恐後地咬食泌水犄角，便會有雄蜂跌落水桶中。但因為翅膀沾濕了飛不起來，只能被迫從溢水口爬出。爬出時必須奮力頂開蕊柱，此時花粉就會黏在雄蜂背上。當雄蜂再造訪另一朵吊桶蘭的花，又跌入水桶中，爬出時花粉塊接觸到柱頭，便會替吊桶蘭授粉。

替吊桶蘭授粉，雖然可以獲得「香水」，卻要冒著被淹死的風險。除了蘭花蜜蜂這種大型的蜜蜂，還真的不是每一種蜜蜂都可以勝任。

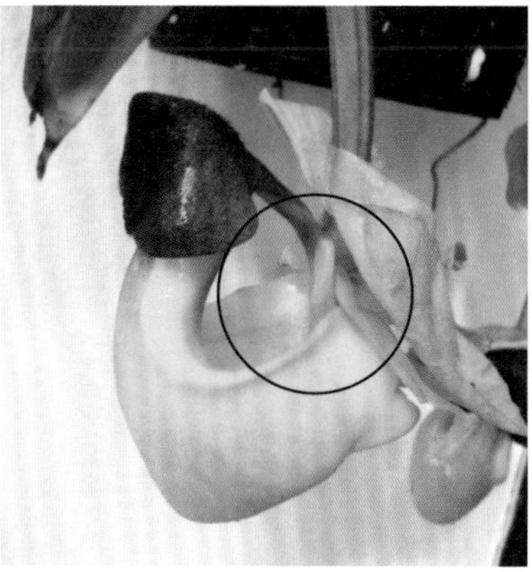

吊桶蘭會不斷分泌水滴的犄角，吸引蘭花蜜蜂咬食，並掉落下方桶狀構造

吊桶蘭

學名：*Coryanthes* spp.

科名：蘭科（Orchidaceae）

原產地：中南美洲

生育地：低地熱帶雨林或中海拔雲霧林中樹上，著生

海拔高：低地至中海拔

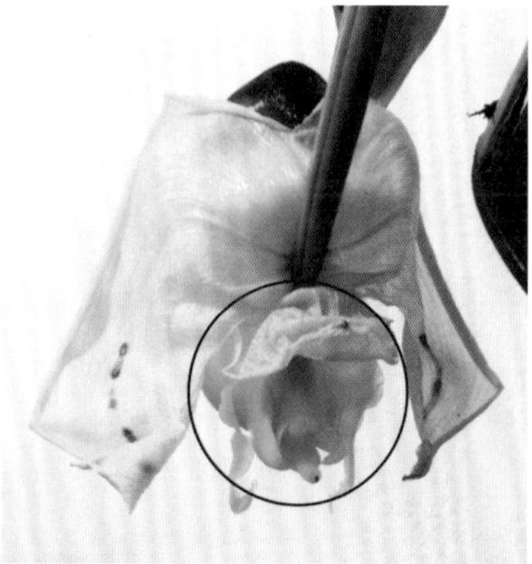

吊桶蘭下方開口，是落入水桶中的蜜蜂離開的唯一管道

吊桶蘭是很奇特的一個蘭屬，全世界約有五十多種，分布在中南美洲潮濕的熱帶雨林或雲霧林。植株並不特別，就像其他來自美洲的著生蘭，假球莖上著生兩片橢圓形的草質葉，有皺褶。總狀花序生於假球莖基部，下垂。萼瓣基部合生，變成包裹在外像翅膀一樣的構造。唇瓣基部鋼盔狀，通常會披覆絨毛，先端桶狀。翼辦則細長而捲鬚，下垂於桶狀構造兩側。花柄與蕊柱交接處有兩個犄角，會不斷分泌水滴，由桶狀構造上方開口滴入。蕊柱則蓋住桶狀構造另一端的開口。

吊桶蘭的植株很普通

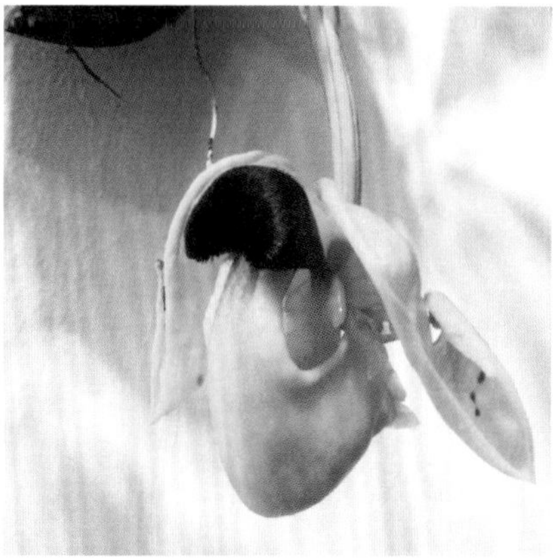

這是它被稱為 LP 蘭的原因

蜂、蘭與巴西栗的三角關係

蘭花蜜蜂與蘭花的恩怨情仇還沒有結束。這個故事裡還有一個小三——巴西栗。

巴西栗又叫作貝托萊氏木，拉丁文學名 *Bertholletia excelsa*，是為了紀念發明漂白水的法國化學家克勞德．路易斯．貝托萊[387]，將他的姓氏 Berthollet 拉丁化為屬名。巴西栗跟上一章曾介紹到常被誤會成娑羅樹的砲彈樹，同樣都是玉蕊科的植物，生長環境重疊，偏好熱帶潮濕環境中不會氾濫的平原。可以活超過五百歲，甚至千歲。樹高逾五十五公尺，樹幹直徑一到二公尺，就像一把大傘般突出於雨林之外，是亞馬遜河叢林中的龐然大物，就跟第六章介紹過的吉貝木棉，或是上一章的龍腦香一樣，都是雨林裡的「突出樹」。

不過跟多數突出樹很不同的地方是，巴西栗的花跟果實都十分巨大。許多突出樹依靠風力授粉或傳播種子，花或種子通常較小、較輕。巴西栗的花朵外形如聚光燈般，非常顯眼，卻只絢爛數小時，通常於清晨開花，傍晚即凋謝。果實發育倒是慢條斯理，反正在巴西栗數百年的壽命中，花個十五個月醞釀也不算浪費。成熟後的球狀果實直徑有十多公分。成熟時從高處落下，彷彿炸彈般。要是不小心被砸到，後果不堪設想。

市售的綜合堅果中常可見到巴西栗的種仁

註

387｜法文：Claude-Louis Berthollet

巴西栗可食用的部分是它的種子，是高營養、高經濟價值的堅果，又稱鮑魚果、巴西堅果，有「堅果之王」的美名。有時會被混在綜合堅果包之中，超市偶爾也會看到單賣巴西栗的包裝。雖非難得一見，但在台灣的知名度卻遠不如夏威夷豆或是腰果。

值得一提的是，巴西栗完全無法在人工培育的環境下結果，目前全球的貨源皆仰賴野生植株的採收，以至於價格一直居高不下。問題就出在它跟授粉者蘭花蜜蜂與蘭花的複雜關係。

蘭花雖然提供了蘭花蜜蜂雄蜂吸引雌蜂最重要的祕密武器「香水」，卻沒有提供花蜜。吃不飽的蘭花蜜蜂自然必須另尋食物來源。蘭花蜜蜂在熱帶雨林到處嗡嗡嗡，尋找花蜜。而巴西栗剛好是優拉瑪屬[388]蘭花蜜蜂等大型蜜蜂會造訪的植物。

為什麼非大型蜜蜂不可？比較進化的玉蕊科植物，雄蕊的基部都會聚合成一個盤狀的構造，稱為「花盤」或是「雄蕊罩」。造物者在創造巴西栗時不知道為何這樣設計，讓巴西栗的雄蕊罩完全包覆住巴西栗花的中央開口——罩好罩滿。整朵花看起來就像聚光燈一樣。如果不是巨大而強壯的蘭花蜜蜂，根本無力撐開雄蕊罩爬進去採蜜。這種方式造成了巴西栗授粉的困難度。

巴西栗的花中心有個
巨大的雄蕊罩

註

388 | 拉丁文學名：*Eulaema*

這時候難免有人會想問，難道巴西栗不能像香草蘭一樣人工授粉嗎？人類的手，要撐開巴西栗的雄蕊罩當然容易許多。問題在於，巴西栗的花可是開在數十公尺高的大樹末梢呀！除非裝了翅膀，否則根本就搆不到。於是最後，巴西栗就只能依靠大型的蘭花蜜蜂偶爾經過來替它們授粉了。

授粉成功後，接下來就是漫長的果實發育期。果實成熟後，除了人類嗜吃，雨林裡當然還有其他動物喜歡。不過巴西栗對於讓何種生物來替自己散播種子，就跟選擇體型巨大的蜜蜂一樣挑剔。巴西栗會先依靠果實本身的重量（約0.5～1.5公斤），自高空落下，此現象稱為初級散播，最遠約可距離母樹三十五公尺。落下後再依靠動物散播到離母樹更遠的地方，稱之為二次散播，最遠可達數百公尺。

巴西栗果實跟種子都有堅硬的外殼。除了人類，還有聰明的捲尾猴懂得利用工具撬開，飽餐一頓。具有強而有力牙齒的松鼠[389]與刺豚鼠[390]等囓齒動物，才有機會享受巴西栗的美味。當然，巴西栗也不是省油的燈，不會平白無故提供食物卻不求回報。松鼠與刺豚鼠有儲藏食物的習慣，會將吃不完的種子埋藏在地底以備不時之需。不過，松鼠與刺豚鼠記憶力不太好，埋了東邊忘了西邊。這些被遺忘的種子在土裡休眠十二至十八個月後，就可能會發芽。然後經歷跟龍腦香一樣的幼年期，在陰暗的雨林裡等待時機。

註

389｜拉丁文學名：*Sciuridae* spp.
390｜拉丁文學名：*Dasyprocta* spp.

有機會順利長大，突破雨林樹冠層的巴西栗，從發芽到開花結果至少需經歷十二至十五年的時間。畢竟，巨大的果實可不是一般的小樹負荷的了。漫長的等待，從發芽時間、樹木成熟時間、果實成熟時間，巴西栗的生存哲學就一個「慢」字能解。

耐得住性子的巴西栗，生長與繁殖策略都與效率背道而馳。結果、發芽、長大，都不疾不徐，等待著「最佳時機」。而採用利他策略，產生大量種子作為其他動物的食物，也提高了種子傳播的距離，避免母樹與幼苗競爭。看似無爭，卻是複雜的雨林生態賽局中，活到最後的王者。

沒有健康的原始林，就不會有前述那些長得稀奇古怪又傲嬌的蘭花，沒有蘭花提供「香水」，那些蘭花蜜蜂就無法順利繁衍。蘭花蜜蜂消失了，沒有其他生物替巴西栗授粉，巴西栗也無法順利結果。

巴西栗是至今少數仍須仰賴野外採集的經濟果樹。玻利維亞、巴西等主要生產國，為了確保能夠持續採收巴西栗並出口到世界各地，嚴禁砍伐巴西栗，並且努力維持周邊的熱帶雨林。

巴西栗引進台灣相當多次。最早紀錄是一九〇九年田代安定自印度引進巴西栗。一九二六年十月櫻井芳次郎又從馬來西亞引進。一九三三年三月山田金治三度引入。一九三八年佐佐木舜一也參了一腳。可見日治時期相當重視這種植物。目前最大的植株應該位於農試所嘉義分所。大約二〇一〇年後，又陸續有不少熱帶果樹玩家嘗試引種栽培。不過都是作為活體標本樹，無法經濟栽培。

難搞得不要不要的巴西栗，跟巴西橡膠樹、可可樹等亞馬遜叢林的原住民一樣，影響全球經濟。因為對授粉者與種子散播者的挑剔而讓自己陷入險境，卻也因此而保住了自己的生命，並意外地保住了亞馬遜河雨林。

巴西栗的小樹會筆直向上生長

巴西栗

學名：*Bertholletia excelsa* Humb. & Bonpl.

科名：玉蕊科（Lecythidaceae）

原產地：亞馬遜河流域：哥倫比亞、委內瑞拉、蓋亞那、巴西、祕魯、玻利維亞

生育地：熱帶雨林

海拔高：0-500m

巴西栗是單種屬，也是亞馬遜低地雨林的極相種。樹幹通直，高可達 50 公尺、胸徑 2 公尺。單葉、互生，全緣或波狀緣。兩性花淡黃色，總狀花序。蒴果，果實球狀，中心有果蓋。

巴西栗堅硬的種子

剛發芽的巴西栗葉片較圓

巴西栗的嫩葉會泛紅

Chapter 13

熱帶雨林植物很怕熱

地被植物的生存策略

蘭嶼秋海棠

誰有「公主病」——秋海棠

「熱帶雨林植物很怕熱！」不但怕熱，也怕冷，還很怕曬太陽。偏偏這些植物往往長得非常漂亮，甚至會反射詭異的光線，吸引許多雨林植物玩家設置冷氣房、生態缸、造霧機，在人工環境栽培這群嬌客。用「公主病」來形容雨林植物一點都不誇張。

沒有進去過雨林內部的人恐怕不容易想像：既然是熱帶植物，怕冷很正常，可是怎麼會怕熱、怕曬太陽呢？仔細去探究熱帶雨林的微氣候，就不難理解這樣的生態。

「熱帶」只是代表一種氣候分區，一個溫度平均變化小，沒有冬天的地方，並非地球上最熱之處。

熱帶地區白天受太陽直接照射，氣溫可高達35℃。可是，熱帶雨林在層層疊疊的樹冠保護下，太陽的熱能難以穿透森林內部。熱空氣上升，冷空氣下降，加上植物本身的蒸散作用會將熱量帶走，森林內部往往只有24℃上下。

到了夜晚，氣溫下降。森林外的氣溫變化可能相差10℃，但是雨林內飽和的空氣濕度營造了一個十分穩定的微氣候。溫度僅微幅改變，相差在4℃以內。雨林內部成為一個幾乎恆溫恆濕，沒有烈日照射的涼爽環境。無怪乎熱帶雨林內矮小的蕨類植物、蘭花，還有很多秋海棠、野牡丹、苦苣苔、鳳仙花，甚至天南星都十分怕熱。

這裡所說的「秋海棠」，狹義來說是特指葉子形狀像舊中國地圖，左右不對稱，學名是*Begonia grandis*的單一種植物「秋海棠」。廣義可以指植物分類學中秋海棠科秋海棠屬的所有植物，超過一千八百種，相當多種類的葉子都歪斜如舊中國地圖。

秋海棠拉丁文屬名*Begonia*，想必大家都已經很有默契猜到是一七五三年林奈於《植物種志》中所命名，為了紀念法國的植物收藏家米歇爾．貝恩[391]。不過這裡還有一段插曲。米歇爾．貝恩正是當初向路易十四推薦查爾斯．普米勒[392]前往中南美洲採集植物的重要推手。因此，一七〇三年普米勒的著作《美洲的新植物》[393]除了提到香草蘭，也率先稱呼秋海棠為*Begonia*，以紀念米歇爾．貝恩（Bégon）。後來林奈沿用並正式替秋海棠屬命名為*Begonia*。

馬來西亞雨林中的秋海棠之王（*Begonia rajah*），是秋海棠玩家必收集的經典款

註

391 ｜法文：Michel V Bégon
392 ｜法文：Charles Plumier
393 ｜拉丁文：Nova plantarum americanarum genera

除了西方歷史，「秋海棠」這麼美的中文名稱還有一個更淒美的傳說。不知道多久以前，東海邊有一個海上貿易發達的港口小鎮，鎮上住著一位名叫貴棠的花農，以種花賣花維生。不過貴棠妻子好手藝，做了一手逼真的紙花，比起真花更受來往客商喜愛，因而全被買下轉手賣到海外。為了改善家中經濟，不想讓貿易商賺太多，在菊花盛開的季節，貴棠帶著妻子做的紙花出海，打算自售，卻從此音訊全無。盼不到貴棠歸來的妻子每天以淚洗面，眼淚不停滴落窗下。窗邊於是長出了一株小草，在貴棠出海的季節開了花，晶瑩剔透的花朵就彷彿貴棠妻子的眼淚。為了紀念「秋天」「出海」的「貴棠」，這株植物就被後人稱為「秋海棠」，並且衍生出斷腸草、相思草等浪漫的名稱。

話說回來，秋海棠並非中國特有的植物，主要是分布在全世界熱帶跟亞熱帶涼爽、潮濕的環境中。由於種類多，葉子花紋千變萬化，加上容易育種及繁殖，成為了園藝界廣受歡迎的觀賞植物。

台灣位在熱帶及亞熱帶交界，加上山脈陡峭，雨量充沛，全島孕育四千多種維管束植物[394]，其中也包含了十八種秋海棠——當中台灣特有種多達十四種。

註

394｜維管束植物是指具有維管束組織，可在體內運輸水分和養分的植物。包括蕨類植物、裸子植物和被子植物

而外來種秋海棠則不計其數。最早有計畫引進觀賞類秋海棠可追溯到一九〇一年，田代安定引進白點秋海棠[395]等七種原生種與雜交種秋海棠。第二次大量引種則是一九六八年玫瑰花推廣中心張碁祥自海外輸入三十多種秋海棠。大約二〇〇〇年後，隨著東南亞許多珍稀且特殊的秋海棠陸續被發現，雨林底層的美麗植物又開始大量來到台灣。

無奈，肉質的秋海棠莖葉含水率極高——根本是「水做的」，多數種類十分怕熱，一不小心就會整株「融化」了，天生就是「公主病」的最佳代言。

受到氣候條件的限制，台灣沒有生態學定義上「真正的熱帶雨林」，卻不乏珍貴稀有的熱帶雨林植物。台灣特殊的地理條件恰恰成為了這些熱帶植物在地球上分布的最北界。

來自熱帶雨林的嬌客，受溫度及濕度影響，在自然情況下，生育地多半局限於蘭嶼及恆春半島南仁山區，也就是最接近熱帶雨林環境的地方。也有少數較耐低溫，但需要高空氣濕度的植物，出現於台灣北部潮濕多雨又避風的溪谷。甚至一小部分怕熱的物種長到了中海拔的霧林帶，因為這裡最接近「公主病植物」於東南亞分布中心的原生環境。

註

395｜拉丁文學名：*Begonia maculata*

雖然明白這樣的道理，但每次在東南亞平地熱帶雨林，看到那些台灣只出現於野外海拔一、兩千公尺雲霧林帶的稀有蕨類植物或蘭科植物，仍舊十分驚喜。

這些雨林植物有幾個共同點：在台灣野外較為罕見，甚至可稱為稀有，而且多半更新不良，不容易長小苗，甚至有絕種的可能。偏偏植物不如動物那般討喜，不容易搏版面，珍貴的生態攝影照片數量遠不如動物。也因為如此，對熱帶植物有興趣的人想要透過照片來認識、觀察台灣的稀有植物竟是如此困難。

植物不會移動，當生存的環境受到衝擊無法立即反應，如果不能適應便容易死亡。全球氣候變遷的當下，媒體、甚至學術界首先考慮到的往往是冰河時期的孑遺物種，卻忽略許多熱帶植物同樣不耐高溫。

當極端氣候不斷發生，像是不平均的降雨、不規律的乾旱、過高的氣溫、連帶造成的空氣濕度下降，其實都會破壞熱帶雨林內部複雜的微氣候。生長在熱帶雨林中較矮小的樹木、藤本、著生植物、地被植物，無法承受巨大的氣候變化，加上熱帶雨林是全世界生物多樣性最高的生態系統，全球氣候變遷下，熱帶雨林中物種滅絕的速度恐怕遠大於溫帶或高山。

雲豹在台灣消失了，我們還有照片紀錄，台灣每個小朋友都知道什麼是雲豹。可是，有些珍貴的植物在日據時代採集過後便不曾再出現，一張彩色相片都沒有留下就從台灣消失了。甚至連什麼都有的 google 都沒辦法告訴我們這些植物究竟長什麼樣子。

環保意識抬頭，越來越多人關心地球暖化與全球氣候變遷的影響，也越來越多人為熱帶雨林的保育四處奔走。衷心期盼熱帶雨林可以永遠存在，不會在未來某天成為「歷史」，而公主病的美麗植物秋海棠可以在雨林內生生不息。

十分夢幻的秋海棠 *Begonia chlorosticta*

近年來紅極一時的黑魔王秋海棠

各式各樣商品化的秋海棠

雨林的藍眼淚——虹光植物

陽光無法穿透，除了使得雨林內部涼爽，也讓雨林底層變得十分幽暗。在雨林深處穿梭，恐怕需要照明設備。

隨著燈光前進，常常會出現詭譎的藍色光芒，忽遠忽近，又無法確定在哪兒，瀰漫著神祕的氛圍。莫非，雨林內也有藍眼淚？其實，這些藍色光芒是來自綠色植物。

葉片具有強烈藍色光芒的藍舌蕨（*Elaphoglossum metalicum*）

火焰卷柏（*Selaginella erythropus*）也具藍眼淚

生於陰暗環境的秋海棠葉片多半也具有不明顯的虹光

一般我們眼睛之所以可以看到顏色，是因為色素吸收及反射了特定波長的可見光。例如綠葉中的葉綠素吸收了紅光與藍光，反射了綠光，所以我們眼睛看到的葉子是綠色的。這種顏色不會因為觀察角度不同而改變，我們稱為色素色[396]或化學色。

不過還有另外一種顏色的成因與色素無關，是經由光的干涉、繞射或散射等物理現象所產生，會因為觀察者角度不同而有所差異，例如肥皂泡泡、CD的背面或是某些寶石。這種顏色稱為結構色[397]或物理色，也稱為虹光現象。

在動物之中也有不少虹光現象，例如鳥類的羽毛、甲蟲的鞘翅、蝴蝶翅膀的鱗片等等。而植物中則幾乎都是出現在熱帶雨林內植物的葉片，還有極少數的果實或種子。

一九八〇年代後，人類在奈米科技方面的研究如火如荼展開。不過，這種技術植物老早就會使用了，造成植物具有虹光現象的特殊結構，就是奈米級的薄膜——虹光體[398]。虹光體可能是存在葉表皮細胞最外層的單層薄膜，厚度約八十奈米；或是細胞壁內十八至三十層薄膜螺旋排列而成的複雜結構，單層厚度約一百六十奈米。虹光體中的纖維素規則排列，造成薄膜干涉現象，讓葉子或果實顯現藍色的光澤。這就好像植物的葉子或葉肉中，多了一層玻璃或是類

註

396｜英文：pigmentary colour
397｜英文：structural colour
398｜英文：iridosome

似肥皂泡泡的結構，而呈現出的色彩。另外有些植物如秋海棠，葉綠體甚至會特化，表面形成多層膜狀構造以產生干涉。這種特化的葉綠體，被稱為虹光質體[399]。

追根究柢，植物讓自己看起來「藍藍的」有什麼好處呢？熱帶雨林內陰暗環境中的植物，不論是蕨類、雙子葉植物、單子葉植物，都不約而同演化出發藍光的葉子或果實，可見是環境造成的「趨同演化」。

科學家發現，藍色的果實，例如球果杜英、魔芋，是為了果實掉落森林後，便於大型鳥類蒐集或取食，以協助散播種子。

而矮小的草本植物葉子散發藍色光芒，主要是為了提高光合作用的效率。畢竟雨林底層太幽暗了，必須更有效利用穿過雨林的陽光。此外，藍色看起來就不像是葉子，可以騙過草食生物的眼睛，降低被取食的機率。還有萬一哪天有大樹倒下，突然失去遮蔽，這些造成虹光現象的組織也可以反射較多不需要的可見光，避免瞬間的強光破壞葉綠素。

植物總是靜靜不發一語，也無法任意移動。可是為了生存，為了繁衍後代，卻無所不用其極，演化出各種生存策略。

註

399｜英文：iridoplast

不同的植物，產生虹光的機制也不太一樣，藍色的強度也不同。有的植物必須在特定角度，或是透過相機拍攝才能夠看到微弱的藍光。有的植物則是藍光極強，幾乎看不到綠色了。

由於虹光是物理現象，只要結構完好就會一直存在，即使製成標本多年仍舊會呈現藍色。而色素所造成的顏色，特別是綠色，只要脫水，葉綠素被破壞掉，就褪色了。

較為人熟知的虹光植物，有反光藍蕨、翠雲草等。反光藍蕨的虹光結構較複雜，所以幾乎任何角度看起來都是藍色的，只是強度稍微不同而已。翠雲草的虹光結構只有表皮的單層薄膜，潑水就失效了。

植物會隨著生存的環境而緩慢調整自己的生理結構。當環境較為明亮，虹光現象就會逐漸消失。可見，藍眼淚是幽暗雨林生存的祕密武器。栽培虹光植物必須提供弱光的環境，才能夠一直欣賞到雨林的藍眼淚。

球果杜英又稱圓果杜英、印度念珠樹，杜英科喬木，高可達 37 公尺，基部具板根、幼枝有毛。單葉、互生、葉鋸齒緣，葉柄、葉背都有毛。花白色，下垂狀，總狀花序腋生。核果球形至橢圓球形，藍色。球果杜英分布很廣，從印度至澳洲的熱帶雨林都可見到。1913 年金平亮三曾自新加坡引進一株球果杜英的原種，栽培於台北植物園。蘭嶼自生的球果杜英因為幼枝、葉柄、葉背都無毛，張慶恩教授發表為變種。變種名 *hayatae* 是紀念最重要的日籍植物學家早田文藏（Bunzo Hayata）。因為種子有不規則凹凸，會被用來作為佛珠，所以又有印度念珠樹或金剛菩提子之稱。

球果杜英

學名：*Elaeocarpus angustifolius* Blume/ *Elaeocarpus sphaericus* (Gaertn.) K. Schum./ *Elaeocarpus sphaericus* (Gaertn.) K. Schum. var. *hayatae* (Kaneh. & Sasaki) C.E. Chang

科名：杜英科（Elaeocarpaceae）

原產地：印度東北、孟加拉、尼泊爾、中國（雲南、廣西、海南）、緬甸、泰國、柬埔寨、馬來西亞、蘇門答臘、爪哇、婆羅洲、西里伯斯、摩鹿加、小巽他群島、新幾內亞、澳洲、菲律賓、蘭嶼

生育地：原始林

海拔高：0-1700m

球果杜英的果實，具有搶眼的藍色光芒

球果杜英的種子，常被做成佛珠

球果杜英的葉子

反光藍蕨是水龍骨科星蕨屬著生性蕨類，橫走莖較細，葉片與葉片間距離短，貌似叢生狀。單葉、細長、全緣，表面會反射特殊的金屬光澤，故稱之為反光藍蕨。原產於中南半島潮濕的低地森林內。花市還算常見。喜歡陰涼的環境，排水良好的介質，冬天要注意溫暖避風。對光線的忍受度非常大，從明亮半遮陰到非常陰暗的環境都可以生長。

反光藍蕨

學名：*Microsorium thailandicum* T. Boonkerd & Noot.

科名：水龍骨科（Polypodiaceae）

原產地：緬甸、泰國、馬來半島北部，又一說是泰國南部（Chumphon 省）**特有**

生育地：潮濕林下樹幹基部或岩石上，著生或岩生

海拔高：250-300m

反光藍蕨的葉片具有強烈的金屬光澤

Chapter 14

雨林藝術家

葉片的斑點與換葉現象

大葉桃花心木

在溫帶地區，植物顏色隨季節而變化，春天開花、吐新葉，秋日葉片轉黃轉紅。可是雨林裡，顏色變化是無時無刻，無所不在的。或是在樹冠層，或是在森林內部，都可以見到色彩斑爛的雨林世界。

繼續回到幽暗的雨林中觀察，除了藍眼淚，還會發現很多植物看起來都不是綠色，而是彩色的。或是同一片葉子上有著深淺不一的綠，彷彿穿了迷彩衣；或是紅、紫、黃、白、銀、黑、褐色的斑塊、線條、點點；還有金屬光澤、塑膠質感、絨布質感……這些五彩繽紛的植物，彷彿趕著出席雨林地表最盛大的化妝舞會。

搶眼的外觀、耐陰的特性，讓它們成為室內觀賞植物的寵兒。不過，植物可不是為了讓人類欣賞才演化出美麗的外表。

這麼多豐富顏色的形成，包含了色素色與結構色。植物色素除了葉綠素，還有葉黃素、胡蘿蔔素與花青素。植物也是調色大師，藉由不同的色素比例，產生不同的顏色斑塊。

而產生物理色的特殊結構，除了存在於上一章提到的表皮細胞或葉綠體，也發現於葉子內的細胞間隙、葉肉細胞，甚至形成特殊的晶體。除了藍光，還有銀色、金屬光澤，甚至造成絨布質感或塑膠質感。

有些特殊的顏色區塊，如銀色或褐色斑，是結構色或色素比例不同所造成，並非葉綠素喪失，所以仍舊可以行光合作用。可是有些白色或黃色斑是真的缺乏葉綠素——這些區塊無法行光合作用！這對於原本就生長在陰暗環境的植物，難道不會造成負擔嗎？

植物大費周章把自己塗花臉，又降低光合作用的面積，當然也是為了生存。

由於雨林的生物多樣性高，除了植物種類異常多，那些嗷嗷待哺的植食性動物——尤其是昆蟲，種類也十分多樣。十二章介紹的是昆蟲與植物互利的演化，可是在吃與被吃永不停止的熱帶雨林裡，更多時候植物的演化是為了避免自己被吃掉。

千萬不能小覷昆蟲的威力，「蠶食鯨吞」這句成語可是把小昆蟲跟大鯨魚相提並論。只要數量到一定程度，破壞力也是異常驚人。

植物把葉片塗花，消極面是讓自己看起來「不像食物」，可是更積極的是對動物產生威嚇作用：透過「符號」對動物發出警告：「你別過來！」

美麗的背後其實一點都不美麗，爭奇鬥豔其實充滿了算計，是動物與植物永不停歇的戰鬥。

不過，花紋跟虹光現象不完全相同。無論花紋是缺少葉綠素而產生，或是結構所造成，當環境太過於陰暗，花紋面積往往會縮小；相反地，當環境較為明亮，花紋面積也會跟著變大。而這類型的花紋多半出現在藤本植物，隨著植物體越爬越高，光線越來越明亮，花紋也會越來越明顯。

也有部分灌木、雨林椰子或藤本植物則是小時了了，只美年少瘦弱時。長大了、強壯了，不怕被草食動物吃掉，花紋就會跟著消失。

會用花紋裝扮自己的雨林植物，不勝枚舉。假若要選彩妝達人，非天南星科莫屬。

天南星科已發表的植物共有一百一十四屬，三千七百多種。每年還有許許多多新種陸續被發現。葉子的形態跟花紋變化極大，有些種類是相當常見的室內觀賞植物。而人們日常生活最頻繁接觸的，應該是芋頭跟蒟蒻。

天南星科植物有九成以上都分布在熱帶，只有少數種類分布於溫帶地區。尤其是天南星屬，雖然主要分布於熱帶，但卻是少數於中國華北與華中地區仍容易見到的天南星科植物。中文之所以稱為「天南星」科，也是因為這個屬。在《本草綱目》中，天南星記載於〈虎掌〉與〈由跋〉兩篇[400]，文中提到，天南星葉形似虎掌，而根圓白，形狀如老人星，所以稱為南星，是唐朝後才有的稱呼。

不過，天南星除了草藥園，較少人栽培。目前室內常見的觀葉植物，以天南星科植物的比例特別高。其中具有斑葉的種類主要有黃金葛、合果芋、粗肋草、黛粉葉、彩葉芋等。因為特別好照顧、顏色變化豐富、少病蟲害，加上耐陰，幾乎攻占了所有辦公室與室內公共空間。

天南星科的觀賞植物引進史，日治時期的代表人物非藤根吉春莫屬。藤根吉春於一八九五年十一月就渡海來台，一九〇四年擔任台灣農業試驗場場長，直到一九一五年感染瘧疾才返回日本。他本身專長是畜產，在台期間曾致力於種

《本草綱目》中的由跋

天南星的花

豬改良，也帶領台灣稻米品種試驗。更積極鼓吹設立農業學校，並在農業試驗場開辦農家子弟農事講習。十幾年間親自講課，培育學生近千人，堪稱台灣近代農業教育的先驅。

第七章介紹可樂時，曾提到藤根吉春引進古柯植物，第九章則提到他引進山竹。在日治時期引進的植物中，也條列許多藤根吉春所引進的觀賞植物，其中就有我們生活常見的室內植物：黃金葛、黛粉葉。

黃金葛是常見的室內觀賞植物，又稱綠蘿。原產於我們位在太平洋的邦交國所羅門群島，最早是藤根吉春於一九一〇年自新加坡引進台灣。一九六五年張發又從日本引進。一九六七年，張碁祥則自日本引進白色花紋的品種白金葛。

黃金葛是一種著生性的藤本植物。每一節都會長根，牢牢吸附住樹木或是岩壁，不斷向上爬。葉子的花紋是犧牲葉綠素所換來，所以越往高處爬，花紋所占的比例就越高，而且會從心形葉慢慢變成一回羽狀深裂，非常特別。應該可以算是最好種的室內植物，只要將莖插在水裡，就可以在陰暗的角落活很久。也正是因為如此，讓它廣泛歸化於全球熱帶及亞熱帶地區的森林中。

註

400 ｜《本草綱目》草之六 · 毒草類四十七種 · 虎掌原文：「（《本經》下品）
天南星
【釋名】虎膏（《綱目》）、鬼（《日華》）。
恭曰：其根四畔有圓牙，看如虎掌，故有此名。
頌曰：天南星即本草虎掌也，小者名由跋。古方多用虎掌，不言天南星。南星近出唐人中風痰毒方中用之，乃後人采用，別立此名爾。
時珍曰：虎掌因葉形似之，非根也。南星因根圓白，形如老人星狀，故名南星，即虎掌也。」
《本草綱目》草之六 · 毒草類四十七種 · 由跋原文：「（《別錄》下品）
【釋名】
【集解】恭曰：由跋是虎掌新根，大於半夏一二倍，四畔未有子牙，其宿根即虎掌也。
藏器曰：由跋生林下，苗高一、二尺，似，根如雞卵。
時珍曰：此即天南星之小者。」

黃金葛是大洋洲熱帶雨林出品韌性最強的植物，而美洲雨林可與之比擬的非合果芋莫屬。它跟黃金葛一樣好栽培，也是插在水裡就會活，全世界熱帶、亞熱帶，甚至溫帶地區室內都極為常見。一九六八年張義里自日本引進合果芋及相關的品種。

合果芋小時候常常有白色的斑紋，甚至有人育種出銀白色、粉紅色或迷彩斑的葉子，十分討喜。它的葉形變化非常大，從心形葉、像楓葉一樣的三裂，一直到五裂或七裂的掌狀複葉。不過，它倒是跟黃金葛相反，屬於小時了了的植物。小時候花紋跟顏色很美，長大以後就全變綠了。如果要維持葉片的花紋最好時常修剪，讓它一直矮矮小小的。

粗肋草是亞洲雨林陰暗地被的代表植物。經過人為育種後，葉片的花色多采多姿，紅色斑紋相當討喜，加上容易照顧，是目前室內盆栽最常見到的一大類。野外的原生種大約有五十種，當中有不少種類，如迷彩粗肋草，原本就具有特殊花紋。

一八八五年中國華南地區常見的原生種粗肋草——廣東萬年青[401]被帶到英國皇家植物園邱園[402]。當時在邱園工作的植物學家尼古拉斯．愛德華．布朗[403]的報告，意外成為中國最早的栽培紀錄。台灣早在一九二〇年，馬場弘就引進三種。早期市面常見綠葉系的種類，包含迷彩粗肋草，最早主要是一九六八年張義里所引進。

美國佛羅里達最早從事粗肋草的商業育種，於一九三〇年代開始從亞洲引種並雜交，培育出早期的名種「銀后」。大約在一九九〇年代，印尼爪哇地區利用具有紅色葉脈的種類進行育種，率先培育出一些華麗的種類。泰國起步雖然較晚一些，但是經過植物育種專家 Sithiporn Donavanik 等人的努力，加上汶萊王室與印尼權貴的炒作，市場一度出現百萬的天價。不過，這故事跟台灣早期炒作國蘭的結局一樣，當快速繁殖的組織培養技術研發出之後，價格迅速崩壞，讓更多平民百姓有機會接觸到這些美麗的植物。

黛粉葉跟粗肋草常被搞混。黛粉葉的葉片跟植株都比較巨大，適合寬敞的空間。雖然耐陰性沒有粗肋草好，花紋變化也不及粗肋草多，但花紋變化形態跟粗肋草有所不同，會出現葉片左右不對稱的形態，十分有趣。

註

401｜拉丁文學名：*Aglaonema modestum*
402｜英文：Royal Botanic Gardens, Kew
403｜英文：Nicholas Edward Brown

跟黃金葛一樣，黛粉葉最早也是一九一〇年藤根吉春自新加坡引進，一九二〇年馬場弘也引進一些原生種與栽培種。隔了數十年，一九六〇年代末期，張碁祥、張義里等人又相繼引進了許多花色變化更豐富的園藝品種。

彩葉芋是粗肋草之外，葉片顏色最令人眼花撩亂的種類，從十八世紀末就被引進歐洲作為園藝觀賞植物。不過，最特殊的是，它並不像粗肋草一樣是由許多不同種類雜交育種產生，而是幾乎來自同一種——雙色彩葉芋。

雙色彩葉芋在野外就有很多不同的花紋變化，早期由美國率先從事彩葉芋的選別及育種。大約二次大戰結束前後，泰國也興起彩葉芋的品種收集與改良。泰國培育出的新品種除了葉片花色更豐富，連葉形也出現變化。可惜十分嬌貴，不易栽培。彩葉芋是泰國投入熱帶植物育種的開端，對泰國而言具有文化意涵。

一九〇一年十月，田代安定為了籌建恆春熱帶植物殖育場，回到東京收集熱帶植物，帶來前幾章提到的兩種橡膠樹、咖啡種子、香草蘭，以及下一節要介紹的大小葉桃花心木、龜背芋，彩葉芋也在這時被帶到了台灣。

目前在花市或一般人家仍舊十分容易見到早期美國育種的彩葉芋。外形跟芋頭十分類似，也有一個地下塊莖。秋冬會落葉。

除了常見的觀賞植物，雨林裡還有非常非常多天南星科植物，葉片的質感跟花色都十分特殊且豔麗。很難想像植物竟然可以長得如此漂亮。只可惜它們多半和秋海棠一樣都有「公主病」，只能生長在雨林裡溫暖潮濕的環境中，通常只有瘋狂的雨林植物玩家會收集。在此要特別提醒，天南星科植物含有草酸鈣，都是有毒植物，千萬不要亂吃。

雨林裡有很多葉片十分華麗的天南星

黃金葛是著生性藤本，每一節都會長出根，著生在大樹上或匍匐在林地。幼葉心形、全緣、互生，攀附在大樹上的成葉可達一公尺長，一回羽狀深裂。最早被歸類於柚葉藤屬（*Pothos*），也曾被放到星點藤屬（*Scindapsus*），後來較多採用的則是拎樹藤屬（*Epipremnum*），或是針房藤屬（*Rhaphidophora*）。

黃金葛／綠蘿

學名：*Rhaphidophora aurea* (Linden ex André) Birdsey/*Epipremnum aureum* (L.) Engl.

科名：天南星科（Araceae）

原產地：所羅門群島

生育地：森林中樹上，著生性藤本

海拔高：低海拔

光線越明亮黃金葛的黃白斑塊面積會越大

黃金葛葉片成熟後會變成羽狀裂，並長得十分巨大

爬在大樹上的黃金葛

合果芋

學名：*Syngonium podophyllum* Schott

科名：天南星科（Araceae）

原產地：墨西哥、貝里斯、瓜地馬拉、宏都拉斯、薩爾瓦多、尼加拉瓜、哥斯大黎加、巴拿馬、哥倫比亞、委內瑞拉、蓋亞那、蘇利南、法屬圭亞那、巴西、厄瓜多、祕魯、玻利維亞、千里達

生育地：低地原始林或次生林樹上，著生性藤本

海拔高：0-1500m

合果芋是天南星科著生性藤本，每節都會發根。幼葉多半呈心形或箭形，且有白斑。老葉掌狀裂。

粉紅佳人

綠精靈

銀蝴蝶

合果芋成熟葉具有七裂

粗肋草屬

學名：*Aglaonema* Schott

科名：天南星科（Araceae）

原產地：印度、中國南部、中南半島、馬來西亞、印尼、新幾內亞

生育地：潮濕森林底層，地生

海拔高：低海拔

粗肋草屬植物為多年生草本。莖直立或斜上生長，不分枝，但是會由基部長出新的植株。單葉、互生，葉柄基部抱莖。單性花，雌雄同株，肉穗花序，雄花在上，雌花在下，佛焰苞淡綠色。漿果。

胭脂粗肋草

爪哇之光粗肋草

粗肋草

最早被引進英國的粗肋草，又稱作廣東萬年青。除了觀賞，全株可入藥，在中國及台灣的栽培歷史十分悠久

近幾年來日本水族業者炒作的原生種迷彩粗肋草（*Aglaonema pictum* var. *tricolor*），天生具有迷彩斑紋與絨布質感的葉片。葉片斑紋變化每個產區都不一樣。是較高價的種類

黛粉葉又稱啞蔗、花葉萬年青，是天南星科的巨大草本，具有直立莖，高甚至可達三米。葉巨大，具有不規則白色斑塊，叢生於莖頂。佛焰花序腋生，佛焰苞綠色，肉穗花序不突出於佛焰苞之外。偶爾會結橘紅色漿果。原產於中南美洲的潮濕森林。栽培容易。耐陰也耐曝曬。是十分常見的觀賞植物，有許多園藝選拔的個體。早期區分大王黛粉葉（*Dieffenbachia amoena*）、黛粉葉（*Dieffenbachia maculata*），這些應該都算是黛粉葉的異名。

黛粉葉

學名：*Dieffenbachia seguine* (Jacq.) Schott/*Dieffenbachia amoena* Hort. ex Gentil/*Dieffenbachia maculata* (Lodd.) G. Don

科名：天南星科（Araceae）

原產地：墨西哥、瓜地馬拉、薩爾瓦多、宏都拉斯、尼加拉瓜、哥斯大黎加、哥倫比亞、委內瑞拉、蓋亞那、蘇利南、法屬圭亞那、巴西、厄瓜多、玻利維亞、西印度

生育地：低地潮濕森林，地生

海拔高：低海拔

乳斑黛粉葉

白玉黛粉葉

開花中的黛粉葉

星光燦爛黛粉葉

彩葉芋

學名：*Caladium bicolor* (Aiton) Vent.

科名：天南星科（Araceae）

原產地：哥斯大黎加、巴拿馬、哥倫比亞、委內瑞拉、蓋亞那、蘇利南、法屬圭亞那、巴西、厄瓜多、玻利維亞

生育地：森林或路旁

海拔高：低海拔

彩葉芋或稱五彩芋，是天南星科多年生草本，具地下塊莖，葉心形或箭形。佛焰花序白色。廣泛分布在熱帶美洲的森林。過去習慣用 *Caladium* × *hortulanem* 作為學名，其實這些人工選別的彩葉芋統統都是 *Caladium bicolor*。而 *Caladium* × *hortulanem* 只是 *Caladium bicolor* 的異名。

各式各樣的彩葉芋

大樹的新衣——砲彈樹與大葉桃花心木

小草靠化妝取勝，那大樹呢？大樹靠換衣裳求變化。

溫帶植物受氣候條件影響，不同季節有不同的生理現象。熱帶雨林沒有季節限制，開花、結果、長新葉，隨時都可以。甚至全年都會開花結果。不過，雨林裡有一個現象倒是很特殊——換葉。

溫帶植物為了度冬，秋天時會落葉，以光溜溜的樹幹來抵禦凜冽的低溫，待來年春天再吐新葉。熱帶沒有冬天，但是熱帶雨林的樹仍會落葉。

有些雨林會有短暫的乾季，一些生長在這類型雨林內的樹木會暫時性落葉。不過乾季往往很短且不明顯，所以並非每一種樹木都會落葉。而落葉的時間也不太相同，不會出現如溫帶森林那樣整片光禿禿的蕭瑟感。

部分葉子較大或較多的樹，為了減少水分散失，會在乾季開始一段時間後短暫落葉，如第三章介紹的膠蟲樹與第六章介紹的吉貝木棉與木棉花。

然而有趣的是，有些樹卻在雨季開始後才落葉，如第一章所介紹的巴西橡膠樹。既然雨季都開始了，又不缺水，為何落葉？因為雨季來臨時，河水氾濫，低窪地區的樹木會泡在水裡，根部無法正常呼吸，所以藉由落葉來度過短暫的淹水。

聽起來，這些樹落葉多少是受乾濕季節影響。然而，同樣的樹如果生長在完全沒有乾濕季變化，或是不會淹水的地區，依舊會落葉，只是落葉時間變得較不固定，而且通常在一週內葉子就會全長回來。這種現象台灣有植物學家稱為「瞬時落葉」，我個人則喜歡稱為「換葉」。

早期的植物學家把一部分會「換葉」的植物稱為「落葉植物」，其實是不精確的用詞。有些換葉植物在台灣確實也跟落葉植物一樣，都是在春天長新葉，植物學家就以為它們也是冬天落葉，可是事實並非如此。另外還有一些換葉植物，換葉子的時間點不是在春天，以至於長期被忽略，而被視為「常綠植物」。

近代科學肇始於歐洲的文藝復興。早期的植物學家都習於將溫帶森林視為「正常」，嘗試用研究溫帶森林的經驗與法則來研究熱帶雨林，將熱帶雨林植物的種種現象視為「異常」。這一切都是人類的本位主義所造成。

熱帶雨林是森林的起源，樹木的種類與數量都遠大於溫帶。站在植物的角度，熱帶雨林才是「正常」，溫帶森林反而是少數。

就我個人觀察多年的經驗，第十一章提過的砲彈樹就非常特別：一年可以換葉達三次以上，通常在春、秋兩季各換一次，有時夏天也會換葉。整個換葉的過程，大約三到四天，先是葉子慢慢變黃，只要一兩天，整棵樹的葉子就會掉光，葉子掉光後馬上吐新芽，再花三到五天左右的時間，葉子差不多就長回來了。

不是說，雨林植物換葉不受季節限制嗎？為什麼又說通常在春秋兩季？因為台灣的夏天對於這些熱帶雨林的植物來說真的「太熱了」。熱帶雨林植物怕熱，氣溫太高較不利於生長。非萬不得已，生長在台灣的雨林大樹通常不會在夏天換葉。

砲彈樹的果實十分巨大

砲彈樹的幹生花

砲彈樹是中南美洲熱帶雨林的大喬木，基部具板根，高可達 35 公尺。單葉、全緣或細鋸齒緣，互生或螺旋排列於枝條先端。長度可逾 50 公分。花內側紅色，外側淡黃色，雄蕊合生成盤狀，具有香味，總狀花序幹生。果實球形，巨大。外果皮褐色，中果皮十分堅硬，內有果肉數瓣，含種子數十至四、五百粒。白色果肉可鮮食，但是會咬舌頭又有怪味道，較少人可以接受。果肉氧化過程，會先變綠再變藍。1909 年第一次引進台灣，1970 年玫瑰花推廣中心張碁祥再度引進。中南部偶見栽植。

砲彈樹

學名：*Couroupita guianensis* Aubl.

科名：玉蕊科（Lecythidaceae）

原產地：哥斯大黎加、巴拿馬、哥倫比亞、委內瑞拉、蓋亞那、蘇利南、法屬圭亞那、巴西、厄瓜多、祕魯、玻利維亞

生育地：熱帶雨林

海拔高：0-500m

筆直高聳的砲彈樹

但是，砲彈樹不常見，要藉由砲彈樹來觀察「換葉現象」不太方便。如果有心想觀察「換葉現象」，我推薦全台普遍的大葉桃花心木。

大葉桃花心木的換葉過程十分華麗。每年早春，換葉開始，老葉會先變成橘紅色，落下時又會變黃。新葉初出是暗紫紅色，慢慢變亮紅，再轉為紅黃相間、黃綠色、青綠色，最後是墨綠色，代表換葉完成。換葉前，冬末初春之時，大葉桃花心木的種子會開始飄落，在葉子掉光，新葉未長完全之時達到巔峰[404]。具翅膀的種子，落下過程猶如竹蜻蜓一般旋轉。若時間掐得準，一大片竹蜻蜓從天而降十分壯觀。待葉子長齊後，又會開出數以萬計的綠白色小花。整個春天彷彿是大葉桃花心木的變裝秀舞台。

說了這麼多，既然不是因為氣候過於乾燥，那熱帶雨林的大樹究竟為何要「換葉」？換新衣的目的很簡單，其實跟愛化妝的地被植物一樣，都是為了避免病蟲害。葉子是樹木最脆弱的部分，卻暴露在最外層。不給蟲吃說不過去，而且很難避免。可是被蟲咬了，一來影響光合作用，二來受傷的葉子也

註

404｜葉子掉光有利於種子傳播

春天將換葉的大葉桃花心木葉片會變紅

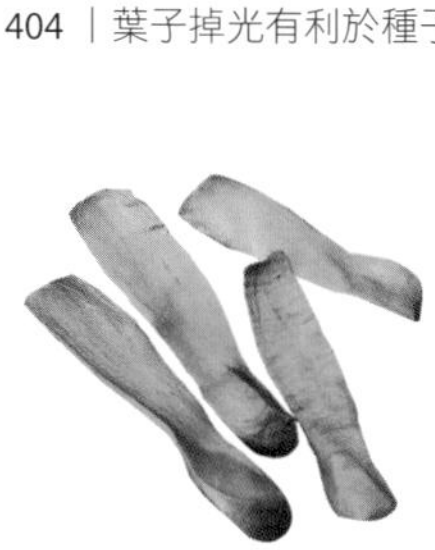

大葉桃花心木具翅膀的種子

容易感染病菌。造物者於是賦予這些大樹「換葉」的特權。只要被咬得太厲害，或是遭受突如其來的外力受損，隨時都可以拋棄舊的葉子，統統換新的。

除了換葉，大葉桃花心木還有一個特別的生態現象——重演化。說得文謅謅的，白話一點，「重演化」就跟人類在母親肚子裡時一樣，成長過程會把祖先的特徵重新演一遍，從有尾巴變成沒有尾巴。

植物最原始的葉片是「單葉」，也就是單一片完整的葉子。不過，熱帶雨林植物的葉子越長越巨大，開始對植物造成了一些不便。例如，容易遭受外力而破損，或是遮蔽到自己下層的葉片。為了解決這樣的問題，在不減少葉子表面積，又要讓葉子占據更多空間的情況下，植物開始演化出裂片：有的裂得像魚骨或羽毛，有的裂得像手掌，有的則像楓葉一樣有三叉。

想像一下，如果這個裂縫裂了到底會如何?就會變成植物學上所稱的「複葉」。魚骨及羽毛狀的裂到底，就稱為一回羽狀複葉；手掌狀的稱為掌狀複葉；三叉的叫作三出複葉。各式各樣複葉中獨立的部分，則稱為小葉或小羽片。當一回羽狀複葉的小葉再繼續裂，就會變成二回羽狀複葉；或是三出複葉中間的小羽片繼續裂，也會變成羽狀複葉。

葉片演化圖

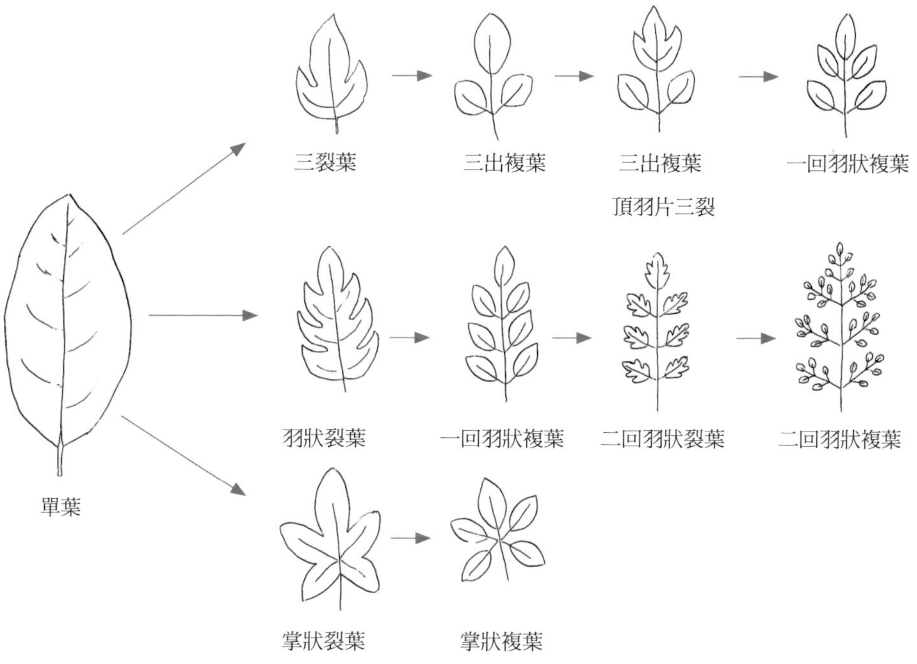

從單葉漸漸演化成各種複葉

許多一回羽狀複葉的植物，如本文主角大葉桃花心木，剛發芽的時候都是單葉，然後再長出三出複葉，再來是五片小葉的奇數羽狀複葉，接下來是七片，甚至九片小葉的奇數羽狀複葉。最後，最奇特的是，頂端的小葉會退化，變成偶數羽狀複葉——就好像我們的尾巴不見了，只剩下短短的痕跡。

那麼，好好的植物究竟為何演化出複葉呢？複葉有什麼好處？除了前面提到的，增加葉子的表面積，但不增加風阻，降低破損的機會，同時讓光線可以穿透小羽片的間隙，照射到下層的樹葉。此外，小羽片相對獨立，萬一被昆蟲或其他動物咬得太嚴重，可以只拋棄受傷的小羽片，不需要拋棄整片巨大的葉子，也可以降低耗損率。

熱帶雨林樹冠層特別緻密，樹木間的競爭較大，植食動物特別多。科學家觀察發現，熱帶雨林裡複葉的比例，較其他類型的森林來得更高。

大葉桃花心木細小的花

大葉桃花心木

學名：*Swietenia macrophylla* King

科名：楝科（Meliaceae）

原產地：墨西哥至巴拿馬、哥倫比亞、巴西、祕魯、厄瓜多、玻利維亞

生育地：散生河流兩岸、熱帶雨林至疏林

海拔高：0-1500m

大葉桃花心木是楝科大喬木，高可達30公尺，樹幹通直，基部具板根。一回羽狀複葉，嫩葉紅色。花小型，綠白色，圓錐狀聚繖花序。蒴果木質，五裂，種子具長翅。廣泛分布在中南美洲的熱帶森林，也是台灣常見的行道樹。

大葉桃花心木在台灣是常見的行道樹

大葉桃花心木新葉也是紅色

貝里斯獨立的幫兇——桃花心木

大葉桃花心木除了生態現象值得我們留心觀察，它的貿易史也改變了這個世界。

大葉桃花心木是重要的商用木材，在世界的貿易史上扮演了舉足輕重的地位，甚至跟第六章介紹過的墨水樹搭檔，成為貝里斯獨立的幫兇（詳見P.130介紹）。

在今日的植物分類上，桃花心木屬的植物除了大葉桃花心木，還有小葉桃花心木[405]與矮小桃花心木[406]。很多人以為小葉桃花心木才是真正的「桃花心木」[407]，其實是個很大的誤會。在十九世紀之前，大小葉桃花心木是不分的，統統都稱為「桃花心木」。時至今日，仍作為重要貿易木材的植物只剩大葉桃花心木。

桃花心木英文Mahogany，一六七一年這個名詞首先出現在蘇格蘭翻譯家約翰．奧吉爾比[408]的著作《美洲：新世界最新最準確的描述》[409]。不過，一開始只有英國使用這個單字。最早發現桃花心木的第一代日不落帝國西班牙有自己的稱呼，稱之為caoba，法國人則稱為acajou。後來英國興起，Mahogany才成為貿易上普遍的用法。

註

405｜拉丁文學名：*Swietenia mahagoni*
406｜拉丁文學名：*Swietenia humilis*
407｜英文：Mahogany
408｜英文：John Ogilby
409｜英文：America: Being the Latest and Most Accurate Description of the New World

關於 Mahogany 這個英文單字的由來有個傳說：十七世紀英國將西非奈及利亞的約魯巴人[410]和伊博族人[411]帶到牙買加作奴隸，他們看到了當地有跟自己故鄉非洲紅木[412]類似的植物，便以同樣的名稱 M'Oganwo 來稱呼。隨時間流逝，M'Oganwo 漸漸演變成 M'Ogani，英國人便重新拼音成 Mahogany。雖然沒有人可以證實這個說法的真偽，但是所有的文獻都會提到這個傳說。

至於西班牙文 caoba 來源就比較簡單了。跟第四章的主角古巴香脂的英文 Copaiba 同樣來自南美洲的圖皮瓜拉尼語[413]。該古老語言稱桃花心木為 tauba，意思是「年」，因為桃花心木樹幹的年輪很明顯。法文 acajou 使用上非常混亂，除了桃花心木，許多相似的植物都稱為 acajou，可能也是來自圖皮瓜拉尼語，不過 acajou 在其他語言通常是指腰果，法文一開始可能是誤用。

隨著西班牙無敵艦隊抵達中南美洲，桃花心木引起了歐洲人注意。相傳，一五一四年，西班牙於今日多明尼加首都聖多明哥[414]建立教堂時，十字架就是使用桃花心木打造。一五八四年西班牙國王菲利普二世[415]使用桃花心木來作為埃斯科里亞爾皇宮[416]的細部木工材料，這座皇宮即今日世界各地的遊客到西班牙馬德里，必參觀的世界遺產「聖羅倫佐埃斯科里亞爾修道院」[417]。耗時二十一年才完工，是文藝復興時期的代表建築。

註

410 ｜英文：Yoruba people
411 ｜英文：Igbo people
412 ｜拉丁文學名：*Khaya* spp.，又音譯為喀亞木
413 ｜英文：Tupi–Guarani languages
414 ｜西班牙文：Santo Domingo
415 ｜西班牙文：Felipe II
416 ｜西班牙文：El Escorial
417 ｜西班牙文：Real Monasterio de San Lorenzo de El Escorial

不過一開始西班牙主要是用桃花心木來造船，而且受到位在哈瓦那[418]的西班牙貴族壟斷，桃花心木極少被運回歐陸。直到一六六五年，海地[419]被法國占領後，原產於西印度群島的桃花心木才開始漸漸出口到歐洲。

一七二一年，英國取消美洲殖民地木材進口關稅，大批桃花心木開始被運往英國與北美洲的殖民地，並且受到家具商人注意，桃花心木從細木工材變成了製作家具的首選用材。

最初進口到英國的桃花心木，主要來自英國所占領的牙買加與巴哈馬群島。一七三二年起，英國人至中美洲蚊子海岸[420]定居，宏都拉斯成為第三處重要的桃花心木產地。

一七五四年至一七六三年，歐洲列強爆發「七年戰爭」[421]，英國成為這場戰役的最大贏家。戰敗的法國割讓加拿大、法屬路易斯安那東半部[422]，以及印度，西班牙割讓佛羅里達。英國獲得廣大的殖民地，開始驕傲地自稱日不落帝國。戰爭期間，英國占領了加勒比海許多島嶼，也曾自古巴等地進口桃花心木。戰爭結束後，古巴及西班牙島的桃花心木也開始出口到英國。

註

418 ｜即今日古巴首都

419 ｜海地與多明尼加皆位在加勒比海的第二大島——西班牙島（Española），是 1492 年哥倫布發現新大陸時最早抵達之處，也是美洲最早被西班牙殖民的地方。1665 年，法國宣稱西班牙島西部三分之一是法國的殖民地，稱為「聖多明克」（Saint-Domingue）。1697 年，聖多明克被西班牙割讓給法國。由於西班牙島的印地安原住民受天花傳染而滅絕，西班牙於是從非洲帶來大批黑奴從事勞動。1791 年，聖多明克的黑人不甘心被白人剝削，發動獨立戰爭。1804 年成立拉丁美洲最早獨立的國家，海地共和國。1821 年西班牙島東半部也宣布建國，稱為西班牙海地。隔年被海地率軍占領。1844 年再度獨立，成立多明尼加共和國

420 ｜西班牙文：Costa de Mosquitos，今日宏都拉斯北部至尼加拉瓜西部

421 ｜英文：Seven Years' War

422 ｜密西西比河以東至阿帕拉契山脈

英國於十七世紀中葉起就積極在中美洲猶加敦半島南方，約莫今日貝里斯一帶活動，伐採並出口墨水樹回英國。十八世紀初西班牙開始驅逐定居在貝里斯地區的英國人。直到一七八三年西班牙與英國簽訂巴黎條約[423]，英國才正式獲得西班牙同意，在貝里斯伐採墨水樹。

隨著墨水樹需求減少，桃花心木價值提高，一七八六年英西兩國再次訂定倫敦公約。英國用撤離蚊子海岸交換在貝里斯伐採墨水樹與桃花心木的權利。這兩種植物造成了英西兩國的衝突，刺激了英國發動戰爭占領了貝里斯，間接成為日後貝里斯獨立的幫兇。

十八世紀前，歐洲主要都是使用胡桃木來製作家具。十八世紀起，英國跟西班牙為桃花心木跟墨水樹在中美洲打得你死我活。除了間接促成日後貝里斯獨立，還開創了一個家具製造的黃金時期，甚至被稱為桃花心木時代。十八世紀末，法國、西班牙、義大利等其他歐洲國家也開始使用桃花心木。這些家具被稱為帝國風格家具。美國獨立後，直到一八三〇年代所生產的家具則被稱為聯邦風格家具。

十九世紀起，法國與西班牙的殖民帝國陸續瓦解，英國得以進入更多未曾開採的地方伐木。一八六〇年代起，墨西哥也開始砍伐桃花心木。十九世紀末，

註

423 ｜英文：Treaty of Paris，西班牙文：Tratado de París

美國的需求也大增，整個中美洲一直往南到哥倫比亞、委內瑞拉、巴西及祕魯都成為桃花心木的產地。二十世紀初，西印度群島的桃花心木幾乎已經被砍光了，於是歐美列強開始大量開採中南美洲的桃花心木。

桃花心木重量適中，乾燥時不易變形，抗腐朽力強，除了製作高級家具、裝潢，也被用來製作吉他、鋼琴等樂器。甚至連顯微鏡、望遠鏡等小型器物，還有汽車內裝、棺木都廣泛使用。二次大戰期間，桃花心木更被大量使用來打造中小型的船隻。戰後則繼續被使用於建造小型遊艇，以及豪華遊艇的內裝。

桃花心木一開始被視為南美香椿屬[424]。一七五九年林奈於《自然系統》[425]書中將桃花心木命名為 *Cedrela mahagoni*。一七六〇年，荷蘭科學家尼可拉斯．約瑟夫．馮．雅克[426]替古巴香脂樹命名的同時，也命名了桃花心木屬 *Swietenia*，並將桃花心木的拉丁文學名改為 *Swietenia mahagoni*。

小葉桃花心木跟大葉桃花心木明明就長得不太一樣，可是不知道為何，到了十九世紀植物學家才發現。

一八三六年，德國植物學家約瑟夫．格哈德．祖卡里尼[427]首先在墨西哥太平洋沿岸乾燥的熱帶森林中，採集到植株特別矮小且扭曲的桃花心木，並正式命

註

424｜拉丁文學名：*Cedrela*
425｜拉丁文：Systema Naturae
426｜荷蘭文：Nikolaus Joseph von Jacquin
427｜德文：Joseph Gerhard Zuccarini

名為矮小桃花心木，拉丁文學名 *Swietenia humilis*，種小名 *humilis* 就是矮小的意思，替該屬增添了第二種植物。一八八六年，在印度加爾各答植物園擔任管理人的植物學家喬治．金爵士[428]終於發現，那些種源來自宏都拉斯，栽種在加爾各答的桃花心木跟西印度群島的桃花心木不太一樣，於是發表了大葉桃花心木[429]拉丁文學名 *Swietenia macrophylla*，種小名 *macrophylla* 意思就是巨大的葉子。從此之後，生長在中南美洲的大葉桃花心木，與分布於西印度群島的小葉桃花心木才正式分家。

了解桃花心木的種類與產地後，再回顧桃花心木的貿易史，就可以知道英國在蚊子海岸及貝里斯伐採的是大葉桃花心木。二十世紀以後，用來製作家具與造船的也是大葉桃花心木。雖然小葉桃花心木質地更佳，但是大葉桃花心木樹幹通直，直徑粗大，能使用的範圍更廣；而矮小桃花心木由於樹幹扭曲，鮮少被使用。

由於原生地遭過度砍伐，一九七五年矮小桃花心木被列入華盛頓公約附錄二，一九九二年小葉桃花心木列入華盛頓公約附錄二，一九九五年大葉桃花心木列入華盛頓公約附錄三，二〇〇二年進一步列入管制更嚴格的附錄二，成為受保護的植物。目前木材貿易市場上流通的桃花心木，幾乎都是亞洲各國所栽培的大葉桃花心木。

註

428｜英文：Sir George King
429｜英文：big-leaf mahogany

台北植物園於日治時期栽培的大小葉桃花心木，皆已十分高大

小葉桃花心木是楝科喬木，高可達30公尺，一回羽狀複葉，嫩葉紅色。花小型，綠白色，圓錐狀聚繖花序。蒴果木質，五裂，種子具長翅。原產於西印度群島。

小葉桃花心木長新葉

小葉桃花心木

學名：*Swietenia mahagoni* (L.) Jacq.

科名：楝科（Meliaceae）

原產地：佛羅里達南部、巴哈馬、古巴、海地、多明尼加、牙買加、荷屬安地列斯

生育地：潮濕森林

海拔高：100-500m

小葉桃花心木與大葉桃花心木的葉片大小差很大

全台瘋桃花心木——雜交桃花心木與獎勵造林政策

大葉桃花心木在台灣十分常見，全島各地公園、校園、行道樹普遍栽植。相較之下，小葉桃花心木就比較罕見，僅台北植物園與中南部的農校或林業機構有零星的植株。

桃花心木最早引進台灣的紀錄是一九〇一年，田代安定從日本攜回台灣，當時一同引進的還有橡膠樹、金雞納樹等植物。一九〇九年橫濱植木株式會社又直接從中美洲引入，一九一一年稻村時衛由印度引種，一九三七年佐佐木舜一再次自南洋引進。最早引進的植株應該是栽植於台北植物園與恆春熱帶植物園。而後日本開始在高雄及屏東陸續造林。

當時日本認定材質較好的小葉桃花心木才是「真正的桃花心木」，可惜生長緩慢。為了培育材質好，而且生長快速的桃花心木，台北帝國大學理農學部熱帶農學第二講座教授田中長三郎開始嘗試雜交大葉桃花心木與小葉桃花心木。不過他並沒有成功。

延續日治時期的熱帶林業政策，光復後，林務局委託林業試驗所進行桃花心木育種。不過，試驗了三年都沒有成功。後來林務局尋求台灣大學植物系李學勇教授幫忙。李學勇教授參考海內外專家學者的研究報告，並親自觀察，發現桃花心木的花雖然細小，卻是藉由昆蟲授粉，而非國外專家學者所說的藉由風力授粉。一九六五年，李教授終於成功培育出全世界第一株雜交種桃花心木。消息一出，栽培大葉桃花心木在全台各地校園蔚為風潮。

第一株雜交種桃花心木目前仍栽培於台灣大學，位在農化新館南側道路中央，已經長得十分高大。一九九八年台灣大學森林系應紹舜教授將這棵樹命名為*Swietenia* × *formosna*。

除了校園瘋植大葉桃花心木，台灣各地民間造林也種植了非常多的大葉桃花心木。

一九五一年，為了在荒蕪的保安林地進行造林，政府開始以免納租金、無條件採取森林主副產品等條件，獎勵民間造林。當時造林利益大，投入者眾。一九七七年，政府還進一步實施「加速山地保留地造林政策」，油桐花就是這時候開始氾濫。不過，一九八〇年後社會經濟轉型，民間造林意願低落，於是林務局開始發放獎勵金，鼓勵民間造林。先是一九八三年訂定「台灣省獎勵私人造林實施要點」，而後，為了配合一九八四年開始推動稻田轉作休耕計畫，一九九一年又提出「獎勵農地造林要點」。

左邊是雜交桃花心木，右邊那株是它的親本大葉桃花心木

一九九六年七月，賀伯颱風帶來嚴重災情，李登輝前總統指示進行大規模造林，行政院遂推動「全民造林運動」，呼籲社會大眾響應，全民總動員來參與造林。二〇〇一年，我國加入世界貿易組織[430]，為紓解農產品產銷失衡現象，增加平原區綠地面積，並結合產業、人文與景觀，發展休閒產業，二〇〇二年政府又推動「平地景觀造林計畫」。

二〇〇八年政府實施「綠海計畫」，目的是為達成亞洲太平洋經濟合作會議[431]會員國之承諾，並顧及政策一致性。次年，二次政黨輪替，新政府提出「愛台十二項建設」，將「綠海計畫」併入「綠色造林」政策。

在這幾波獎勵民間造林的計畫中，大葉桃花心木幾乎都是主要推廣的造林樹種，由於生長快速、樹幹筆直、病蟲害少等優點，易於照顧及管理，而成為中南部民眾造林偏好的選擇。

時至今日，全台大葉桃花心木造林面積逾三千公頃。

大葉桃花心木造林地

註

430 | 英文：World Trade Organization，縮寫：WTO
431 | 英文：Asia-Pacific Economic Cooperation，縮寫： APEC

Chapter 15

從歌德到浩克

雨林中奇形怪狀的葉子與幹生花

十字葉蒲瓜樹

適合教堂種的樹——十字葉蒲瓜樹

剛上大學不久便從《台大校園自然步道》一書認識它——十字葉蒲瓜樹。書上十字葉蒲瓜樹的照片令人十分驚訝：「我的老天鵝啊！怎麼會有植物的葉子長成十字架的形狀？」

隔天一早到校，按書所記，蹦、蹦、蹦，滿心期待跑到植物標本館後方，一抬頭就看到這棵神奇的植物。心想：「這麼奇特的樹，為何只有台大有種？掛滿十字架的樹耶，這根本就是全台灣的教堂都好適合種呀！」

後來某次校園採集，我選擇十字葉蒲瓜樹作為觀察對象，用高枝剪將其一小段枝條剪下。實驗結束後帶回扦插，順利繁殖了一株小小的十字葉蒲瓜樹。小心翼翼地栽培著。不過說也奇怪，第一次扦插就成功，往後每年卻怎麼扦插都活不了。

大概是覺得造物主太神奇，所以每次只要有朋友來台大找我，我總是帶他們去看這棵樹。春天看、夏天看、秋天看、冬天也看。看它開花、看它吐新葉。畢業離開校園前還特地去跟它說了「珍重再見」，謝謝它陪我走過了學生時期最後六個寒暑。

不過，十字葉蒲瓜樹的葉子究竟為什麼會長得這麼奇特呢？這得從它的生長環境說起。十字葉蒲瓜樹的適應力很強，從乾燥的熱帶疏林一直到有季節性乾旱的雨林都可以存活。當生長在疏林中，光線較強，它的植株會相對比較矮小，分枝特別多且低。可是如果生長在森林內部，它就會像雨林中其他小喬木一樣，有一根明顯且較為筆直的主幹。而它奇特的葉子，就是適應森林裡較陰暗環境的祕密武器。

仔細觀察它十字架一般的葉片。十字架上半部較短的三片，是它真正的葉子，在植物形態學上稱為三出複葉。而十字架下半段特別長的部分，其實是葉柄。葉柄原本應該是像樹枝一樣細細的，卻演化出像葉子一樣的構造。植物學家稱之為「葉柄有翼」，白話文就是葉柄長翅膀。其拉丁文學名的種小名 *alata*，意思就是「有翼的」，用來形容它的特殊形態。

如前一章所提到，複葉是一種較為進化的葉片類型，目的是為了增加葉片的表面積。同理，葉柄演化出翼也是為了增加光合作用的面積。植物在熱帶雨林裡演化出各式各樣奇形怪狀的葉子，都是為了爭取到更多的陽光。除了複葉或裂片，「葉柄有翼」可以說是雨林限定的奇觀。雨林裡葉柄有翼的植物不算罕見，第九章介紹過的檸檬葉其實也是如此。只是剛好排列如十字架的僅此一位，別無分號。

除了葉子，十字葉蒲瓜樹的花也極為特殊，直接開在樹幹上。這種現象稱為「幹生花」。先前介紹過的可可樹、榴槤也都是幹生花植物，這也是熱帶雨林裡獨特的生態現象。除了冬天太冷，十字葉蒲瓜樹全年都會不定期開花。只是很可惜，十字葉蒲瓜樹同一株植物的花彼此間無法授粉，所以幾十年來都沒有結過蒲瓜一般的果實，這現象，專有名詞稱為「自交不親合」。

為什麼花會開在樹幹上呢？以結果來看，就是雨林裡樹太高了，層次太複雜。長在較低矮的樹幹上，既方便昆蟲授粉，也便於更多較大型的動物，如水果蝙蝠或蜂鳥前來授粉、取食成熟的果實並傳播。

植物跟動物不同，植物的組織可以依需求不同而分化成其他器官，因此有些植物可以利用葉子或枝條來無性繁殖，長出另一株完整的植物。樹幹上藏有許多未分化的不定芽或休眠芽，所以要從樹幹上直接長出花來，對植物不是什麼難事。雖然開花植物有花芽跟葉芽的區分，但是花芽跟葉芽成熟速度不同。熱帶沒有冬天，植物不斷地生長。當植物還沒有成熟，花芽尚未分化完全之前，葉芽已經飛也似地長成了枝條與葉。等到植物成熟，花芽分化完全，準備要開花時，幼莖老早已經變成樹幹了。

台灣大學這株十字葉蒲瓜樹是一九三五年引進，栽培於日治時期台北帝國大學理農學部附屬的植物標本園。旁邊的建築物為台大的植物標本館，創立於一九二九年。當時的任務，除了研究台灣的植物，最重要的是協助日本的南進政策，研究東南亞與太平洋島嶼的熱帶植物。除了保留豐富的熱帶植物標本，也留有被子彈打穿的二次大戰痕跡。

除了標本館外的庭院，目前台灣大學女一宿舍至女五宿舍、研究生宿舍、地質系館，以及台灣大學校門口右側的傅園，都在當時植物標本園的範圍內。至今一號館後方以及傅園內還保留了不少當時引進栽培的樹木，都已經十分巨大。

出社會多年後，某次回母校，我又習慣地往傅園與標本館走去。在傅園入口及戲劇系館後方，各見到一棵小小的十字葉蒲瓜樹。正開心十字葉蒲瓜樹有後了，然而到了植物標本館低海拔植物展示區，卻不見十字葉蒲瓜樹的大樹。詢問之下，才知道十字葉蒲瓜樹走了！

時光荏苒，當初扦插的小小十字葉蒲瓜樹已經長大，也會開花了。而我對熱帶植物的熱情與知識的累積，也隨著十字葉蒲瓜樹的枝葉繁茂，更行更遠還生。

十字葉蒲瓜樹的新葉

十字葉蒲瓜樹

學名：*Crescentia alata* Kunth

科名：紫葳科（Bignoniaceae）

原產地：墨西哥、瓜地馬拉、宏都拉斯、薩爾瓦多、尼加拉瓜、哥斯大黎加、巴拿馬

生育地：疏林、落葉林至熱帶低地半落葉雨林

海拔高：0-1200m

十字葉蒲瓜樹的幹生花

十字葉蒲瓜樹是小喬木或灌木。三出複葉，葉柄有翼，在台灣冬天會有半落葉的情況，春天會換葉。花暗紅色，鐘形，幹生。果實像食用的蒲瓜，故名。

十字架般的葉子

1935 年台北帝國大學理農學部附屬的植物標本園栽培的十字葉蒲瓜樹最後的身影

紀念大文豪歌德——歌德木

二〇一三年初，在細雨中去了新竹一處生態農場。去之前大家都說我一定會喜歡，但是我又不敢抱太大期望，以免失望。去了之後我發現這真是個不錯的好地方，除了各式各樣的植物，蟲魚鳥獸也很多，是個寓教於樂的好所在。園區占地七十餘公頃，依山勢劃分成許多區塊。路線規畫完善，沿途除了能參觀各區動植物，也可以達到爬山健身的目的，甚至還結合一處客家古厝，以及周邊相關遺跡，兼具自然與人文風景。

這趟小旅行，讓我認識了一種美麗且特殊的植物——歌德木，它來自巴西東南沿海的熱帶雨林。

歌德木的幹生花首先吸引我的目光，因為這正是熱帶雨林植物的重要特徵。除了花美，歌德木名字也美。

一八五二年英國植物學家威廉．胡克[432]替歌德木命名時將它放在 *Goethea* 屬——該屬名即是紀念偉大的德國文學家歌德[433]。一九九九年，美國的錦葵科分類學家保羅．弗瑞澤爾[434]將歌德木屬併入 *Pavonia* 屬。以人名替植物命名的例子不在少數，而如同歌德一般，在文學及植物學上皆有貢獻的偉大人物卻寥寥

註

432｜英文：William Jackson Hooker，約瑟夫·胡克的父親。
433｜德文：Johann Wolfgang von Goethe
434｜英文：Paul Arnold Fryxell

可數。每每見到歌德木，尊敬之心油然而生。

屬名紀念歌德，種小名 ***strictiflora*** 是形容它的花朵窄小。**Flora** 這個拉丁字，是古希臘羅馬神話中的花之神芙蘿拉，象徵春天與生育繁衍能力，除了可以用來指花，更常用來代表所有的植物群，例如《台灣植物誌》的英文就是 Flora of Taiwan。不過我只見過歌德木開花，從來不曾見過它結果，推測可能也跟十字葉蒲瓜樹一樣自交不親和。

歌德木的相關資料少，全台各地也不常見。除了新竹的生態農場，個人只曾在台中科博館、田尾花市、屏科大植物園內見過幾次。

不僅名字響亮，歌德木的原生地也十分特殊。它來自巴西東南沿海一條狹長的帶狀雨林——大西洋雨林[435]。由於亞馬遜河跟巴西東南沿海中間橫亙著面積廣大的巴西高原，所以巴西東南沿海的植物演化出獨特的樣貌，跟中美洲及亞馬遜河地區的植物差異頗大。和歌德木一樣，第一章所介紹的薩拉橡膠樹也是來自於此。

註

435 ｜英文：Atlantic Forest

除了植物不同，這條帶狀雨林的成因跟赤道兩側的亞馬遜河雨林也不一樣。

赤道南北兩側，緯度10度以內的地區，陽光強烈，產生旺盛的上升氣流，形成一個低壓帶。低壓帶內，水氣對流旺盛，降雨量自然也高。容易形成熱帶雨林。

赤道的上升氣流到了高空後開始往兩極擴散，直到南北緯30度開始下沉，形成副熱帶高壓帶，或稱馬緯度無風帶。氣體在低空，從高壓帶流回低壓的赤道，產生風。再加上地球自轉的科氏力影響，風會轉向，由東向西吹。於是在北半球就形成東北風，南半球則吹東南風。這股風，氣候學上稱為信風，或者貿易風。

緯度10度至23.5度雖然也屬於熱帶，但是降雨量就容易受到信風的影響，美洲地區尤其明顯。中美洲及加勒比海島嶼，還有巴西東南岸都承接了信風從海洋所帶來溫暖潮濕的空氣，所以形成了熱帶雨林。

歌德木的花開在主幹上

歌德木

學名：*Pavonia strictiflora* (Hook.) Fryxell/*Goethea strictiflora* Hook.

科名：錦葵科（Malvaceae）

原產地：巴西巴伊亞州（Bahia）海岸

生育地：潮濕森林

海拔高：低地

歌德木又稱幹花槿，錦葵科灌木或小喬木。植株直立，分叉少，分叉亦直立。單葉、互生，葉生於莖頂，鋸齒緣，葉柄基部有兩枚線形托葉平貼在枝條上。兩性花，紅色，生於老枝。花最外層，四或五枚，紅色網紋明顯，像花瓣　樣外翻的構造，其實是苞片。苞片內包著五片向內聚合的是萼片，萼片先端白色。剝開萼片後可以看到五片小小的粉紅色花瓣。雄蕊聚生成雄蕊筒，突出於苞片之外，中間包覆著雌蕊。整體造型十分特殊。全年度皆會開花，深具觀賞價值。

綠巨人飄屍臭味——魔芋

屏東潮州、新埤一帶，栽培有大面積的大葉桃花心木人工林。每年大約四、五月，春雨過後，大葉桃花心木抽換新葉完畢，開花之前，走入林地內隱隱約約可以聞到一股淡淡的「屍臭味」。不過，這可不是凶殺案現場，也不是有什麼動物偏好在這個季節跑到森林裡輕生。這股怪味道，是來自於一種堪稱草界綠巨人浩克的植物——疣柄魔芋。

魔芋，名字聽起來就十分詭異。中國古代又稱之為鬼芋或妖芋，台灣南部稱之為雷公銑（音讀ㄒㄧㄢˇ）、雷公屁。除了這些「妖、魔、鬼」的怪名字，它們其實還有一個更平易近人的稱呼：蒟蒻。

從小特別喜愛會開佛焰花的天南星科植物。第一次看到一整排幾乎跟成人等高的魔芋，驚訝之情久久無法忘記。猶記得當時詢問栽植的人為何物，他對我說：「這就是『蒟蒻』啊！」給足我想進一步了解的動力。大學以後查了資料更令人驚訝，那跟人一樣高的「植株」，其實「只是一片葉子、只是一片葉子、只是一片葉子」！

疣柄魔芋巨大的佛焰
花序會散發屍臭味

上一章提到，天南星科植物是彩妝達人。可是萬萬沒想到，在雨林裡，為了搶陽光與減少被吃掉的機會，魔芋的「一片葉子」居然可以長得如此巨大。像樹幹的部分，其實是它的葉柄，葉柄上常常會有如同長了地衣般的不規則花紋，猜想目的應該與其他斑葉植物雷同。再仔細觀察它那像破雨傘一樣的葉子，天啊！這到底是羽狀複葉還是掌狀複葉啊？小葉子的排列也太奇怪了，居然是掌狀排列的二回羽狀複葉。真是複雜！

魔芋排列十分複雜的複葉

十分巨大的疣柄魔芋

魔芋植株都長得一個類似的樣子，除了前述奇特的葉子，以及直接從地上冒出的佛焰花序，還有一個扁球形的地下塊莖——這是儲存養分的部位，人們就是利用這個部位來製作蒟蒻。魔芋於春末會先開花而後長葉，通常一株魔芋只長一至兩片葉子；到了冬季或乾季，地表上的葉子會枯萎，然後魔芋便以地下莖的形態在土中休眠。

天南星科魔芋屬又稱為蒟蒻屬。魔芋，狹義是特指食用的蒟蒻[436]，廣義上的定義，整個屬都可以稱為魔芋或蒟蒻。主要生長在舊熱帶地區[437]。全世界約有一百七十種，台灣南部產四種，包含特有兩種。除了最常食用的蒟蒻，本屬最知名的莫過於擁有號稱全世界最高不分枝花序[438]的植物——巨花魔芋[439]，又稱為泰坦魔芋或屍體花。

註

436｜拉丁文學名：*Amorphophallus konjac*
437｜舊熱帶即亞洲與非洲的熱帶地區，相對於新大陸美洲的新熱帶
438｜花序是很多花依據固定的方式排列，是植物分類的重要特徵。有些花序會分枝，有些不會
439｜拉丁文學名：*Amorphophallus titanum*

魔芋屬的拉丁文屬名 *Amorphophallus* 是希臘文畸形 ἄμορφος（amorphous）和陰莖 φαλλός（phallus）兩個字結合而成，應該是歐洲人對魔芋花的印象吧！一六九〇年代，荷蘭東印度公司的殖民地管理者亨德里克．梵．瑞德[440]在他的著作《馬拉巴爾花園》[441]中，曾經描述並繪製兩種生長在印度西岸馬拉巴爾地區熱帶雨林內的魔芋。雖然這本書林奈也有看過，卻是直到一百多年後，一八三四年德國植物學家布魯姆[442]和法國植物學家約瑟夫．德塞恩[443]才正式替魔芋屬命名。

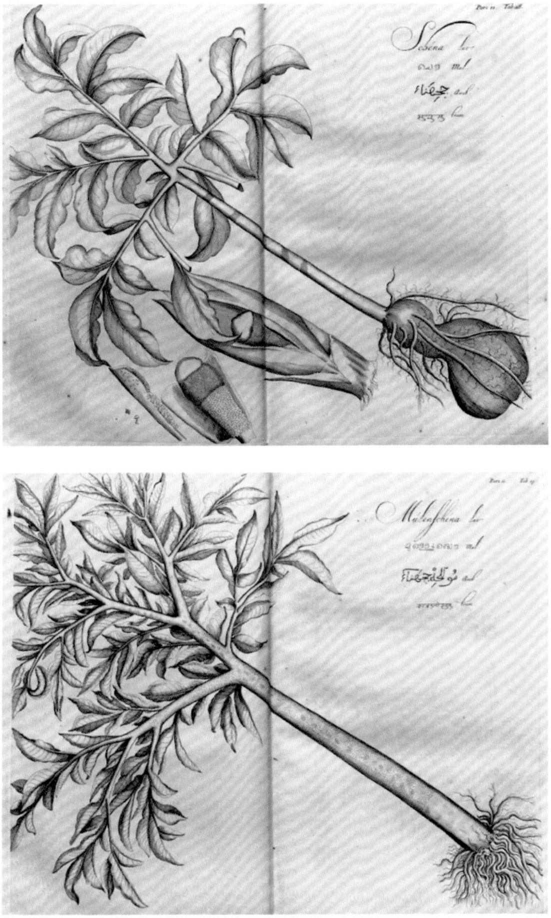

《馬拉巴爾花園》書中繪製的兩種魔芋

註

440 ｜荷蘭文：Hendrik Adriaan van Rheede tot Drakenstein
441 ｜拉丁文：Hortus Malabaricus
442 ｜德文：Carl Ludwig Ritter von Blume。德國植物學家卡爾·路德維希·布魯姆，也曾在荷蘭東印度公司工作。除了魔芋屬，前面曾介紹過的馬來橡膠樹、台灣梵尼蘭、無葉梵尼蘭、細枝龍腦香等植物的學名也是布魯姆命名。而越南白霞一開始也是布魯姆命名，後來才由約瑟夫·胡克（Joseph Dalton Hooker）修正
443 ｜法文：Joseph Decaisne

不過，因為地理位置的優勢，中國老早就知道並食用魔芋了。

在晉代，大約西元二九二年，左思〈蜀都賦〉中就有一句：「其園則有蒟蒻茱萸，瓜疇芋區。」意思是它的菜園中有蒟蒻、茱萸，和種瓜及芋頭的菜圃。唐朝李善注〈蜀都賦〉也提到魔芋是：「一種稱為蒻頭的草本植物，塊莖大如舀水的斗杓。它的肉是白色，用鹼性的水浸泡、過濾而得到的汁液，煮熟後凝結成塊狀，可以食用，巴蜀地區的人非常喜歡。」[444]跟現在製作蒟蒻的方式雷同。到了明朝李時珍的《本草綱目》對魔芋的了解更加透澈，知道它與天南星的關係跟區別，在於魔芋的葉柄有斑，而天南星則無[445]，花色也不相同。

一開始所提到的疣柄魔芋，它是全世界分布最廣的魔芋，從非洲馬達加斯加向東經過印度、東南亞至波里尼西亞皆可見其蹤跡。它是台灣產四種魔芋中，唯一可供食用的種類。可惜在台灣野外數量很少，也沒有大規模栽培，台灣的蒟蒻多半仍仰賴進口。這邊特別提醒，每一種魔芋都有毒，包括可食用的種類，跟多數天南星科植物一樣都含有高劑量的草酸鈣，《本草綱目》也將它歸在毒草類，必須要處理過才可以食用，在野外看到千萬不要貿然挖掘、食用。

註

444 |「蒻，草也，其根名蒻頭，大者如斗，其肌正白，可以灰汁，煮則凝成，可以苦酒淹食之。蜀人珍焉。」

445 |《本草綱目》草之六 · 毒草類四十七種 · 局箬原文：
「（宋《開寶》）
【釋名】頭（《開寶》）、鬼芋（《圖經》）、鬼頭。
【集解】志曰：頭出吳、蜀。葉似由跋、半夏，根大如碗，生陰地，雨滴葉下生子。
又有斑杖，苗相似，至秋有花直出，生赤子，根如頭，毒猛不堪食。虎杖亦名斑杖，與此不同。
頌曰：江南吳中出白，亦曰鬼芋，生平澤極多。人采以為天南星，了不可辨，市中所收往往是此。但南星肌細膩，而莖斑花紫，南星莖無斑，花黃，為異爾。
時珍曰：出蜀中，施州亦有之，呼為鬼頭，閩中人亦種之。宜樹陰下掘坑積糞，春時生苗，至五月移之。長一、二尺，與南星苗相似，但多斑點，宿根亦自生苗。」

一八九二至一八九五年間，第十章曾提過的愛爾蘭植物學家韓爾禮，在台灣南部採集時發現了台灣魔芋[446]與密毛魔芋[447]。一九〇三年尼古拉斯．愛德華．布朗[448]正式發表這兩種魔芋，便以亨利的名字拉丁化來替台灣魔芋命名，所以台灣魔芋又稱亨氏蒟蒻。

西方諺語：「太陽底下沒有新鮮事。」左思是文學家，李時珍是醫生，梵．瑞德原本是軍人。但他們對植物，甚至身邊一切事物的觀察，都十分用心。在資訊不普及的年代中，能夠完成那樣的作品真的令人佩服。

在這個中西方古籍都已數位化，一瞬間就可以匯集所有資料的年代，查資料變得相當快速與便利。可是幾乎每年，不論是國內的魔芋開花，還是國外的泰坦魔芋開花，新聞媒體往往驚訝於魔芋竟是人類已經食用數百年的植物，大部分民眾仍不了解「魔芋」和「蒟蒻」的關聯。由衷希望，魔芋——草界綠巨人浩克可以被普遍認識，別再只是滿足人類獵奇心理後就被遺忘的雨林怪客。

註

446｜拉丁文學名：*Amorphophallus henryi*
447｜拉丁文學名：*Amorphophallus hirtus*
448｜英文：Nicholas Edward Brown

疣柄魔芋

學名：*Amorphophallus paeoniifolius* (Dennst.) Nicolson

科名：天南星科（Araceae）

原產地：馬達加斯加至印度、馬來西亞、印尼、新幾內亞、澳洲、波里尼西亞、菲律賓、台灣

生育地：熱帶森林中

海拔高：低海拔

疣柄魔芋葉柄上有顆粒狀突起，故名。株高可達 2 公尺，宛如一棵小樹。是台灣產最大型的魔芋。在台灣，疣柄魔芋分布於潮州、新埤一帶，多見於大葉桃花心木造林地。低海拔雜木林亦可見。究竟是自生種還是外來歸化種不可考。

疣柄魔芋宛如一棵小樹

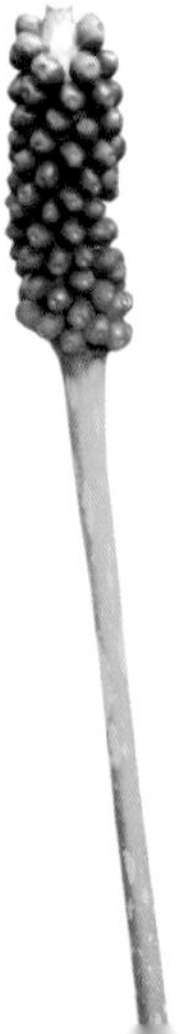

圖為東亞魔芋的果實。由於疣柄魔芋花期多在梅雨季，不易授粉，故在台灣鮮少結果，這也是它被認為是歸化種的原因。而魔芋屬果實形態類似，故以東亞魔芋果實示意

疣柄魔芋葉柄上有許多疣狀突起

魔芋休眠前塊莖外會分泌膠狀物質，也許就是人類發現它可以食用的原因吧

穿洞洞裝也是一種生存策略——龜背芋與植物分類學

一般人初次看到龜背芋都會有類似的疑問：「葉子上怎麼會有洞啊？是蟲咬的嗎？」

台灣有兩種特別常見的觀賞植物，葉子都有穿孔。一種非常大型，常常種在室外陰暗角，稱為龜背芋；還有一種則是放在室內觀賞的小型植物窗孔龜背芋，花市稱為洞洞蔓綠絨。

如果說，羽狀葉是走「由外向內發展」的模式，那麼龜背芋就是走「由內向外擴張」的奇特路線。或許這個方法太過標新立異！多數植物都不採用，才讓龜背芋家族獨樹一格。

雖然發展方向相反，但龜背芋的小苗成長過程，也跟桃花心木一樣會「重演化」：一開始是完整的葉子，然後一個洞、兩個洞、三個洞，慢慢越破越多洞。只是，忍不住好奇想問：「穿孔對龜背芋有什麼好處？」

道理其實也很簡單，都是為了搶到更多陽光。植物要長出葉子，需要養分，在使用同樣多的養分，長出同等葉面積的前提下，有穿孔的葉子占據的範圍更廣，接觸到陽光的機會也更多。這是一種養分利用與光合作用達到平衡的狀態，效果其實跟羽狀複葉類似。除了龜背芋，亞洲熱帶雨林的穿心藤[449]也演化出同樣的捕光策略。

龜背芋這類葉片有洞的植物，英文稱為 window plant（窗孔植物），在台灣又叫作電信蘭、蓬萊蕉。野外自然生長在中南美洲的熱帶雨林裡，是相當大型的著生性藤本。許多種類葉長可達一公尺，十分壯觀。而粗大如電線的氣生根，常從樹上垂降而下，或許是它被稱作電信蘭的原因。除了作為觀賞植物，龜背芋[450]這個種的果實也可以食用。由於味道類似鳳梨的香氣，台語稱為鳳梨蕉，鳳梨與蓬萊的台語發音十分類似，這或許是蓬萊蕉這個名稱的由來。

台灣最常見的龜背芋有三種。最大型、也最早引進就稱作龜背芋，那是一九〇一年田代安定為籌建恆春熱帶植物殖育場，自東京引進台灣，一同引進的還有前幾章介紹的兩種橡膠樹、大小葉桃花心木、彩葉芋。第二種引進的，則是歐洲發現新大陸後首次發現的多孔龜背芋[451]，一九六三年杜賡甡自美國引進。而後則是一九六七張碁祥自日本帶回的窗孔龜背芋[452]。

註

449｜拉丁文學名：*Amydrium* sp.
450｜拉丁文學名：*Monstera deliciosa*
451｜拉丁文學名：*Monstera adansonii*
452｜拉丁文學名：*Monstera obliqua*

龜背芋的發現史，也不出前幾章提過的人物。一六九三年查爾斯・普米勒[453]第二次到西印度旅行，並在回國後出版了《美洲植物描述》[454]一書。這是西方文獻上首次詳細描繪及記錄了龜背芋屬的植物，而該植物從諸多特徵來看無疑是多孔龜背芋。

普米勒《美洲植物描述》書中所繪的多孔龜背芋

註

453 ｜法文：Charles Plumier
454 ｜拉丁文：Description des plantes de l'Amérique

一七五三年，我想大家猜到了，是林奈沒有錯，在同一本書《植物種志》中，引用了普米勒的紀錄，替該植物正式命名為 *Dracontium pertusum*。*Dracontium* 來自古希臘文 δρακόντιον（drakontion），意思是龍蒿；*pertusum* 是拉丁文 pertusus 的中性變格，意思正是穿孔的。一七六三年，法國植物學家米歇爾．亞當森[455]提出了龜背芋屬的新屬名 *Monstera*，取代林奈所命名的 *Dracontium*，不過他並沒有說明為什麼要這麼做，也沒有提出任何植物作為 *Monstera* 的模式種。

植物學家可能認為穿孔是很怪異的現象吧！所以也沒有替龜背芋取了什麼有意義的名字。*Monstera* 這個字意思很簡單，就是怪獸。

一八三〇年，奧地利植物學家海因里希．威爾海姆．肖特[456]，參考過去關於天南星科的分類書籍，重新檢視各屬的特徵，將一百零四屬九百七十二種的天南星科植物，重新分類或命名，並且委託繪製了三千多幅精美的植物圖，奠定了近代天南星科的分類基礎。多孔龜背芋也在此時被重新命名為 *Monstera adansonii*，成為龜背芋屬的第一種植物。上一章介紹過的合果芋屬、粗肋草屬則是肖特在一八二九年，整理及研究天南星科分類的過程中就先命名的屬。

註

455｜法文：Michel Adanson
456｜德文：Heinrich Wilhelm Schott

在第一種龜背芋被發表後將近一百五十年，至一八四〇年代，丹麥植物學家弗雷德里克．列布曼[457]才在墨西哥發現了第二種龜背芋，並於一八四九年正式命名為 *Monstera deliciosa*。他將植物帶回柏林與哥本哈根，使它成為目前全世界最常栽培的種類。

一八六五年肖特逝世，隔年德國植物學家恩格勒[458]取得博士學位並開始教書。恩格勒曾於一八七九年，還有一九〇五至一九二〇年間，兩度整理天南星科，成為肖特之後的天南星科專家。

恩格勒是台灣所有念植物相關科系的人，幾乎都會接觸到的重要人物。一八八七至一九一五年恩格勒與普蘭特[459]陸續完成的著作《植物自然分科》[460]，可以說是達爾文[461]一八五九年發表了《物種源始》[462]之後，植物分類史上第一個完整的分類系統——恩格勒系統。這個考試會考，但是平常用不到，看看笑笑就好。

恩格勒系統將種子植物門分為裸子植物和被子植物，被子植物又區分單子葉和雙子葉植物，並將雙子葉植物綱分為離瓣花[463]和合瓣花[464]。看起來很複雜，但原理就是把一樣的放在一起罷了。

註

457｜丹麥文：Frederik Michael Liebmann
458｜德文：Heinrich Gustav Adolf Engler
459｜德文：Karl Anton Eugen Prantl
460｜德文：Die Natürlichen Pflanzenfamilien
461｜英文：Charles Robert Darwin
462｜英文：On the Origin of Species
463｜離瓣花分類上屬於古生花被亞綱
464｜合瓣花分類上屬於後生花被亞綱

人類似乎都有將自己接觸到的一切人事物分門別類的癖好，對於植物也是如此。有朋友開玩笑說，植物圖鑑對一般人而言簡直是天書，雖說都是寫中文，但是一大堆專有名詞，看都看不懂。結論是，植物分類學好難！

其實植物分類，說穿了，也不過就是植物學家依照自己的觀察，把植物的特徵歸納、分類。只要有心，人人都可以發展自己的系統。

本書陸續提到的一些重要人物與著作，也推動著植物分類系統發展。如一五九六年出版的《本草綱目》，許多人過去常常從電視廣告認識這本書，內容其實相當有趣。由明朝李時珍歷時二十七年，經過三次改寫，參考八百多本書籍，並到各地考察、採集樣本，於一五七八年完成。全書五十二卷，分為水、火、土、金石、草、穀、菜、果、木、服器、蟲、鱗、介、禽、獸、人十六部。其中草部、穀部、菜部、果部、木部五部為植物，又把草部分為山草、芳草、隰草、毒草、蔓草、水草、石草、苔草、雜草等九類。全書收錄藥用植物九百四十二種，再加上具名未用的植物一百五十三種，合計提到植物一千零九十五種，占整本書將近六成的篇幅。他的分類就很直覺，跟什麼科屬種都無關。

本書反覆提到林奈的《植物種志》，以及林奈在世期間修改了十二次的《自然系統》[465]兩本曠世巨作，將自然界分為礦物、動物、植物，且使用綱目科屬的分類架構，定義了今日生物學名所採用的二名法。所以在本書中所有植物的拉丁文學名，都有一個斜體標示的屬名加上一個種小名，其後則標示命名者。林奈一生大概命名七千七百種開花植物，幾乎無人能敵，也讓他成為本書出現頻率最高的植物學家。

在林奈之前，歐洲較有名的著作還有介紹香水樹時曾經提到的英國博物學之父約翰·雷[466]，他在一七〇四年所出版的著作《植物歷史》[467]書中，首先定義「物種」是生物分類的最小單位，並率先將開花植物分為單子葉與雙子葉。

相對於一八八七至一九一五年建立的恩格勒系統，台灣早期普遍使用的植物分類系統，還有英國植物學家約翰·郝欽森[468]的著作《顯花植物分科：根據它們發生史的新分類方法》[469]所建立的郝欽森系統，主要特點是認為草本植物較木本植物更進化。這本書於一九二六至一九七三年陸續出版及改版。

恩格勒系統來自歐洲大陸，赫欽森系統則為英美代表，似乎跟很多學科一樣，都有歐陸與英美學派之分。但是傳統的植物分類，不論恩格勒或赫欽森系統，都是以形態來區分植物的關係。後世隨著分子生物學發展，ＤＮＡ檢驗越來越

註

465｜拉丁文：Systema Naturae
466｜英文：John Ray
467｜拉丁文：Historia plantarum
468｜英文：John Hutchinson
469｜英文：The Families of Flowering Plants: Arranged According to a New System Based on Their Probable Phylogeny

快速且便宜，什麼都可以拿來驗一下親疏遠近，於是，一九九八年以DNA來定義親緣關係的《被子植物APG分類法》470就誕生了。不同於傳統的植物分類系統，完全以植物形態為基礎，參雜了分類學家主觀的想法，依據自己的經驗所提出的假說，APG分類法非常客觀。到了二〇一六年已經更新到4.0版，出現了APG IV，普遍被全世界植物分類學者接受。

註

470 | APG是Angiosperm Phylogeny Group的縮寫，可翻譯作被子植物種系發生學組

多孔龜背芋是天南星科龜背芋屬的植物，著生性藤本。單葉、互生、全緣，葉面靠近中肋處有許多大小不一的孔洞。原產於熱帶美洲，引進栽培的時間已相當久。不過因為它的孔洞比較少，植株又十分巨大，後來漸漸在市場消失，不如窗孔龜背芋（*Monstera obliqua*）常見。

多孔龜背芋

學名：*Monstera adansonii* Schott/*Monstera friedrichsthalii* Schott

科名：天南星科（Araceae）

原產地：中美洲、西印度群島、哥倫比亞、巴西亞馬遜、厄瓜多、祕魯、玻利維亞

生育地：潮濕森林中樹上，著生性藤本

海拔高：0-1500m

多孔龜背芋的花

攀爬在樹上的巨大多孔龜背芋

葉面靠近中肋處有許多大小不一的孔洞

鱻背芋的果實和花

龜背芋

學名：*Monstera deliciosa* Liebm.

科名：天南星科（Araceae）

原產地：墨西哥至巴拿馬

生育地：潮濕森林中樹上，著生性藤本

海拔高：0-2000m

龜背芋是天南星科龜背芋屬的植物，超大型的著生性藤本。單葉、互生、葉緣呈羽狀深裂，其葉徑可達 1 公尺。表面布滿大小不一的穿孔，是造形特殊的觀葉植物。其果實亦可食用。龜背芋雖然十分耐陰，不過體型太大，又具有攀緣性，較適合露天栽種於室外陰暗潮濕的角落。

龜背芋的葉片十分巨大

窗孔龜背芋，花市多半稱之為洞洞蔓綠絨。不過它是天南星科龜背芋屬的植物，而不是蔓綠絨屬（*Philodendron*）。著生性藤本。單葉、互生、全緣、歪基，葉面布滿許多大小不一的孔洞。原產於中南美洲，引進栽培的時間已相當久。栽培十分容易，扦插即可繁殖。

窗孔龜背芋

學名：*Monstera obliqua* Miq./*Monstera obliqua* Miq. var. *expilata* (Schott) Engl.

科名：天南星科（Araceae）

原產地：哥斯大黎加、巴拿馬、哥倫比亞、厄瓜多、祕魯、玻利維亞

生育地：潮濕森林樹上著生，著生性藤本

海拔高：1500m **以下**

窗孔龜背芋，花市多半稱之為洞洞蔓綠絨

Chapter 16

策略聯盟
果實傳播與螞蟻植物

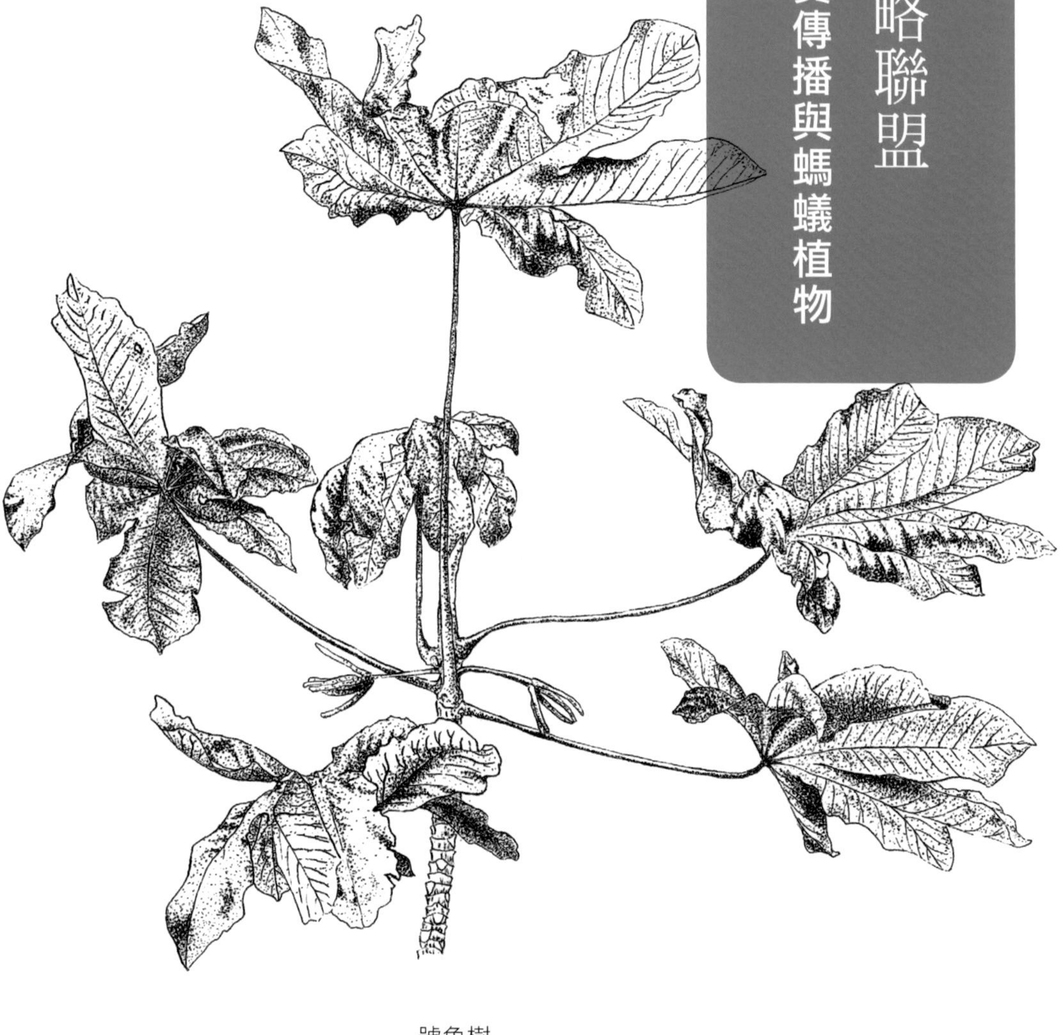

號角樹

卡姆卡姆——美白聖品卡姆果的傳播之路

電視廣告中的美白保濕保養品，常會含有一種叫「卡姆果」的成分。它是一種樹木，生長在亞馬遜河河岸雨林中會定期氾濫的地區，英文名字叫作 Camu camu 或 Camocamo。中文直接翻譯，稱卡姆卡姆或是卡姆果。Camu camu 是狀聲詞，名稱的由來相當有趣！卡姆果成熟後會落到亞馬遜河中，當河裡的魚去啃食果實就會發出 Camu camu 的聲音，真是非常可愛。

卡姆果的維他命C及多酚的含量非常高，而天然的維他命C可以還原黑色素，多酚具有抗氧化的功能，因此卡姆果的果粉萃取物常被用來做美容產品或保健食品。

亞馬遜河地區的印地安人食用卡姆果，或作為藥用植物已數百年。不過由於卡姆果非常地酸，通常會經過醃製，或是加牛奶、糖一起食用，也有加工製成果汁、冰淇淋或糖果。

一八二三年德國一位專門研究美洲植物分類的植物學家卡爾．孔茨[471]首先替卡姆果命名，將它放在芭樂屬 *Psidium*，名之為 *Psidium dubium*。順帶一提，我們常吃的芭樂跟芭樂屬也都是出自同一本書，一七五三年出版那本，您知道的。

註

471｜德文：Karl Sigismund Kunth

一九五〇年代科學家發現卡姆果驚人的維他命C含量，卡姆果一夕間爆紅。不過，卡姆果的果實是透過水裡的魚傳播，所以總是在雨季結果，採集十分不便。一九九〇年代前卡姆果幾乎沒有商業價值。

一九九〇年代後，卡姆果需求大增。除了保養品的使用，日本用來製作能量飲料或運動飲料。美國則將卡姆果做成保健食品，甚至研發減輕憂鬱、不孕，以及降血壓或治療帕金森氏症的藥物。野生的卡姆果被過度採摘，影響原生地小苗天然更新，甚至導致卡姆果瀕臨絕種，更進一步造成魚類食物短缺。一九九六年祕魯政府開始推廣栽培卡姆果，一方面增加當地居民的收入，一方面藉此恢復雨林，達成雙贏。

因為栽培有一定難度，台灣栽種卡姆果者不多，都是趣味性栽培為主。推測大約是二〇〇〇年後搭上樹葡萄風潮而引進台灣。中南部有少數玩家栽培。由於氣候不適宜，鮮少開花結果。

在台灣，卡姆果的商品大概在二〇一〇年後才出現在市面上。主要是標榜添加「卡姆果配方」的妮維雅美白護膚乳液。還有一些貿易商或代購業者從日本或美國進口卡姆果紅茶、卡姆果沖泡飲料、卡姆果膠囊等等。

每一種生態現象發生都有特別的道理。從卡姆果果實傳播的方式，可以了解卡姆果必定生長在水邊，是河岸或沼澤植物。同理，我們也可以透過果實的形態推測種子傳播的方式，進一步了解不同植物在雨林裡所處的位置。

第一章所介紹的主角巴西橡膠樹，它的果實成熟時會主動炸開，將種子彈向離母樹較遠的地方。此外，它的種子很輕，可以漂浮在水面上，藉由水流帶向更遠的地方。因此，巴西橡膠樹必定生長在河岸，而且位在雨林的樹冠層。如此一來，果實炸開的時候才不容易被其他大樹的樹冠遮擋。

膠蟲樹、龍腦香、桃花心木的果實或種子有翅膀，而吉貝木棉與木棉花的種子外有棉屑，可以乘風飛翔，那它們必定是雨林裡的超高樹，突出在森林之上，種子才能飛得又高又遠。

突出層的大樹樹冠掛滿了有翅膀的種子

巴西栗、砲彈樹、十字葉蒲瓜樹的果實，都具有非常堅硬的果皮，那就要擁有強而有力的牙齒如囓齒動物，或是善用工具的靈長動物才能將它撬開。

榴槤的果實有硬刺，但是果實成熟時會自己裂開。所以刺是為保護未熟果。熟了之後，所有動物都有機會大啖榴槤。而它的氣味，想必是為了吸引嗅覺靈敏的山豬、狐蝠之類的大型動物。

而果實有鮮豔顏色的咖啡，或是具有虹光的球果杜英，就偏好視力絕佳的鳥類。

當然，榴槤、巴西栗、砲彈樹的果實那麼重，樹不夠大會負荷不了，所以需要比一般的樹更長的時間才會成熟、開花。

萬事萬物都有其道理，雨林植物的繁殖策略也是如此。

熱帶雨林植物除了在葉子上作文章，為了傳宗接代，果實傳播的方式也做足了功課。「條條大路通羅馬」，不管選擇什麼樣的方式，只要能達到目的就是好的策略。

卡姆果或叫卡姆卡姆樹、卡姆嘉寶果、卡姆樹葡萄，是桃金孃科的小喬木或灌木，高可達 5 公尺。單葉，對生，嫩葉紅色。花白色，單生或聚繖花序。漿果，成熟時紫紅色。原生於亞馬遜河畔的氾濫森林。喜歡潮濕的環境。是嘉寶果（*Plinia cauliflora*）的近緣種，推測大概是 2000 年後搭上樹葡萄風潮而引進台灣。但是因為栽培有一定難度，栽種者不多。

卡姆果

學名：*Myrciaria dubia* (Kunth) McVaugh

科名：桃金孃科（Myrtaceae）

原產地：哥倫比亞、委內瑞拉、蓋亞那、巴西、祕魯、厄瓜多、玻利維亞

生育地：亞馬遜河岸雨林

海拔高：0-500m

卡姆果的嫩葉也是紅色的

卡姆果是較少人栽培的果樹

快俠樹懶與螞蟻的最愛——號角樹

如果您也曾經喜愛小牛頓雜誌，或是常常看國家地理雜誌、發現或動物星球頻道，那您一定對樹懶待在樹冠下躲雨的畫面有印象吧！當然啦，本文要介紹的主角絕不會是到底有三趾或二趾、一生幾乎都在樹上度過的樹懶，而是讓樹懶躲雨、又特別愛吃，這種擁有巨大葉子的植物——號角樹。

號角樹的主幹及枝條都是中空的，而且就像竹子一樣分成一節一節。中南美洲的原住民利用其枝條來製作類似號角般吹奏樂器的吹管，故名號角樹，英文則稱為 trumpet tree（喇叭樹）。巨大如傘的葉子，剛好可以讓樹懶躲雨，因此它也被稱為傘樹。

前面幾章解析了熱帶雨林植物的葉子、果實，與植物本身的生存策略，那麼，植物體內形成空腔又是為了什麼？號角樹是一種跟螞蟻共生的「螞蟻植物」[472]。它的樹皮柔軟，熱帶美洲的阿斯特克蟻[473]可以輕易地咬開，住進樹幹中的空腔。整棵號角樹就是活生生的螞蟻窩。所以號角樹又有蟻棲樹或聚蟻樹之稱。

註

472｜英文：ant plant
473｜拉丁文學名：*Azteca* spp.

在熱帶雨林裡，植物間的競爭有時候比動物間的吃與被吃關係更殘酷。號角樹雖然生長快速，卻快不過雨林裡惱人的藤蔓。萬一被生長快速的藤蔓纏住了，樹木恐怕會窒息而死。為了處理藤蔓，號角樹不但提供阿斯特克蟻居所，也讓螞蟻吸食其汁液。而螞蟻則替它清除樹葉上的害蟲還有樹幹上的藤蔓為報。

號角樹的種子細小，而且生長快速，是熱帶雨林中的先驅植物[474]。雖然小苗稍微具有耐陰性，但是更喜歡充足的陽光，通常生長在雨林邊緣或是受干擾的環境。

為了支撐生長快速又高大的樹體，號角樹會長出粗壯的支柱根。當號角樹的莖幹往陽光處生長時，支柱根也會隨著樹體生長的方向作調整，整棵樹看起來彷彿是往陽光充足的角落挪動腳步。所以號角樹這類會長支柱根的植物也常被稱作「會走路的樹」。

號角樹發達的支柱根

號角樹的樹幹中空

註

474 | 英文：pioneer plant。在沒有植物的地方，如崩塌地、火災基地，或人為過度開發後形成的空地，以及森林中受人類、大型動物或天災干擾的環境，風常會帶來喜好陽光、種子細小的植物，先行生長。這樣的植物稱為先驅植物

亞馬遜的印地安人除了利用中空的樹幹製作樂器吹管，也會將它做成一種原始的打擊樂器，藉由敲打地面使空腔發出共鳴。號角樹的果實可以食用，樹皮、樹葉在當地也作抗發炎、消腫的藥物。不過，原產地以外的熱帶地區，除了栽培作為景觀植物，並沒有其他經濟用途。

號角樹命名的故事就稍微悲傷一點，有一位植物學家為了研究熱帶美洲植物而客死他鄉。

一六四八年由德國自然學家喬治．馬格格雷夫[475]和荷蘭的熱帶醫學暨生物學家威廉．皮索[476]合作，以拉丁文撰寫而成的《巴西自然史》[477]，是歐洲最早描述柯柏膠的書，也是最早記錄號角樹及其特徵的文獻。一七五八年，林奈替學生——瑞典植物學家彼爾．勞弗令[478]——出版了遺著《在西班牙語地區旅行，一七五一至一七五六年，從歐洲的西班牙到南美洲》[479]。書中，勞弗令以號角樹為模式種，發表了號角樹屬。

令人遺憾的是，勞弗令二十七歲在南美洲研究植物時便客死他鄉，是植物學史上巨大損失。隔年，林奈於《自然系統》[480]一書命名桃花心木時，也同時命名了號角樹。屬名是指傳說中雅典的第一個皇帝，半人半蛇的凱克洛普斯[481]。

註

475 ｜德文：Georg Marggraf
476 ｜荷蘭文：Willem Piso
477 ｜拉丁文：Historia Naturalis Brasiliae
478 ｜瑞典文：Pehr Löfling
479 ｜瑞典文：Iter Hispanicum, eller resa til Spanska Länderna uti Europa och America 1751 til 1756
480 ｜拉丁文：Systema Naturae
481 ｜英文：Cecrops I

二十世紀初，號角樹被引進非洲及亞洲許多熱帶國家。其適應力極強，已成為全球百大入侵種植物。

號角樹在台灣鮮少栽培，較著名的栽植地點是位於台中市區的國立自然科學博物館熱帶雨林溫室。一九八〇年代，政府推動十二項建設，要在每個縣市興建博物館。教育部於一九八一年開始規畫並籌建國立自然科學博物館。一九八六年至一九九三年，第一期至第四期工程陸續完工。而後，台中市政府將科博館後方五十四號公園預定地交由科博館規畫成植物園。

植物園面積約四點九公頃，於一九九九年七月二十三日正式開園。園區規畫以台灣低海拔森林生態為主，中央有一座高四十公尺的熱帶雨林溫室，收集並栽培了約四百種植物。科博館開幕逾三十年，參觀人次達九千萬，是中部地區最大的博物館，也是學生校外教學的重要場所。而號角樹巨大的葉片，使它成為科博館植物園的明星樹種。

不過，最早引進號角樹的單位應該是位於南投縣竹山鎮，附屬台灣大學實驗林的下坪熱帶植物園。植物園成立於日治時期，面積約八點八七公頃，以收集熱帶植物為宗旨，光復後由台大實驗林管理處接收。一九六六至一九六八年間，台灣大學森林學系廖日京教授與路統信自恆春熱帶植物園、林業試驗所各分所、農業試驗所嘉義分所引進許多樹種。一九七一至一九七三年，高振襟又自全台各地引進了不少植物。

時至今日，下坪熱帶樹木園仍保留了許多日治時期引進，全台少見或是僅下坪有栽培的特殊植物，除了本文所介紹的號角樹，還有第一章的美洲橡膠樹與第七章的大葉咖啡。而第五章的哈倫加那，還有第十章提到的蟾蜍樹、頂果木、布氏黃木等，皆已經十分高大，又不見於台灣其他植物園，應該都是二戰時遺失了引進紀錄。

號角樹於下坪樹木園成歸化狀態，較空曠的林地偶爾可見到自生的號角樹苗。由於號角樹的葉背是銀白色，掌狀葉片枯萎落地會捲曲成拳頭狀，常有人會特地到此撿拾其枯葉作為擺飾，象徵招「銀兩」來。

號角樹過去曾被放在桑科（Moraceae），後來獨立至錐頭麻科，現在又被併到蕁麻科。常綠大喬木，高可達60公尺，具有支柱根。盾形掌狀裂葉，細鋸齒緣。葉表面、葉背之葉脈、葉柄，以及托葉皆被細毛。嫩葉紅褐色、葉背銀白色。幼葉為卵形或披針形，且葉柄基生。隨著植物體長大，葉片逐漸變成三裂、五裂、七裂，葉柄從基生變成盾狀，托葉由原本的宿存變成早落性。單性花，雌雄異株，繖形穗狀花序腋生。雄花序較細，十二至三十枚一束，雌花序則四到六枚一束。聚合果棍棒狀。

號角樹

學名：*Cecropia peltata* L.

科名：錐頭麻科（Cecropiaceae）或蕁麻科（Urticaceae）

原產地：墨西哥、貝里斯、瓜地馬拉、宏都拉斯、尼加拉瓜、哥斯大黎加、巴拿馬、哥倫比亞、委內瑞拉、蓋亞那、蘇利南、法屬圭亞那、巴西、雅買加、千里達及托巴哥

生育地：低地至中海拔成熟森林中的孔隙或河岸沼澤、次生林、乾燥森林

海拔高：50-2700m

號角樹的落葉

號角樹的果實如手指一般

號角樹的葉片十分巨大

山中一廟——蓼樹

多年前在陸人丙大大的部落格認識了「混血樹」便印象深刻。Google了好久才查到學名，也查到了當時網路上唯一一筆中文資料。

在已經關站的植物論壇「網路花壇」曾有人詢問這株特別植物之名，此外便不再見過任何相關訊息。留言詢問，得知該樹位在嘉義竹崎往無底潭關聖帝君廟的途中。

二〇一四年三月特地驅車至嘉義尋覓此樹。滂沱大雨中，在蜿蜒崎嶇的山路前行，一路來到偏遠的無底潭關聖帝君廟。雖不至於人跡罕至，沿途卻也僅見幾戶山地人家。很可惜，關聖帝君廟是找到了，沿路卻不見「混血樹」蹤影。失望之餘，仍不忘向關聖帝君打聲招呼，說明來意。

或許是愛樹之心打動了神明，離去前，雨停了，霧散了。啟程不久，赫然見到掛滿紅色未熟果的「混血樹」聳立面前。在一處私人宅邸大門兩側各有一棵，高約三、四層樓。可惜未能得見園主，不知當初這美麗卻罕見的樹如何飄洋過海來到台灣。只能從鄰居口中得知，園主是一位喜歡蒐集奇花異木的愛花人。

混血樹是蓼科的大喬木，一般都直接稱它為蓼樹。蓼科通常都是矮小的草本或是藤本植物，如第九章介紹過的叻沙葉，還有可食用的蕎麥、藥用的何首烏，都是蓼科的小草或藤蔓，可以長成這麼大的樹真的非常特殊。陸人丙先生說「混血樹」這名稱是日本來的，不過我查了日本的網站，似乎都是直接用日語中的片假名拼出它的拉丁學名「トリプラリス　アメリカーナ」，或是叫它「蟻の木」、「衝羽根蓼の木」，都沒有找到跟混血樹相關的說法。日文俗名直接翻譯就是「螞蟻樹」以及「羽板球蓼樹」。衝羽根是日本文化中特別的手板羽球，形狀類似毽子。蓼樹的花序與果實，真的都挺像毽子的。

滂沱大雨中尋獲的巨大混血樹

混血樹的未熟果被大雨打落一地

說巧不巧，蓼樹也是樹幹中空的「螞蟻植物」。更巧的是，蓼樹的屬名跟號角樹同樣也是出自瑞典植物學家勞弗令[482]一七五八年遺著《在西班牙語地區旅行，一七五一至一七五六年，從歐洲的西班牙到南美洲》[483]。模式種美洲蓼樹，也是隔年林奈於《自然系統》[484]一書發表號角樹跟桃花心木時，同時命名。

蓼樹拉丁文屬名 ***Triplaris*** 意思是三倍的，應該是形容它柱頭、花瓣、花萼各三片，成三重。種小名 ***americana*** 在這裡不是指美國，而是美洲。

跟蓼樹共生的螞蟻是有毒的黃蜂蟻[485]。擁有巨大的眼睛，看起來就像大黃蜂一樣。牠會保護蓼樹不受其他動物侵犯。當地的原住民都不會靠近蓼樹這種可怕的植物，以免遭受攻擊。只有初學者，對森林不熟悉的人才會靠近，所以它又被稱為初學者樹[486]。

蓼樹的柱頭、花瓣、花萼均三裂

註

482｜瑞典文：Pehr Löfling
483｜瑞典文：Iter Hispanicum, eller resa til Spanska Länderna uti Europa och America 1751 til 1756
484｜拉丁文：Systema Naturae
485｜拉丁文學名：*Pseudomyrmex triplarinus*
486｜英文：novice tree

花是植物的生殖器官，當然也有有雌雄之分。有些花同時具有雌蕊跟雄蕊，稱為兩性花。如果一朵花當中只有一種性別的花蕊，則稱為單性花。有些植物，雖然雄花跟雌花分開，但是開在同一棵樹，稱為雌雄同株。但是，蓼樹的雄花與雌花開在不同的樹上，植物學上稱為單性花，雌雄異株。

蓼樹雌株與雄株比例十分懸殊，通常都是雌株。但不論是雌花還是雄花，花都是白色，而且很小。鮮豔紅色掛滿整樹的可能是它的果實。果實上也有三片翅膀，是花授粉後，花萼繼續長大而成。它是生長在雨林外層的先驅植物，這點也跟號角樹類似，果實可以隨著風飄散。

黃蜂蟻必定得住在蓼樹體內，但是蓼樹沒有黃蜂蟻仍舊可以獨活。在熱帶地區常栽培蓼樹作為觀賞植物。不過在台灣，蓼樹十分少見，除了上述嘉義那處私人花園栽培蓼樹，台南佳里一處小小的社區環保公園也有栽培不少株蓼樹。

蓼樹是大喬木，高可達30公尺，樹幹筆直。枝條中空。單葉、全緣，托葉早落。單性花，雌雄異株。果實為翅果。

開花中的蓼樹

蓼樹的雌花或未熟果

蓼樹的雄花

蓼樹、螞蟻樹、混血樹

學名：*Triplaris americana* L.

科名：蓼科（Polygonaceae）

原產地：巴拿馬、哥倫比亞、委內瑞拉、巴西、厄瓜多、祕魯、玻利維亞

生育地：熱帶森林

海拔高：0-1000m

蓼樹

植物界的劍齒虎——二齒豬籠草

「螞蟻植物」，植物學的專有名詞是 Myrmecophyte。這種與螞蟻間巧妙的共生關係，通常都是在熱帶雨林內的植物上發現，大約分屬於一百個不同的植物屬。有些屬是全屬皆為螞蟻植物，有些則是屬內有少數幾種演化成螞蟻植物。這些植物通常都會有特殊的構造，提供螞蟻居所。

有些植物跟螞蟻有高度的依存關係。螞蟻跟植物甚至無法單獨存活。還有一些則是植物可以單獨存活，但是螞蟻不行。也有少數螞蟻是被植物分泌的蜜所吸引，這類螞蟻就不一定會住在螞蟻植物體內。

螞蟻跟植物間的合作模式也十分多樣。有些植物單純提供居住空間，有些還會在莖或葉，分泌或長出具有醣、蛋白質、脂質等營養成分的小結構，餵養螞蟻。

螞蟻除了守護植物，其排泄物也會成為植物的養分來源。有的螞蟻還會替植物授粉，或是散播種子。

除了號角樹、蓼樹外，還有一些蕨類植物，如水龍骨科的蟻蕨屬[487]、馬鈴薯蕨屬[488]、亞洲猴腦鹿角蕨[489]、非洲猴腦鹿角蕨[490]；茜草科的蟻巢玉屬[491]與蟻寨屬[492]，蘿摩科風不動屬的泡泡龍[493]、愛元果[494]等、毬蘭屬的蟻毬蘭[495]、僧帽毬蘭[496]、龜甲毬蘭[497]等；豆科植物如宏寶豆[498]；唇形科蟻巢大青[499]；幾種蘭科植物；鳳梨科植物如章魚空氣鳳梨[500]、紅小犀牛角[501]，還有二齒豬籠草都是知名的螞蟻植物。

而與螞蟻間互助行為最特殊的植物，莫過於讓螞蟻餵養的二齒豬籠草[502]。

二齒豬籠草幾乎是所有豬籠草玩家必蒐集的種類。它主要是生長在婆羅洲的泥炭沼澤或石楠林，也時常會生長在龍腦香森林內。它的捕蟲瓶不算大，可是整株植物體積龐大，一片成熟的葉子可能長達一公尺，植株可爬上四十公尺高的樹冠層，還會分枝。當然，這些特徵與熱帶雨林的其他怪物比起來都不算太重要。最重要的特徵還是它瓶蓋下的兩顆牙齒，這也正是它名字的由來。雖然它是食蟲植物，但是這兩顆牙齒可不是用來捕食。這是它的蜜腺，吸引蟲子過來，讓牠們不小心掉進下方的陷阱——豬籠草的捕蟲瓶裡。

跟二齒豬籠草共生的是一種十分特殊的紅色木匠螞蟻[503]。二齒豬籠草提供螞蟻住宿，螞蟻則提供自己的排泄物，甚至屍體作為豬籠草的養分。多數時候，

註

487｜拉丁文學名：*Lecanopteris* spp.
488｜拉丁文學名：*Solanopteris* spp.
489｜拉丁文學名：*Platycerium ridleyi*
490｜拉丁文學名：*Platycerium madagascariense*
491｜拉丁文學名：*Myrmecodia* spp.
492｜拉丁文學名：*Hydnophytum* spp.
493｜拉丁文學名：*Dischidia major*
494｜拉丁文學名：*Dischidia vidalii*
495｜拉丁文學名：*Hoya darwinii*
496｜拉丁文學名：*Hoya mitrata*
497｜拉丁文學名：*Hoya imbricata*
498｜拉丁文學名：*Humboldtia laurifolia*
499｜拉丁文學名：*Clerodendrum fistulosum*
500｜拉丁文學名：*Tillandsia bulbosa*
501｜拉丁文學名：*Tillandsia pruinosa*
502｜拉丁文學名：*Nepenthes bicalcarata*
503｜拉丁文學名：*Camponotus schmitzi*

木匠螞蟻會躲在豬籠草體內，不隨意攻擊靠近的昆蟲，避免把二齒豬籠草的潛在獵物嚇跑。不過，當獵物失足掉落捕蟲瓶時，木匠螞蟻就會出來攻擊這些昆蟲，避免牠們逃脫，以確保二齒豬籠草捕食成功。

由於二齒豬籠草消化液的酸性較其他豬籠草弱，所以活的木匠螞蟻可以短暫在二齒豬籠草的消化液中游泳，協助清理捕蟲瓶裡將腐爛的蟲屍，以延長捕蟲瓶的使用時間。由於消化液不夠酸，昆蟲掉落後通常不會立刻死亡，導致二齒豬籠草自行捕獲昆蟲的能力變差。可是也正因為如此，二齒豬籠草跟木匠螞蟻才有了合作的可能性。這種出現在熱帶雨林裡，為了彼此而高度特化的共生關係，令人嘆為觀止，就彷彿談判桌上，為了創造雙贏的局面，雙方各有讓步。

豬籠草是食蟲植物的代表，大約有一百五十種，主要分布於東南亞地區，從海邊一直到中高海拔的雲霧林。

一六五八年，法國殖民地總督艾蒂安．德．弗拉古[504]在《馬達加斯加島的歷史》[505]書中，有這麼一段描述：「在葉片尾端有一個空心，但不知道是花還是果實的構造，還具有一個蓋子，像是花瓶一樣美麗的植物。」這是豬籠草最早跟歐洲文明接觸的紀錄。在那之後，東南亞的豬籠草也陸續被發現。

註

504｜法文：Étienne de Flacourt
505｜法文：Histoire de la Grande Isle de Madagascar

一七三八年，林奈早期的植物學作品《克利福特園》[506]，借荷馬史詩《奧德賽》中的典故，以埃及女王賜予海倫的藥名來稱呼豬籠草。後於一七五三年在《植物種志》中，正式命名豬籠草屬，名為*Nepenthes*。該藥名為Nepenthes pharmakon，意思是忘卻悲傷之藥。Nepenthes來自古希臘文νηπενθής，由兩個字組合而成，νη（ne）意思是沒有，πένθος（penthos）是悲傷。林奈說：「經歷漫長的旅程後，植物學家如果發現了這種奇特的植物，必定會忘記一切不愉快，讚嘆造物者。」可見豬籠草帶給當時植物學家相當大的震撼。

一八七三年，英國植物學家約瑟夫．胡克[507]出了一本豬籠草的專書，正式命名二齒豬籠草。這本書中記錄了三十多種豬籠草，並命名了七種新的豬籠草。

不久之後，隨著新的豬籠草陸續被發現，歐洲開始流行栽培豬籠草。當時正值英國維多利亞時代[508]，英國殖民地橫跨二十二個時區，是英國日不落帝國最強盛的時期。當時英國貴族醉心於追求藝術、文化，還有更精緻的生活。在那樣的時代背景下，來自各殖民地各種稀奇古怪的植物，成為貴族競相蒐藏，甚至炫富的工具。植物獵人到世界各地尋找珍稀植物，而豬籠草正好滿足了所有人對珍稀植物的想像與追求。一八八〇年代，豬籠草收集達到頂峰，甚至被稱為豬籠草的黃金時代。

註

506｜拉丁文：Hortus Cliffortianus

507｜英文：Joseph Dalton Hooker。威廉．胡克與約瑟夫．胡克父子都是十分重要的植物學家，命名了非常多的植物。如本書所介紹的歌德木及章魚空氣鳳梨是父親威廉．胡克命名。而約瑟夫．胡克命名過香水樹、大野芋以及二齒豬籠草

508｜英文：Victorian era，1837至1901年

一九六四年，《國家地理雜誌》有一篇關於豬籠草的專題文章，稱豬籠草為猴子杯[509]。四年後，一九六七年玫瑰花推廣中心張碁祥率先自日本引進六種豬籠草到台灣。當時引進的種類就包含了著名的雜交種戴瑞安納豬籠草[510]。不過，早期特殊的原生種豬籠草在台灣難得一見。大約到了一九九〇年代末期，園藝廠商陸續引進，台北建國花市愛蘭園等販售特殊植物的店家才慢慢出現各式各樣的豬籠草與食蟲植物。在華陽園藝林榮森先生、知名植物玩家夏洛特等人的推廣下，帶起了台灣栽培豬籠草與其他食蟲植物的風潮。

華麗的豬籠草是維多利亞時代歐洲富豪競相蒐藏的植物

註

509｜英文：monkey cups
510｜拉丁文學名：*Nepenthes* × *dyeriana*

二齒豬籠草是十分巨大的草質藤本。單葉互生，葉先端會長出捕蟲瓶。單性花，雌雄異株，總狀花序。蒴果。

二齒豬籠草

學名：*Nepenthes bicalcarata* Hook. f.

科名：豬籠草科（Nepenthaceae）

原產地：婆羅洲沙勞越、加里曼丹

生育地：低地雨林內或泥炭沼澤林

海拔高：0-950m

二齒豬籠草的捕蟲瓶有
兩根尖銳如牙齒的蜜腺

二齒豬籠草的捕蟲瓶長在葉片末端

梅杜莎與鳳梨酥——章魚空氣鳳梨

「這什麼啊？怎麼長得像梅杜莎一樣！」

這是一位對植物完全沒興趣的好友，第一眼看到章魚空氣鳳梨時的反應，至今我仍十分驚訝。因為他對於章魚空氣鳳梨的形容，居然跟本篇將要介紹的一位植物學家不謀而合。

章魚空氣鳳梨是許多空鳳玩家必蒐藏的物種。它的體型及顏色變化大，各產區皆有所差異。顏色有翠綠、白綠、黃綠。自迷你型到巨大型，植株直徑差異達十數公分。更重要的是，它開花時，紅紫黃相間，十分豔麗。

不過，既然是同一種植物，基本外型還是一樣的。植物體構造很簡單，由一片一片的葉片交疊、包被成圓胖如蒜頭或洋蔥般的造型。日本稱這類胖胖的空氣鳳梨為「壺型種」，搭配上蠟質、細長、堅硬、空心而扭曲的葉尖，這兩項特色，讓它活似一隻倒掛的「章魚」，更像是希臘神話中的蛇髮女妖梅杜莎。

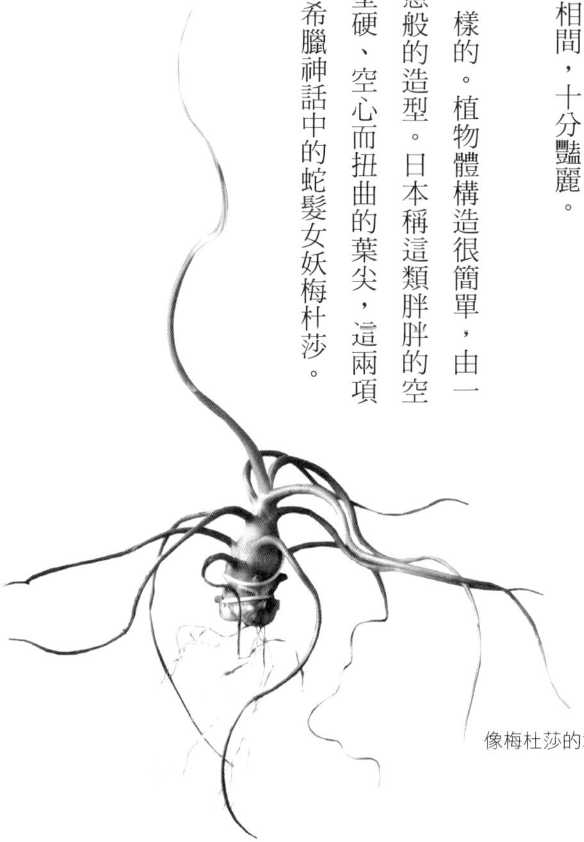

像梅杜莎的章魚空氣鳳梨

不過，植物學家威廉．胡克只是覺得它胖胖的，一八二五年將其拉丁文種小名命名為 *bulbosa*，意思是像球莖一樣。到了一八八〇年，有一位專門研究鳳梨科植物的比利時植物學家查爾斯．愛德華．莫倫[511]，將另一種與章魚形態、生態都很類似的女王頭空氣鳳梨，命名為 *caput-medusae*，意思就是梅杜莎的頭。這位植物學家，正是第八章提過，那位觀察蜜蜂如何替香草蘭授粉的查爾斯．莫倫[512]教授的兒子。

它們會演化出如此特殊的造型有其深意。章魚跟女王頭空氣鳳梨圓胖的身體，內含許多「空間」，目的就跟號角樹、蓼樹一樣，是要讓自己的身體成為一座活的「螞蟻窩」，而空心的葉子是螞蟻的通道。

生長在幾乎每天都下雨的熱帶雨林裡，圓胖的身體除了提供螞蟻住所，更可以讓雨水快速流掉，避免積水造成螞蟻的困擾。然而，如此一來就必須減少葉面積以降低水分的蒸散，是故其葉緣向內捲曲成細管狀。而女王頭空氣鳳梨全身布滿銀白色鱗毛，更可以直接吸收空氣中的水氣。

一棵小小的植物，為了適應熱帶雨林高度競爭的環境，即便再簡單不過的構造，都如此特化，讓人驚訝不已！

註

511｜法文：Charles Jacques Édouard Morren
512｜法文：Charles François Antoine Morren

女王頭空氣鳳梨

學名：*Tillandsia caput-medusae* E. Morren

科名：鳳梨科（Bromeliaceae）

原產地：墨西哥、貝里斯、瓜地馬拉、薩爾瓦多、宏都拉斯、尼加拉瓜、哥斯大黎加、巴拿馬

生育地：低地森林、落葉林、橡樹林樹上，著生

海拔高：100-1600m

圖片提供／ Arwoo（顏俊宇）

女王頭空氣鳳梨像是有銀白色毛的章魚

章魚空氣鳳梨

學名：*Tillandsia bulbosa* Hook.

科名：鳳梨科（Bromeliaceae）

原產地：墨西哥至哥倫比亞、蓋亞納、巴西東部、厄瓜多、牙買加

生育地：河口紅樹林至山地潮濕森林樹上，著生

海拔高：0-1300m

章魚空氣鳳梨的花十分艷麗

圖片提供／ Arwoo（顏俊宇）

除了章魚及女王頭空氣鳳梨，空氣鳳梨屬中，甚至整個鳳梨科中還有許多種類都是螞蟻植物，像是扇形小蜻蜓鳳梨[513]、恩格爾蜻蜓鳳梨[514]、梅特西蜻蜓鳳梨[515]、紅小犀牛角空氣鳳梨[516]等等。雖然形態各異，但是幾乎都具有膨脹的空腔，供螞蟻居住。

提到鳳梨，大家所聯想到的都是可食用的水果。它雖是美洲原產的熱帶植物，可是「鳳梨酥」卻是台灣點心與文化的代表，更是所有外國人來到台灣旅遊必購買的伴手禮。除了醫療從業人員怕「太旺」，多數人都喜歡鳳梨。

植物學家推測，食用鳳梨應該是原產於巴西與巴拉圭之間的植物，後來慢慢向北傳至中美洲及加勒比海地區，被馬雅人與阿茲提克人栽種。一四九三年，哥倫布第二次航行至中美洲，也就是觀察到海地原住民玩橡膠球那年，他在瓜德羅普[517]發現了鳳梨，並稱之為 piña de Indes，意思是印度的松果。英文則稱鳳梨為 Pineapple（松蘋果）。

食用鳳梨大約在一五五〇年代被葡萄牙引進印度栽種。後來又被西班牙帶到菲律賓及亞洲其他熱帶地區。台灣栽培鳳梨始於一六九四年，應該是往來菲律賓及台灣、福建、廣東的華人所引進。

註

513｜拉丁文學名：*Aechmea brevicollis*
514｜拉丁文學名：*Aechmea egleriana*
515｜拉丁文學名：*Aechmea mertensii*
516｜拉丁文學名：*Tillandsia pruinosa*
517｜西班牙文：Guadalupe，位在加勒比海上，是西印度群島中的一個小島，現為法國的海外省

鳳梨的台語是「王梨」，諧音旺來，香港、澳門及中國則稱為波蘿。不過，王梨其實是黃梨的錯字。至今馬來西亞、新加坡的華人，以及客家人仍稱鳳梨為黃梨。一七一七年周鍾瑄主編之《諸羅縣志》卷十：「黃梨：以色名，或訛為王梨。實生叢心，味甘而微酸。盛以瓷盤，清香繞室，與佛手、香橼等。台人名菠蘿，以末有葉一簇如鳳尾也。取尾種之，著地即生。」這段對鳳梨的描述除了提到黃梨、王梨由來，也提到鳳梨曾經稱為菠蘿，而「鳳」這個字則是形容鳳梨頭有一撮葉子如鳳尾。

一九〇二年岡村庄太郎於高雄鳳山設立鳳梨罐頭工廠，開啟了台灣的鳳梨加工產業。在政策獎勵下，台灣栽培鳳梨蔚為風潮。一九三五年全台鳳梨加工廠達七十七家，一九三八年鳳梨新植面積逾一萬公頃，外銷罐頭一百六十七萬餘箱。一九四一年太平洋戰爭爆發，美國禁止鋼鐵輸入日本。失去製作罐頭的鐵皮原料，工廠又遭炸毀，鳳梨罐頭產業幾乎全毀。

光復後，政府除了提倡栽種咖啡等熱帶作物，亦鼓勵栽培鳳梨，加工外銷。除了增加外匯收入，也提升農村經濟。一九七一年台灣鳳梨罐頭外銷逾四百萬箱，世界第一。一九七二年鳳梨栽培面積達到頂點，全台超過一點六萬公頃。

但是，一九八〇年代起，台灣產業結構改變、人工成本提高，加上泰國、菲律賓等熱帶國家的競爭，台灣鳳梨罐頭外銷產業逐漸沒落。至一九八五年栽培面積已大減七成，跌至五千多公頃。

後來農政單位又陸續推出一些鮮食的品種，從「加工外銷為主，內銷為副」，漸漸轉變成「內銷鮮食為主，外銷為副」。鳳梨栽培面積才又漸漸提升。

除了鳳梨罐頭，鳳梨酥也是另類的台灣之光。相傳在三國時期，孔明為了不讓孫權毀婚，使劉備順利迎娶孫權妹妹孫尚香，請人製作龍鳳圖案的喜餅廣發。此即中式喜餅的由來，也是《三國演義》有名的橋段「周郎妙計安天下，賠了夫人又折兵」。龍鳳喜餅傳到台灣後，不知何時開始有了鳳梨餡的口味，於是龍鳳餅又漸漸有了龍餅與鳳餅之分，傳統包肉餡的喜餅被稱為龍餅，以鳳梨入餡的則稱為鳳餅。

不過喜餅太大了，不易食用。二十世紀初，台中縣糕餅師傅顏瓶改良傳統龍鳳餅，將它縮小成一百公克左右的小圓餅，這就是鳳梨酥的雛型。而早期因為鳳梨纖維較粗，所以嘗試加入冬瓜、麥芽等一起熬煮內餡。一九七〇年代，黃進益將模擬核桃酥口感製作的外皮，與鳳梨內餡結合，製作出第一代的鳳梨酥。後經過許多糕餅業者不斷改良外皮及內餡，才有了今日好吃的鳳梨酥。

二〇〇六年可說是鳳梨酥旋風肇始年。台北市糕餅同業公會舉辦了第一屆「鳳梨酥文化節」，南京東路五段的佳德糕餅奪得首獎。而保安宮對面的維格餅家則結合旅遊業者，開創新的行銷通路。同年，台中的日出集團也率先推出「土鳳梨酥」。二〇〇八年微熱山丘更是一炮而紅。自此鳳梨酥成為文創產業，從台灣土產成為享譽國際的「金磚」，一年創造二百五十億產值。除了上述店家，還有板橋小潘蛋糕坊、台北犁記、台中俊美餅店、高雄不二家，各有擁護者。

除了食用鳳梨，整個鳳梨科大約還有三千四百多種。分類上有八個亞科，約五十一個屬。絕大多數自然分布在美洲地區，從海邊至高山、雨林到沙漠都可以見到鳳梨科植物。許多種類具有美麗的花序或葉片，被栽培供觀賞。一般依外觀將觀賞鳳梨大致區分成三類：積水鳳梨[518]、空氣鳳梨[519]以及地生鳳梨[520]。

積水鳳梨是指葉心呈水杯狀，能夠儲存並吸收水分的種類，分類上有許多不同的屬；空氣鳳梨則特指空氣鳳梨屬，一般而言，葉片上具有鱗片或毛可以吸收空氣中的水分；而地生鳳梨跟一般的草本植物類似，葉片並不具有吸收水分的功能。

一七五三年，林奈在《植物種志》書中，以兩位瑞典植物學家奧拉夫・布米力斯[521]和埃利亞斯・提蘭茲[522]的姓 Bromelius 與 Tillandz 分別命名鳳梨屬 *Bromelia*

葉心能夠儲存並吸收水分的積水鳳梨

註

518 ｜英文：tank bromeliads
519 ｜英文：atmospheric bromeliads
520 ｜英文：terrestrial bromeliads
521 ｜瑞典文：Olaf Bromelius
522 ｜瑞典文：Elias Tillandz

與空氣鳳梨屬 *Tillandsia*，並命名食用鳳梨[523]等十四種鳳梨科植物。一七七六年擎天鳳梨[524]，一八二八年蜻蜓鳳梨[525]，一八四〇年虎紋鶯歌鳳梨[526]，這些栽培歷史悠久的觀賞鳳梨則在上述時間陸續被引進歐洲。

台灣的觀賞鳳梨引進始於日治時期。一九二五年最早引進的是積水型的紅筆鳳梨[527]及水塔花鳳梨[528]。一九三〇年地生型的小鳳梨[529]、絨葉小鳳梨[530]、虎紋小鳳梨[531]、多花皮氏鳳梨[532]被介紹到台灣。不過，除了留下引種紀錄，並沒有找到其他文獻。

一九六〇至一九七〇年代，各種較常見的積水鳳梨屬，如蜻蜓鳳梨[533]、擎天鳳梨[534]、五彩鳳梨[535]、鳥巢鳳梨[536]、龜甲鳳梨[537]、鶯歌鳳梨[538]，以及空氣鳳梨[539]、地生型的硬葉鳳梨[540]陸續引進。不過觀賞鳳梨在園藝界仍舊十分陌生，栽培也不普遍。

一九八〇年代末期，台灣水族產業起步。也影響了熱帶雨林觀賞植物的引進與栽培。但當時大家對不能食用的觀賞鳳梨還不甚了解，甚至以為要仿效歐洲栽培在生態缸中才能存活。

註

523｜最早林奈將食用鳳梨的拉丁文學名命名為 *Bromelia comosa*。1917 年美國植物學家埃爾默·德魯·美林（Elmer Drew Merrill）才將鳳梨的拉丁學名修改為 *Ananas comosus*
524｜拉丁文學名：*Guzmania lingulata*
525｜拉丁文學名：*Aechmea fasciata*
526｜拉丁文學名：*Vriesea splendens*
527｜拉丁文學名：*Billbergia pyramidalis*
528｜拉丁文學名：*Billbergia speciosa*
529｜拉丁文學名：*Cryptanthus acaulis*
530｜拉丁文學名：*Cryptanthus bivittatus*
531｜拉丁文學名：*Cryptanthus zonatus*
532｜拉丁文學名：*Pitcairnia multiflora*
533｜拉丁文學名：*Aechmea* spp.
534｜拉丁文學名：*Guzmania* spp.
535｜拉丁文學名：*Neoregelia* spp.
536｜拉丁文學名：*Nidularium* spp.
537｜拉丁文學名：*Quesnelia* spp.
538｜拉丁文學名：*Vriesea* spp.
539｜拉丁文學名：*Tillandsia* spp.
540｜拉丁文學名：*Dyckia* spp

早期並沒有中文的專書，觀賞鳳梨只散見於一些植物圖鑑，如一九九〇年章錦瑜的著作《室內觀賞植物》，以及一九九三年薛聰賢的《台灣花卉實用圖鑑》第二輯有較多篇幅介紹。觀賞鳳梨在花市中仍屬於配角。直到一九九四年號稱鳳梨聖經的書籍《盛開的鳳梨》541，以及一九九八年日本的《空氣鳳梨手冊》542陸續出版並傳到台灣，加上網路植物論壇「塔內植物園」上玩家對鳳梨的介紹與交流，觀賞鳳梨在台灣開始有了一小群愛好者。

一九九九年夏天，國立自然科學博物館熱帶雨林溫室完工，開放參觀。溫室中栽培了許多觀賞鳳梨，還有一個箭毒蛙飼養箱，展示美洲熱帶雨林中，箭毒蛙利用積水鳳梨小水杯的奇妙生態。提供了植物與箭毒蛙愛好者一個觀察與學習的環境，更引起一波箭毒蛙飼養風潮，連帶也刺激了積水鳳梨的栽培。

二〇〇〇年後，觀賞鳳梨市場日漸成熟。先是二〇〇二年宇田花藝在建國花市出現，專賣空氣鳳梨。同年，ebay 拍賣進軍台灣，二〇〇六年 PChome Online 網路家庭與 eBay 合作成立露天拍賣，更加速了觀賞鳳梨等特殊植物的販售。二〇〇九年夏洛特的《雨林植物觀賞與栽培圖鑑》出版，大篇幅介紹了許多特殊的鳳梨科植物。而第一本中文的空氣鳳梨圖鑑也由祝春貴於二〇〇九年完成。二〇一〇年國內最大的觀賞鳳梨種苗場自由之森園藝社成立。更多奇特且美麗的觀賞鳳梨陸續進口到台灣，觀賞鳳梨從配角躍升成為市場的搶手貨。

註

541｜英文：Blooming Bromeliads
542｜英文：New Tillandsia Handbook

Chapter 17

摩天大廈平地起

著生植物與板根、支柱根

白花蝴蝶蘭

愛搭便車的台灣阿嬤——白花蝴蝶蘭

台灣蘭界有個頗負盛名的角色，參加國際比賽得過不少獎，算是早期的台灣之光。老一輩人習慣稱呼她台灣阿嬤，也有人堅持改叫她台灣阿婆。她雖沒有公主病，但是也有特殊的脾氣。平常喜歡搭便車，總是神出鬼沒。她是誰？她不是人！她是台灣白花蝴蝶蘭。

台灣是蘭花王國。二〇一〇年至今，每年蘭花外銷金額都超過一億美金，二〇一四年甚至高達一點八三億。這些外銷的蘭花之中，大約有九成都是蝴蝶蘭，株數約九千萬。台灣國內賞蘭、愛蘭、植蘭的人口相當多。各種需要送盆花、擺盆景的場合，這種花期長達一、兩個月的植物，可是比彩妝達人天南星還暢銷。雖然常見到校園、公園會把蝴蝶蘭綁在大樹上，不過，仍舊有為數不少的人不曉得蝴蝶蘭在野外其實是長在大樹上的「附生植物」，還是時常有把花謝後的蝴蝶蘭盆栽種到土裡的慘案發生。

附生植物也稱為著生植物，它們是熱帶雨林的重要特徵。我個人喜歡戲稱這類植物為愛搭便車的植物。全世界植物中大約有一成是附生植物，絕大多數都是生長在熱帶雨林及熱帶山地雲霧林，而蘭科植物和蕨類植物，是附生植物中種類最豐富的兩大類。

附生植物只是生長在大樹上，並沒有吸收大樹養分，基本上不會對大樹健康造成影響。不過，想像一下，在自己身上掛滿小吊飾的感覺。一、兩個還好，布滿全身可就有壓力了。有時候附生植物長太大，還可能會壓斷樹枝。所以許多大樹為了不要載這麼多不請自來的搭便車怪客，多半都演化出光滑的樹皮。無奈，道高一尺，魔高一丈，這些老奸巨猾的附生植物個個都是飛簷走壁的高手，可不是想甩就可以甩得掉。以蝴蝶蘭為例，它們反而特別喜歡附生於樹皮光滑的大榕樹上。

雨林裡的大樹為了爭取陽光，拼命往上長，靠自身的努力成長茁壯。而附生植物則選擇「站在巨人」身上，或許本身體型不大，卻因為發芽的位置，而有了更多接觸陽光的機會。

不過，高處不勝寒，沒有三兩三，哪那麼容易說上樹去就上去。熱帶雨林樹種多，結構複雜，在不同的位置，光線、空氣濕度、微氣候的變化幅度就會不同，適合的植物種類也不一樣。

附生在白榕大樹幹上的台灣白花蝴蝶蘭

生態學家把空間尺度較大，受氣候、海拔、土壤條件影響而形成的生態環境，如熱帶雨林、季風林、山地雲霧林、沼澤、草原等不同的環境稱為植物的「生育地」[543]，動物則稱為「棲息地」。而森林內樹木垂直結構所造成的細部環境差異稱為「微生育地」[544]，或是Niche，可翻譯作小生境。這個名詞在生態學上的使用，最早於一九一七年由美國的生物學家約瑟夫．格林內爾[545]提出，原意是指房屋外牆上的壁龕。一九八〇年代美國商學院的學者開始使用這個名詞，來指稱有利潤又專門性的特定產品或服務。一般翻譯作利基[546]。

如果把大樹分層，樹冠以下的環境相對穩定，除了想辦法讓種子或孢子順利卡在樹幹上，其實不需要太多本領。像熱帶雨林內部空氣濕度如此穩定的狀態下，有時甚至連地面生長的植物都會出現在樹幹上。然而，附生在樹冠層的植物可就不同了，必須要有一定本領才行。

熱帶雨林邊緣的大樹樹幹上常長滿各式各樣的著生植物

註

543｜英文：Habitat
544｜英文：Microhabitat
545｜英文：Joseph Grinnell
546｜英文：Niche

多數蝴蝶蘭喜歡生長在雨林裡大樹樹冠層的粗大側枝上，因為這裡光線明亮，而且仍有大樹樹葉遮住過強的陽光，還不至於灼傷。然而，樹冠層的濕度變化遠比森林內部劇烈，加上養分不易保留，生存條件其實很差。植物至少得具備耐旱的本事才能在這層生存。附生於此層的植物稱為高位著生，是植物學家認為相對進化的種類。

為了適應這種環境，蝴蝶蘭演化出跟仙人掌或其他沙漠植物一樣的光合作用形式，把原本只能在白天有陽光時進行的光合作用分成兩個階段：白天吸收太陽光的能量，晚上氣溫較低時再加工二氧化碳，避免這個過程消耗水分。這種光合作用形式，科學家稱為景天酸代謝[547]。除了蝴蝶蘭，上一章提到長得像梅杜莎頭的章魚空氣鳳梨與多數鳳梨科植物，也都是採用景天酸代謝。

說了這麼多，還是沒有解釋為什麼台灣白花蝴蝶蘭一下叫作台灣阿嬤，一下又改成台灣阿婆。這又是一個很長的故事了。

阿嬤蝴蝶蘭正式中文名稱為南洋白花蝴蝶蘭。它是印尼國花，印尼語稱之為 **anggrek bulan**，意為月亮蘭花。

註

547 ｜英文：Crassulacean acid metabolism，縮寫成 CAM

不曉得大家還記不記得本書中命運最悲慘的德國植物學家格奧爾格．艾伯赫．郎弗安斯[548]？歐洲最早關於阿嬤蝴蝶蘭的文獻紀錄，就是出自郎弗安斯逝世後，於一七四一年才出版的名作《安汶島植物》[549]一書。書中記錄了第四章介紹的劇毒植物見血封喉、第五章的香水樹、第九章的榴槤，還有一種名為 ***Angraecum album majus*** 的蘭花，這些植物都引起了歐洲人的興趣，而 ***Angraecum album majus*** 正是阿嬤蝴蝶蘭。

一七五〇至一七五二年，瑞典探險家彼爾．奧斯貝克[550]以牧師的身分前往中國，他在廣州地區花了不少時間研究動植物。一七五二年，他由中國回歐洲途中，在爪哇西部的島嶼下船取水時，於岸邊叢林發現了阿嬤蝴蝶蘭。奧斯貝克採集了阿嬤蝴蝶蘭，並將阿嬤蝴蝶蘭及六百多種植物標本帶回歐洲，交給本書出現頻率最高的生物學家林奈。

隔年，林奈將其發表於名作《植物種志》，名為 *Epidendrum amabilis*。當時林奈將所有著生性蘭花皆放在樹蘭屬[551]，而拉丁文種小名 *amabilis* 意思是可愛的。不過，從來沒有聽過有人稱南洋白花蝴蝶蘭為「可愛的蝴蝶蘭」，反倒是前兩個音節的諧音類似台語的「阿嬤」，所以一般俗稱南洋白花蝴蝶蘭為阿嬤蝴蝶蘭，簡稱阿嬤。

註

548｜德文：Georg Eberhard Rumpf 或 Georgius Everhardus Rumphius
549｜拉丁文：Herbarium Amboinense
550｜瑞典文：Pehr Osbeck
551｜拉丁文學名：*Epidendrum*

一七九八年印度植物學之父威廉．羅克斯堡[552]，自摩鹿加引進南洋白花蝴蝶蘭至印度加爾各答，並於一八一四年將它歸併到蕙蘭屬，發表為 *Cymbidium amabile*。然而，蝴蝶蘭並沒有蕙蘭屬所擁有的假球莖。後來，那位曾經命名魔芋的布魯姆[553]博士，於短暫任職爪哇皇家植物園園長時，某次至爪哇中部南方努薩安邦島[554]從事植物採集，途中見到了南洋白蝴蝶蘭，便以它作為模式種，於一八二五年發表蝴蝶蘭屬 *Phalaenopsis*，並修正林奈原先的命名，改為 *Phalaenopsis amabilis*。*Phalaenopsis* 這個字是結合希臘文中的蛾 *φάλαινα*（phalaena）與外型 ὄψις（opsis）兩個字而建立。

一八四六年，南洋白花蝴蝶蘭活體由爪哇運送至英國維奇苗圃[555]。而後，東南亞各地仍陸續發現南洋白花蝴蝶蘭。

關於「阿嬤」的由來到此告一段落。不過故事還沒有結束。阿婆蝴蝶蘭跟阿嬤蝴蝶蘭其實是不同種的植物，阿婆蝴蝶蘭發現的時間跟阿嬤蝴蝶蘭差不多，都在十七世紀末。正式中文名稱為菲律賓白花蝴蝶蘭。

無巧不成書。阿婆蝴蝶蘭跟阿嬤蝴蝶蘭一樣都跟香水樹牽扯不清。一六八三年，那位接受耶穌會的派駐，到菲律賓的宣教士喬治．約瑟夫．卡邁爾[556]，除了畫下香水樹，也畫了菲律賓白花蝴蝶蘭。

註

552 ｜英文：William Roxburgh，來自蘇格蘭的植物學家，同時也是外科醫師
553 ｜德文：Carl Ludwig Ritter von Blume
554 ｜英文：Nusa Kambangan island
555 ｜英文：Veitch Nursery
556 ｜德文：Georg Joseph Kamel

其後，英國博物學之父約翰．雷[557]根據卡邁爾在菲律賓留下的植物紀錄，於一七〇四年出版《植物歷史》[558]第三卷，除了發表香水樹，也替阿婆蝴蝶蘭命名為 *Visco-Aloes Luzonis decima quarta*。

一八三七年英國的蒐藏家休．科明[559]再度發現菲律賓白蝴蝶蘭，隔年首次將活體寄給在英國的園藝學家威廉．羅里森[560]，在同年秋天，菲律賓白蝴蝶蘭於羅里森的花園裡開花了。

不過，一八四八年，被尊為蘭花之父的英國植物學家約翰．林德利[561]，卻誤以為菲律賓白花蝴蝶蘭是南洋白花蝴蝶蘭，錯將南洋白花蝴蝶蘭視為一個新種，命名為 *Phalaenopsis grandiflora*。

這個雙重錯誤直到一八六二年才由林德利的好朋友糾正，他是德國著名的蘭花分類學家海因里希．古斯塔夫．賴興巴赫[562]，他正式替菲律賓白蝴蝶蘭命名為 *Phalaenopsis aphrodite*。種小名 *aphrodite* 意思是愛與美的女神 Ἀφροδίτη，也就是希臘神話中的維納斯。因為諧音而俗稱阿婆蝴蝶蘭。

台灣的白花蝴蝶蘭採集紀錄，最早應該是一八九二至一八九五年間，由愛爾蘭植物學家韓爾禮在恆春半島發現，他也是第十五章台灣魔芋的發現者。

註

557｜英文：John Ray
558｜拉丁文：Historia plantarum
559｜英文：Hugh Cuming
560｜英文：William Rollisson
561｜英文：John Lindley
562｜德文：Heinrich Gustav Reichenbach

一八九六年經英國植物學家羅伯特．艾倫．羅爾夫[563]鑑定，認為跟菲律賓白花蝴蝶蘭同種。一八九七年，日本學者矢野勢吉郎又於蘭嶼發現白花蝴蝶蘭。

不過，早期資訊不發達，來自菲律賓的阿婆蝴蝶蘭和東南亞其他地區產的阿嬤蝴蝶蘭常常混淆不清。一九〇八年，美國的蘭花學家歐凱斯．阿姆斯[564]認為阿婆蝴蝶蘭只不過是阿嬤蝴蝶蘭的變種，又將阿嬤蝴蝶蘭改名為 *Phalaenopsis amabilis* var. *aphrodite*。在那個美國說什麼都好棒棒的年代，美國的專家說什麼都會被奉為圭臬。台灣園藝圈非正式將台灣的白花蝴蝶蘭命名為 *Phalaenopsis amabilis* var. *formosana*。「台灣阿嬤」之名不脛而走。

一九七八年第一版《台灣植物誌》第五冊，還有二〇〇〇年第二版《台灣植物誌》第五冊，台大森林系蘇鴻傑教授都以 *Phalaenopsis aphrodite* 作為台灣白花蝴蝶蘭的正式學名。一九八〇年，美國著名蘭花分類學家荷曼．史維特[565]出版了被奉為蝴蝶蘭聖經的書《蝴蝶蘭屬》[566]，以手繪的方式明確指出兩種白花蝴蝶蘭的差異。不過，台灣的白花蝴蝶蘭特徵，確實也跟菲律賓白花蝴蝶蘭有所差異，介在菲律賓白花蝴蝶蘭與南洋白花蝴蝶蘭之間。二〇〇一年，專門研究蘭花分類的美國植物學家克里斯坦森[567]將台灣蝴蝶蘭視為菲律賓白花蝴蝶蘭的亞種，命名為 *Phalaenopsis aphrodite* subsp. *formosana*。

註

563 ｜英文：Robert Allen Rolfe
564 ｜英文：Oakes Ames
565 ｜英文：Herman R. Sweet
566 ｜英文：The Genus Phalaenopsis
567 ｜英文：Eric Alston Christenson

受中國文化影響，台灣早期主要栽培葉子細長，俗稱國蘭的蕙蘭屬蘭花，如春蘭、寒蘭、素心蘭、四季蘭、報歲蘭之類。日治初期，隨著台灣白花蝴蝶蘭被發現，養蘭風氣日漸盛行。一八九九年，自蘭嶼採集帶回台北的蝴蝶蘭超過一千株，在權貴間流通。台北也開始有販售蘭花的蘭屋。

當時有不少採蘭大隊利用週日進入大屯山、七星山、觀音山等地採集，至野生蘭花採集殆盡後，又轉往景尾[568]、坪林尾[569]一帶山區搜刮。當時，國蘭、蝴蝶蘭都是餽贈權貴的珍品。板橋林家、田代安定等人都是愛蘭人士。

一九一〇年代，蘭花價格已經飛漲到十分誇張的境界。貴的每株一百至五百元，便宜的五至五十元，當時月薪不過十至二十元的薪水階級根本就買不起。

由於台灣氣候條件適宜，栽培容易，沒多久洋蘭栽培又成為新興嗜好。一九一二年，殖產局率先自日本引進數種石斛蘭、拖鞋蘭、奇唇蘭、萬代蘭。一九一六年產業共進會開始自中南美洲、東南亞一帶進口各種爭奇鬥豔的熱帶蘭花，如仙人指甲蘭[570]、數種蝴蝶蘭原生種。一九二〇至一九三〇年代，白拉索蘭[571]、嘉德麗雅蘭[572]、東亞蘭類[573]、石斛蘭[574]、樹蘭[575]、堇蝶蘭[576]、文心蘭[577]、腎藥蘭[578]等常見的觀賞蘭屬皆陸續引進。

註

568｜景尾是景美舊稱
569｜坪林尾是坪林舊稱
570｜拉丁文學名：*Aerides* spp.
571｜拉丁文學名：*Brassavola* spp.
572｜拉丁文學名：*Cattleya* spp.
573｜拉丁文學名：*Cymbidium* spp.
574｜拉丁文學名：*Dendrobium* spp.
575｜拉丁文學名：*Epidendrum* spp.
576｜拉丁文學名：*Miltoniopsis* spp.
577｜拉丁文學名：*Oncidium* spp.
578｜拉丁文學名：*Renanthera* spp.

一九二八年佐佐木舜一《台灣植物名彙》中，記載台灣原生蘭花有七十四屬二百二十七種、四變種。一九二九年，已引進四十八屬二百四十二種蘭科植物。一九三〇年代，各種愛蘭的團體陸續成立，會員們相互切磋國蘭、洋蘭栽培技巧。一九三五年台灣第一本蘭花雜誌《台灣蘭蕙誌》正式出刊，提供蘭花愛好者技術交流與新知獲取的平台。

光復初期，蘭花仍是文人雅士、達官顯貴間流通的高雅商品。一九四七年，紅頭嶼的台灣白花蝴蝶蘭在日本花卉比賽中獲獎，紅頭嶼還因此改名為「蘭嶼」。一九五二至一九五六年，台灣白花蝴蝶蘭在美國及法國舉辦的各項花卉比賽也頻頻得獎。然而這也導致了它日後在野外滅絕的命運。

一九六〇年代趣味栽培者仍陸續自海外引種，至一九七〇年代，民間養蘭風氣再起，趣味栽培者開始投入蝴蝶蘭的育種。同時，組織培養技術也日趨成熟，為蘭花生產奠定基礎。一九八〇年台東縣政府下令嚴禁盜採蘭嶼動植物，可是為時已晚，蘭嶼的台灣蝴蝶蘭幾乎消失殆盡。

一九八〇年代，台大園藝系李哖教授陸續發表數篇關於控制蝴蝶蘭花期的研究成果，並率先自荷蘭引進電腦自動化控制的溫室系統。加上國內經濟條件改善，台灣各地陸續出現蘭園，開始大量生產蘭花。台灣蘭花產業日趨成熟。蝴蝶蘭逐漸平價化，進入台灣一般家庭。

一九九〇年代，台糖開始外銷蝴蝶蘭。其他業者也紛紛跟進。二〇〇三年行政院核定「台灣蘭花生物科技園區」於台南縣設置計畫。二〇〇四年正式動工，二〇〇五年起每年舉辦國際蘭展。在學者、業者、政府的推動及努力下，造就台灣成為蝴蝶蘭王國。

南洋白花蝴蝶蘭

學名：*Phalaenopsis amabilis* (L.) Blume

科名：蘭科（Orchidaceae）

原產地：馬來西亞、蘇門答臘、爪哇、新幾內亞、澳洲北部、菲律賓巴拉望

生育地：河岸、溪畔森林中樹上，著生

海拔高：0-1000m

南洋白蝴蝶蘭為中大型蝴蝶蘭。葉綠色至深綠色，長橢圓形。花大而美，總狀花序 20-60 公分，偶爾可見分叉。一般可開 6 到 10 朵花。老株甚至可著花 40-50 朵，相當壯觀。唇瓣基部泛黃色，側裂有褐色斑點。一般著生於海拔 600 公尺以下低地熱帶雨林大樹樹幹或大的枝條，最高可達海拔 1500 公尺。

美麗的南洋白花蝴蝶蘭

菲律賓白花蝴蝶蘭

學名：*Phalaenopsis aphrodite* Rchb. f.

科名：蘭科（Orchidaceae）

原產地：菲律賓呂宋島及民答那峨北部、蘭嶼、恆春半島

生育地：原始林或次生林中樹上，著生

海拔高：0-800m

菲律賓白花蝴蝶蘭

台灣恆春半島產的白花蝴蝶蘭

菲律賓白花蝴蝶蘭是中大型蝴蝶蘭。不開花的時候，菲律賓白花蝴蝶蘭跟南洋白花蝴蝶蘭的形態非常類似，根、莖、葉都十分相像。二者的差異除了菲律賓白花蝴蝶蘭的唇瓣為短三角形，南洋白花蝴蝶蘭為長三角形外，南洋白花蝴蝶蘭的瘤狀體上端，左右各有一支突起，而菲律賓白花蝴蝶蘭則各有兩支突起。部分個體具有香味。在菲律賓，幾乎每個島嶼都有菲律賓白花蝴蝶蘭分布，但是巴拉望島和民答那峨則否。它多半生長在海拔300公尺的原始林或次生林。在台灣恆春半島與海岸山脈則多分布在500到800公尺的森林中，在蘭嶼常著生在榕樹上。

曇華一現的聖樹變身劊子手——榕屬植物

佛教發源於印度跟尼泊爾之間，當地古代有廣大的雨林。佛經中也因此記載了許多雨林植物，並且以雨林植物的生態現象作為比喻，解釋許多道理。

成語「曇華一現」的主角，是一種稱為「優曇華」的植物。優曇華音譯自梵文 उदुम्बर，英文轉寫為 udumbara，是佛教聖樹。相傳是三千年才開一次的花，金輪法王出現的前兆。考究木棉花時提到的唐代佛教訓詁書《一切經音義》[579]：「烏曇跋羅，梵語花名，舊云優曇波羅花，或云優曇婆羅花。葉似梨，果大如拳，其味甜，無花而結子。亦有花而難值，故經中以喻希有者也。」這段文字可知，最開始譯為烏曇跋羅或優曇婆羅，後來才簡化成優曇華。它不是沒有花，而是難得一見。所以被認為是稀有的象徵[580]。

姑且不論佛教傳說，單看一千多年前古文對優曇華這種植物特徵的描述：「葉似梨，果大如拳，其味甜，無花而結子。」除了果實大小較為誇張，其他跟現代所認知的優曇華幾乎一模一樣。而「無花而結子」正是大眾對「無花果」的認知。

註

579｜《一切經音義》有兩個版本，唐朝釋玄應版於 661 年前完成。共 25 卷。唐朝釋慧琳版本共一百卷，於 820 年前完成。除了本文中引用的文字，《一切經音義》關於優曇華的紀載還有：「優曇花：梵語古譯訛略也，梵語正云烏曇跋羅。此云祥瑞，雲異天花也。世間無此花，若如來下生，金輪王出現世間以大福德力故感得此花出現。」又：「優曇鉢羅，或云烏曇跋羅，或但云優曇，皆梵語訛略也。」

580｜除了《一切經音義》，還有很多佛教經典都有解釋優曇華這種植物。大約在西元 775 年成書，唐朝湛然法師的《法華文句記》：「優曇華者。新云鄔曇鉢羅。翻為瑞應。……作金輪王之先兆也。」1922 年丁福保編著的《佛學大辭典》在《優曇華》詞條原文：「即優曇。亦名優曇鉢華。按此花為無花果類。……世稱三千年開花一度。值佛出世始開。南史曰：『優曇華乃佛瑞應，三千年一現，現則金輪出世。』故今稱不出世之物曰曇花一現，本此。」

此外，佛經中也以種子細小，樹卻十分高大的「尼拘陀」來比喻由小因而得大果報。尼拘陀譯自梵文न्यग्रोध，英文轉寫為 nyagrodha。根據《一切經音義》，又有縱廣樹[581]之稱。相傳七佛中的第六佛迦葉佛於尼拘陀樹下成佛。唐朝釋慧琳版本《一切經音義》：「尼拘陀：梵語西國中名也。此樹端直無節，圓滿可愛，去地三丈餘方有枝葉。其子微細如柳花子。唐國無此樹，言是柳樹者非也。」這段描述可知，尼拘陀是十分高大，而且覆蓋廣大面積的植物。

那麼，梵語音譯而來的優曇華與尼拘陀究竟是什麼植物呢？優曇華又稱聚果榕，而尼拘陀現在則是稱為孟加拉榕。這兩種佛教聖樹，還有第十一章所提到佛祖悟道的菩提樹、第一章介紹的印度橡膠樹，在植物分類上都是屬於桑科榕屬。

除了佛教聖樹這個角色，榕屬植物在台灣民間習俗中也具有相當重要的地位。超過百歲以上的榕樹往往會被綁上紅布條，當神祭拜；端午節的時候，枝葉會跟菖蒲及艾草一起被掛在門口；參加喪禮要在身上配戴它的葉子，據說這樣可以避邪。但風水老師又說是聚陰之物，住家最好別種。

榕屬植物既是民俗植物也是中藥材。有些種類果實可以吃，如無花果[582]。可以加工做成點心的「愛玉」，是台灣特有的榕屬藤本植物愛玉子，其果實搓洗

註

581｜釋慧琳《一切經音義》：「尼拘陀應云尼拘盧陀，此譯云無節，亦云縱廣樹。」
582｜拉丁文學名：*Ficus carica*

出來的果膠。而客家人拿來燉雞，原住民朋友泡酒用的羊奶頭[583]，也是台灣獨有的榕屬小灌木。

十五章中曾提到，僅殘餘小面積的台北帝國大學理農學部附屬植物標本園，至今仍保有一株巨大的尼拘陀——孟加拉榕，還有一九三五年引進，其他地方很少見的闊葉榕[584]與圓果榕[585]，它們都已長成巨大的老樹，受台北市政府保護。

榕屬植物的拉丁文屬名是 *Ficus*，是《植物種志》書中，眾多林奈發表的植物種屬。當時林奈以無花果[586]為榕屬的模式種，並命名了三種佛經中的植物：孟加拉榕[587]、優曇華[588]、菩提樹[589]。而澎湖通樑大白榕[590]則是林奈於一七六七年命名。

全世界大約有八百種榕屬植物，生活型除了喬木、灌木，其實還有藤本，以及著生植物、半著生植物。

桑科榕屬是少數橫跨亞、非、美洲三大雨林的木本植物。在植物學家眼中，榕屬植物既是豐饒的代表——大量果實餵養了雨林中許許多多動物；卻也是無情的殺手——絞殺許多大樹。

註

583｜羊奶頭較為正式的中文名是台灣天仙果
584｜拉丁文學名：*Ficus altissima*
585｜拉丁文學名：*Ficus globosa*
586｜拉丁文學名：*Ficus carica*
587｜拉丁文學名：*Ficus benghalensis*
588｜拉丁文學名：*Ficus racemosa*
589｜拉丁文學名：*Ficus religiosa*
590｜拉丁文學名：*Ficus benjamina*

如果突出樹是雨林的王者，那桑科榕屬植物可以算是雨林的投機分子。榕屬植物是成分多元、物種高度奇異的雨林裡演化出來的「怪咖」。它的生態奇特，植物學家介紹熱帶雨林植物時總是會特別拉出來說明及探討。

以榕樹來說，雖然稱為「樹」，又可以長得非常非常巨大，但是它的生存機制顯然跟多數的大樹不同——因為它們通常不會在地面上發芽。在森林的地表上幾乎不可能看到榕樹小苗。那，它們要怎麼長成大樹？

嚴格來說，榕樹算是一種「半著生植物」。它跟前面提到的各種大樹果實傳播的機制有所不同。榕樹會產生大量的「無花果」，作為雨林裡大型與小型動物的食物。當鳥或樹棲的猿猴、松鼠吃了無花果後，不易消化的種子會隨著排遺落到林地、樹幹或是其他著生植物的身上。

環境適合時，榕樹種子就會發芽。小苗在別的大樹上慢慢長大，一開始就像著生植物一樣。不過，榕樹的根會沿著樹幹，慢慢地、慢慢地向下生長。最後往土裡扎根。

隨著榕樹成長，根會像網子一樣，把原本不太情願、卻被迫提供住宿的大樹整棵纏住，這現象植物學家稱之為「纏勒」。當榕樹繼續生長，被緊緊勒住的宿主因為無法長大，越來越不健康，而榕樹則越來越大，枝葉甚至茂盛蓋過宿主。最後，宿主被勒死了，就彷彿上絞刑台被榕樹「絞殺」了一般。而原本宿主在雨林中的位置，就被榕樹取而代之。

跟多數的小樹採耐陰策略，在森林裡被動等待上層大樹自然老死極為不同，榕樹的生存策略相當積極。

白千層大樹被榕樹的氣生根纏勒住

榕樹靠發達的支柱根擴張地盤

氣生根纏勒於傾頹建築物上的榕樹

除了纏勒與絞殺，許多榕樹還會在橫向的枝條上長出氣生根。氣生根落地後也會木質化，成為支柱根，一方面用來支撐榕屬植物龐大的植物體，一方面藉此向陽光更多的地方移動，就跟其他具有支柱根的植物一樣。不同的是，榕屬的支柱根不只會從主幹基部發出，靠近原本的根部。甚至離地一、二十公尺高的地方也會長出，並且不斷變粗，看起來就彷彿一株新的樹木。

澎湖的通樑大榕樹，還有電影《少年PI的奇幻漂流》中滿是狐獴的食人島的背景——白榕，就是大家所熟悉「一樹成林」的代表。一座籃球場面積不過才四百二十平方公尺，澎湖的通樑大榕樹面積卻廣達六百六十平方公尺。不過，這還不是最大的榕樹。全世界覆蓋最大面積的單株樹木，就是又稱為縱廣樹的孟加拉榕。印度有一棵孟加拉榕所涵蓋的面積超過十九萬平方公尺，相當於四十五座籃球場。孟加拉榕原本在佛經中的名字尼拘陀，梵文的意思是「向下生長」，應該就是在描述的它的氣生根。

發芽、長大、纏勒、絞殺，是個歷時數十年，甚至百年的生態現象。我們可以在一座雨林裡發現不同發育階段的榕樹，卻很難完整觀察一棵榕樹的一生。絞殺過程相當緩慢，榕樹種子也不是到處都能發芽、長大，數百萬年來的演化達成平衡，熱帶雨林王者不至於被榕樹篡位。而這個過程的背後功臣，正是好吃的「無花果」。

榕屬植物常被稱為「無花果」植物。其實它不是沒有花，而是花開在看似果實般的「隱頭花序」之中。巴西栗喜歡巨大的蘭花蜜蜂來頂開雄蕊罩，榕屬植物則需要微小的「榕小蜂」，才能鑽進隱頭花序小小的出入口中，完成授粉。而且每一種榕屬植物，有自己專屬的榕小蜂。離開了原生地，很多榕樹就無法繁殖。造物者的設計如此巧妙，或許也是希望這種殺手級的植物，在自然環境中可以獲得控制吧！

榕屬植物的花藏在像果實一般的
隱頭花序中

優曇華又稱聚果榕，桑科榕屬喬木，高可達 30 公尺，基部具板根。單葉、互生、全緣，托葉早落。隱頭花序總狀排列在小枝上，幹生，被毛。果實圓球狀，成熟時淡紅色。廣泛分布印度至澳洲的熱帶森林。台灣最早於 1922 年由金平亮三引進，栽培不多，台北植物園佛經植物區有一巨大植株應該就是金平亮三所引進。

優曇華

學名：*Ficus racemosa* L.

科名：桑科（Moraceae）

原產地：印度、斯里蘭卡、尼泊爾、中國南部、緬甸、泰國、越南、馬來西亞、蘇門答臘、爪哇、婆羅洲、蘇拉威西、新幾內亞、澳洲

生育地：常綠森林、半落葉林、河岸林、海岸林

海拔高：1500m 以下

優曇華的板根

優曇華的葉片

孟加拉榕是大喬木，高可達 35 公尺，具支柱根及板根。單葉、互生，全緣。葉緣略反捲，果實球形，成熟時暗紅色。1922 年金平亮三引進孟加拉榕與優曇華等植物。台灣各地略有栽培，花市偶爾可見大型盆栽。現於台大地質系館旁、台北植物園重要木本植物區、台中中興大學校園、彰化歡喜園、雲林縣水林鄉蘇秦村誠正國小（黃金蝙蝠生態館）皆可見到孟加拉榕大樹。

孟加拉榕

學名：*Ficus benghalensis* L.

科名：桑科（Moraceae）

原產地：印度、孟加拉、斯里蘭卡

生育地：森林中

海拔高：0-1000m

孟加拉榕的氣生根非常發達

1935 年栽培於台北帝國大學植物標本園的孟加拉榕

路燈座與三腳架——板根與支柱根

板根在亞熱帶台灣，不算罕見，但是巨大的板根就是奇景了。墾丁國家公園森林遊樂區的「銀葉板根」是當地必遊的「景點」。北部甚至有溫泉飯店以「大板根」為號召，吸引遊客。許多人第一次見到總是驚呼連連。

板根與支柱根是雨林裡顯著的特徵。支柱根如同腳架般，而板根如其名是一塊一塊的板狀構造，在樹木基部，以輻射狀占據廣大面積，支撐著巨大的植物體。

一樣都是板根，厚薄不同，高度也有所差異。有的高，大小均一，彷彿是樹穿了長裙；有的大小不一，像是站三七步；甚至有些還有二級、三級的分叉，彷彿迷宮一般。

雨林中的大樹，動輒三、四十公尺，甚至七、八十公尺。板根與支柱根正好可以協助支撐龐大的軀體。而在上一章介紹號角樹時也提到，支柱根甚至可以改變樹木的位置，朝向更多光線的地方。

不過，溫帶也有許多非常高的大樹，卻都沒有形成板根。反倒是雨林裡很多小喬木，植株不高，卻同樣演化出板根或支柱根。可見，除了支撐，勢必還有其他因素刺激雨林裡的樹木演化出這樣特殊的構造。

大樹的根主要功能是吸收水分、養分，以及呼吸。雨林降雨量高，土壤含水率幾乎達到飽和。根部在太過潮濕的土壤中無法換氣，因而演化出浮出地表的板根和支柱根，有利於氣體交換。

此外，溫暖潮濕的熱帶雨林，養分分解速度極快，而且只聚集在土壤表層。發達的板根與支柱根也有助於吸收養分。

本書介紹過的許多樹木，如第一章的巴西橡膠樹、美洲橡膠樹、馬來橡膠樹；第二章的柴油樹；第三章的膠蟲樹；第四章的大風子樹、古巴香脂樹、見血封喉；第六章的吉貝木棉、木棉花；第九章的榴槤、山竹；第十一章的龍腦香；第十四章的大葉桃花心木、小葉桃花心木，全部都會形成板根。

而第一章的印度橡膠樹與號角樹、榕樹則是支柱根的代表。

除了前面提到直接應用於生活中的各種雨林植物，雨林的「符號」在我們周遭環境也無所不在。生活中常見的三腳架，就彷彿樹木的支柱根。而路燈底座周圍四片三角形的構造，就如同板根一般。這些常見的設備，幾乎可以說都是向熱帶雨林的植物致敬。

熱帶雨林樹種的板根十分明顯

路燈座基部構造就像樹木的板根

雨林裡具有發達支柱根的樹多半矮小

發達的支柱根讓整株樹騰空

熱帶紅樹林的樹木具有發達的支柱根

Chapter 18

無聲的吶喊

熱帶雨林的智慧

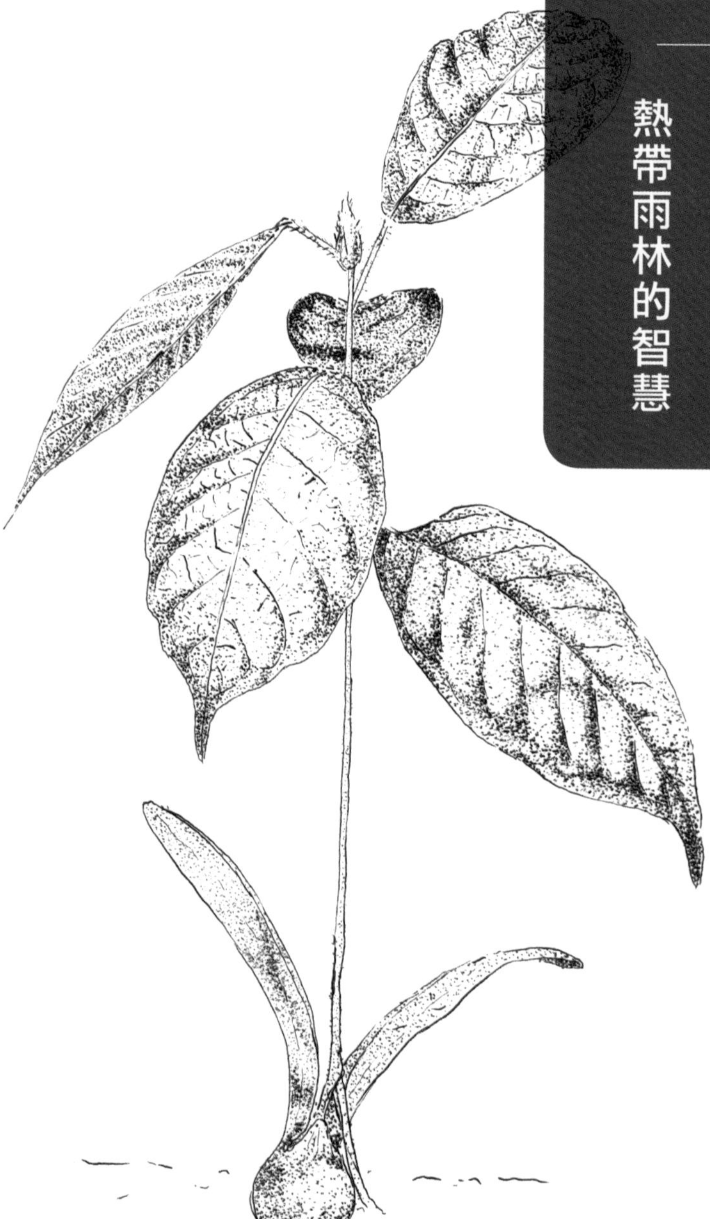

細枝龍腦香

王者的高度——循環經濟與儲存效應

二〇一六年，蔡英文總統發表就職演說，其中我特別注意到一句：「要讓台灣走向『循環經濟』的時代，把廢棄物轉換為再生資源。」

「循環經濟」是近幾年來很夯的名詞。可是「循環經濟」究竟是什麼？在我認知裡，這也是人類向熱帶雨林學習到的招式罷了。熱帶雨林，甚至整個自然生態，循環經濟這套方法已經使用了億萬年。而熱帶雨林是執行上最有效率，在有限資源下養活最多生物的生態系統。

循環經濟與回收的概念不同，是一種效法自然生態，零廢棄的概念。所有的資源都可以再循環、再利用。簡單來說就像葉子給蟲或其他草食動物吃，生物鏈中一層吃一層，所有生物的排遺及遺體給微生物吃，微生物分解完了又可以變成樹木的養分。所有養分在生態系中循環，沒有浪費。

過去的經濟模式稱為線性經濟，產生了無窮無盡的垃圾。所以科學家提出了循環經濟這個概念，希望可以取代線性經濟。

不過，循環經濟不是資源回收這麼簡單，還要創造新的價值，讓資源可以不斷地循環再利用，做到零廢棄，甚至創造新的產業。為兼顧能源運用、廢棄物處理、經濟發展，以及自然生態，達成生生不息，永續發展的概念。

概念其實很簡單，二〇〇四年《從雨林學管理：企業向大自然取經》就曾經提到企業經營可以採取這樣的策略。為了人類可以永遠在地球生存，歐美國家在一九六〇年代就開始有這樣的想法。只是「循環經濟」這個名稱一直到二〇一〇年才出現。

二〇一六年，社會企業社群社企流與循環台灣基金會一起在線上策展，製作「循環經濟」專題。二〇一七年天下雜誌也有一系列關於國內外循環經濟的成功案例。

不過，熱帶雨林單靠資源快速流動，不斷循環就可以養活這麼多樣的生物嗎？恐怕沒有這麼簡單。

熱帶雨林的植物為了適應環境而演化出各式各樣豐富的生態，包括根、莖、葉、花、果實的特化，跟動物間的合作，還有不同物種間激烈的競爭。這些都是雨林中顯而易見的植物樣貌，植物學家對這些現象描述已久，有些現象描述甚至已超過半個世紀。

然而，對於熱帶雨林生物多樣性——尤其是樹種多樣性的解釋，直到一九九〇年代後期，才陸續有科學家從事「儲存效應」[591]的相關研究，並且在近年藉由觀察森林內小樹苗的更新，提出佐證的數據與研究報告。甚至到了二〇一七年十月，才由張楊家豪博士完成了第一篇中文關於「儲存效應」的科普文章。

「儲存效應」是什麼？儲存效應是一九八一年科學家所提出的理論，以解釋珊瑚礁生態系中有許多習性極為類似的魚類，之所以能夠共存的原因。後來廣泛被應用於生態學的各領域。簡單來說，儲存效應就是大家輪流使用資源，例如，不在同一時間繁殖，避免競爭繁殖所需要的共同資源。

植物需要的養分，最主要是氮、磷、鉀三種元素。開花時特別需要磷肥。由於熱帶雨林沒有顯著的四季變化，任何時間都適合開花結果。不同的樹種將開花結果的時間錯開，有助於降低彼此之間的競爭，如此便允許更多樹種同時存在熱帶雨林之中。繁殖是如此，生長同樣也是如此。雨林裡沒有任何一個物種會特別強勢，或是每年都長得特別好，而是大家輪流長得好。

註

591｜英文：Storage effect

儲存效應是可量化的。熱帶雨林儲存效應特別明顯，物種特別多。相反地，緯度越高，季節變化越明顯，儲存效應越弱，物種多樣性也跟著降低。

除了在一年中錯開繁殖的時間點可以解釋儲存效應。我認為，開花的頻率也可以作為儲存效應的佐證。

每種樹木選擇不同的「開花頻率」，是熱帶雨林裡才有的現象。如十字葉蒲瓜樹，一年可以開數次花，但是完全沒有規則可言。而砲彈樹則是一年到頭都在開花，只是開幾十朵跟開上千朵的差別。大家熟悉的黑板樹，或是油桐花、石栗、風鈴木之類的植物，通常一年開兩次。巴西橡膠樹一年開一次，但是花期可以長達數個月至半年。榴槤、吉貝木棉、大葉桃花心木一年通常開一次，一、兩個月花期便結束了。而龍腦香就更特別了，每二、三、五年，甚至七年才開一次花。竹子，或是某些棕櫚，甚至一生只開花一次。

樹種的多樣性造就了開花頻率的多樣性，開花頻率的多樣性加成了樹種多樣性的存在。

一般而言，較大的樹，占據較多的土地與陽光，獲得養分與資源的機會較多，通常更容易開花結果。可是在熱帶雨林裡，似乎不完全是如此。如亞洲熱帶雨林最優勢也最高大的龍腦香科植物，它們不見得會年年開花。

過去科學家解釋，龍腦香開花跟聖嬰現象有關。聖嬰現象造成的乾旱，會導致雨林裡樹木大規模開花的現象。此外，每隔質數年才開花，也可以避免演化出以該種子為食的動物。這些解釋當然沒有錯，然而，熱帶雨林中很多人樹仍舊年年開花，只是在聖嬰年開花較盛。即便有動物會取食種子，巴西栗仍然演化出巧妙的對應方式。為何偏偏要選擇減少開花次數這樣的生存策略？

大私無私，我由衷相信，是雨林王者龍腦香刻意把開花結實的機會「讓」給了其他樹木。龍腦香的「高度」不需要與其他植物「爭」。

就我個人觀察，那些能夠長成突出樹的龍腦香科樹木小苗，無法離開熱帶雨林獨自存活。經過數千萬年的演化，這些小苗為了適應雨林幽暗的環境，具有較一般樹木更長的幼苗期，需要雨林上層樹木的保護。雖然這些樹木有一天會成為突出雨林之外的王者，但是它們選擇跟雨林中多樣性的樹木共存。

與其將儲存效應解釋成輪班制度，大家輪流使用資源，輪流當不能生育的值日生。我更傾向將儲存效應稱為雨林裡的社會福利結構。雨林中最高大的樹木主動減少資源攝取，讓更多矮小的樹木有機會繁衍。

就彷彿金字塔頂端的企業主，提供更多資源，協助改善貧窮、環境汙染等問題；或是政府訂定社會福利制度，保障基層人民的生存等基本權利，讓更多人可以共存、共好。

「弱肉強食」總是被視為叢林法則。「適者生存」或「物競天擇」的說法更在二十世紀初造成廣大的影響。但是二十世紀結束前，雨林卻用它的多樣性來告訴人類，資源共享與循環利用，相較於競爭，才是可長可久之道。

熱帶雨林這一個古老的生態系統，總是出人意料。即便科技發達如今日，它總是可以帶給人驚喜，給予人全新的啟發。保護雨林，不只是為了那些生物，也為了雨林可帶給我們更多反思的智慧。

註

592｜《溫室氣體減量及管理法》於 2015 年 7 月正式上路。而後又陸續公布相關施行細則與管理辦法

593｜英文：Kyoto Protocol，縮寫是 KP。由於 1992 年所通過的《聯合國氣候變化綱要公約》（The United Nations Framework Convention on Climate Change, UNFCCC）不具有法律約束力，為有效管制全球溫室氣體排放，阻止全球暖化對人類社會帶來的不良影響，1997 年氣候變化綱要公約締約國於日本京都召開第三次會議，通過具有法律約束力的《京都議定書》。並於 2005 年正式生效

種樹就能減碳愛地球？

二〇一六年夏天，我的臉書同溫層出現一篇新聞，內容是報導有間公司每賣一件衣服就種一棵樹。當然我的好朋友一定不會忘記貼給我看看。其實就我不專業的觀察，每隔一段時間，就會出現國內外某大企業積極投入造林或種樹的新聞，或是哪個瘋子像賴桑一樣自己種了很多很多樹。這類新聞或文章被我身邊朋友轉分享的比例超高，遠高於巴黎協定定了什麼鬼東西，或是再繼續暖化地球就要毀滅的專業文章。總讓我還相信，台灣人很關心環境；總讓我有信心，種樹是被多數人肯定的活動。

十年前有一則新聞不知道大家還有沒有印象，苗栗縣政府於二〇〇八年宣告該縣全縣人民要積極種樹減碳賣碳權。當時中華民國還沒有頒布《溫室氣體減量及管理法》[592]，但基於《京都議定書》[593]中清潔發展機制[594]允許公私部門共同參與，國際上碳權交易[595]又如火如荼，苗栗縣的主張似乎不是天馬行空。可是這些年來苗栗縣有賣出任何一筆碳權嗎？我是沒有查到資料啦！但如果有，相信應該會被苗栗縣政府大書特書昭告全天下吧！

註

594｜為了促進各締約國達成溫室氣體減排的目標，《京都議定書》允許以「淨排放量」計算各國家或集團的溫室氣體排放量，表示各國家或集團的實際排放量可再扣除森林所吸收的二氧化碳量。並訂出三種跨國減量的彈性機制（Flexible Mechanism），以補充已開發國家國內減量的不足。減排機制包括：共同減量（Joint Implementation, JI）、清潔發展機制（Clean Development Mechanism, CDM），以及排放交易（Emission Trading, ET）。所謂共同減量是指國家可以採集團方式，將許多已開發國家納入一個整體，如歐盟。另外，已開發國家可採清潔發展機制，在名義上與開發中國家聯合履行減少溫室氣體排放的義務。由已開發國家提供資金或技術給開發中國家，協助開發中國家永續發展，並使已開發國家順利履行溫室氣體減排的承諾。而排放交易則是兩個已開發國家之間可以進行排放額度的買賣。意即超額完成任務的國家，可以將剩餘的額度直接出售給難以完成削減任務的國家

595｜碳權交易較完整的說法應該是溫室氣體排放權，一般會換算成二氧化碳的重量為交易單位。執行減碳專案的公私部門可以將專案中減少的二氧化碳量，賣給需要排放溫室氣體的部門。目前許多國家都設有碳權的交易所

而這麼多年過去了，繼前高雄縣推動百萬植樹計畫後，宜蘭、雲林、台中也都紛紛投入百萬植樹計畫。而碳權交易早就不是什麼新聞，我們鄰國也都積極投入。可是，號稱國土面積百分之六十是森林的台灣，這麼愛造林、做什麼都可以聯想到賺錢，怎麼都沒有任何一筆造林減碳被拿到國際碳匯市場交易？

我是真的很納悶，也很好奇，這種有錢可以賺的工作怎麼沒有人願意投入？還是投入之後才發現，造林減碳沒有想像中那麼簡單？我沒有答案，也不知道原因。我想說的是，種樹就一定可以減碳嗎？恐怕想得太簡單了。

一九九七年通過的《京都議定書》便同意造林與再造林[596]所產生的二氧化碳吸收可以併入溫室氣體減量值計算。但是卻一直到二〇〇一年通過「波昂政治協議」及「馬拉喀什協定」，造林及再造林活動才正式納入「京都議定書」的清潔發展機制項目中。原因無他，造林減碳要考慮的變數太多了。

而造林減碳的方法學，考慮的項目之多，令我由衷地佩服。設計出這套方法學的人非但是國際上頂尖聰明，更是超級細心。除了要證明造林前該土地沒有森林存在並且不會天然更新為森林，更考慮到受氣候及其他環境條件影響林木碳匯量，以及施用氮肥、栽培固氮樹種，還有使用機械除草等，會排放氧化亞氮及二氧化碳。但是這都不是最屌的，因為稍微有概念的人都想得到。

註

596 ｜英文：afforestation and reforestation，縮寫是 AR

我個人認為，清潔發展機制的方法學中，最屌的兩項設計是外加性[597]及洩漏[598]。

所謂外加性，簡單來說，當人為的造林及再造林活動產生的實際淨溫室氣體移除量，高於沒有造林及再造林活動時碳庫碳儲存變化量，則造林及再造林活動才具有外加性。

當沒有造林及再造林活動發生之時，該情況稱之為基線情境。基線情境下既有碳庫碳儲存變化量則稱之為基線淨溫室氣體移除量。進行造林及再造林活動產生的實際淨溫室氣體移除量，減掉基線淨溫室氣體移除量，才是因人為介入所產生的額外淨溫室氣體移除量。

當然，這只是最基本的環境上的外加性，清潔發展機制的活動還必須考慮資金、政策、投資等方面的外加性。而所謂洩漏，是指造林及再造林活動範圍以外的地方，因為該造林及再造林活動的發生，所產生的溫室氣體排放。這包含的項目也非常多，不是三言兩語就可解釋清楚。

註

597 ｜英文：Additionality
598 ｜英文：Leakage

一切的一切，從造林之前的評估，直到造林後的長期監測及調查，都是非常專業且嚴謹的，目的當然是要確保植樹碳匯計算的公平，不要讓人為的溫室氣體移除量被誇張及放大。

造林減碳並不是像政客想像的那麼簡單，不是找一群小朋友來種種樹、拍拍照就叫作種樹減碳愛地球。搞到最後，樹不一定有活，小朋友搭車到造林地點就先排放了一大堆溫室氣體。當然，也不是隨便找一塊重劃區，請園藝或景觀公司一車一車運來數公尺高的大樹，以速成的方法來綠化就可以把重劃區冠上「森林」之名，開始吸收二氧化碳。別忽略了運送時所燃燒的汽油、大型機械挖樹穴、請吊車搬運時所產生的溫室氣體排放，嚴格來說，統統必須成為計算樹木生長淨吸收二氧化碳時的負項。不知又得花多少時日才能相互抵銷。

造林並不一定就能減碳，一個不小心造林減碳不成，還會產生新的碳排放源。不是說種樹不好，樹木生長會吸收二氧化碳無庸置疑。只是，種樹減碳需要經過嚴謹的規畫與事前準備，如果為了「形象」花錢亂種一通，那還不如不種。

魚翅、天燈與森林

常看到朋友在臉書上分享拒吃魚翅或拒放天燈的文章。我一方面覺得開心，一方面卻難過。開心的是我們的保育觀念不斷在提升，難過的是，很多人只注意到動物，卻鮮少關注到不會說話的植物，以及森林破壞後所造成的全球氣候變遷。

二〇一六年初，偶然知道了一個馬來西亞沙勞越保護雨林的組織。由於台灣是沙勞越第三大木材進口國，以及馬國二〇一三、二〇一四年的第一大棕櫚油進口國，所以該組織把很多文章都翻譯成繁體中文，希望傳遞給更多華人，讓大家了解到相關的問題。

我看到這樣的文字非常難過。台灣這麼小，才二千三百萬人，卻是全球第二大木材進口國，僅次於十三億人口的中國。台灣不砍自己的森林、卻砍別人的森林，並燃燒大量的石化燃料，把這些木材運送回台灣，不斷加速溫室氣體排放。而且台灣有一些貪小便宜的廠商，往往不願意付出較高的金額購買合法認證的木材，轉而去購買便宜但盜伐於原始熱帶雨林的非法木材。我們個人雖不砍樹，不破壞森林，但是超愛用木製品的國人，間接讓台灣成為國際盜伐木材最大的銷贓管道。

別再說自己不用木製家具這種話了。我們每天用的衛生紙、外帶咖啡的紙杯、吃烤肉與薑母鴨使用的炭火、外帶餐盒、索取發票、買電影票、看書、寫字，無一不用到木材。而我們吃的牛肉、喝的咖啡，還有食用油、工業用油，有多少都是造成雨林被砍伐的直接或間接原因？

全世界都在譴責台灣，可是國內卻很少人注意這個議題。我們最推崇的日本，一直在提高自己的木材自給率，什麼都愛學人家的台灣，這點怎麼不學學日本？這個情況再繼續惡化下去，有一天全世界都不賣木材給台灣，真的對我們比較好嗎？

親愛的朋友，如果你看到鯊魚被割掉魚鰭丟回海中的影片會生氣，看到天燈殘害貓頭鷹的照片會難過，那麼盜伐熱帶雨林會害億萬的動物流離失所、植物滅絕，你於心何忍？

番薯與黑板樹

番薯常被作為台灣的象徵。不過番薯姓番——番字同胡字一樣有外國的意思。它就如同番茄、番麥、番木瓜、番荔枝、番石榴，對台灣而言是不折不扣的外來植物。它們祖先生長在中南美洲，跟著西班牙艦隊飄洋過海到了亞洲大陸。

還有我們熟悉的稻、芋、薑、蔥、蒜、韭、茄子、南瓜、瓠瓜、豌豆、花生、香菜、九層塔、高麗菜、空心菜、楊桃、荔枝、龍眼、芒果、蓮霧、甘蔗、鳳梨、香蕉、柚子、棗子、桃子、李子、梅子、茶葉、桂花、茉莉花、玉蘭花、含笑花。它們統統不是台灣原生植物，都是人為引進。

它們統統不是台灣原產，但活在每個台灣人的日常生活。曾經是、現在是，或一直是台灣經濟的重要命脈，默默滋養著千百萬台灣人。

每個搭飛機來台灣的旅客都要買鳳梨酥，都想吃芒果冰。鳳梨、芒果的祖先不在台灣，但台灣讓它們揚名國際。台灣自稱是它們第二個故鄉。

黑板樹，壓毀了車，壓倒了孕婦。不做黑板了，只做行道樹——常被唾棄的行道樹[599]。它跟茄冬手牽手一起長，從印度，經過喜馬拉雅山南麓、中南半島、

註

599｜2015年7月1日新聞：台中大甲區黑板樹傾倒，砸傷孕婦。此外，每次颱風過後，也常有黑板樹倒塌壓毀汽車的新聞。不過，那是因為被栽植作為行道樹的黑板樹，栽植空間過小，導致植物不健康，過於脆弱所致。栽培於植物園或其他土地條件良好的環境，黑板樹其實很強壯，不太會發生被風吹倒或折斷的現象。如445頁照片中的黑板樹，可以長得非常巨大

馬來群島，一直延伸到大洋洲，統統都可見茄冬跟黑板樹——可是黑水溝卻獨獨擋住了黑板樹來台的路。

黑板樹跟茄苳，樹幹顏色不同，一個褐一個紅。兄弟倆都長得快速，都會有板根把自己高大的身軀撐住。在哪裡都相安無事，偏偏到台灣的時間不同、方式不同，命運有了不同的批註。茄冬是本土樹——平地神木；黑板樹卻是人人嫌，恨不得統統移除，引進單位也悔不當初。

本土、外來，傻傻分不清楚？本土或外來，只存在人的心中。對人有益，外來植物可以當作土產，對人無益，本土植物卻變成野草雜樹，在荒郊野外任人踩，無人顧。

在植物的國度，哪有什麼外來或本土？萬生萬物皆平等，所有的生命現象都是為了生存。眾生中的人，憑什麼自以為是界定植物？

黑板樹是台灣常見的行道樹

黑板樹的花朵十分細小

十分巨大的黑板樹

Chapter 19

風從哪裡來

熱帶雨林的分布與生態特性

黛安娜空氣鳳梨

熱帶雨林的分布

熱帶雨林主要分布在赤道兩側，南、北緯10度之間，少數超出此範圍而延伸至南、北回歸線。涵蓋三大區域，橫跨亞洲、大洋洲、中南美洲、非洲數十個國家，占陸地面積7%。中南美洲占其中58%，非洲19%，亞洲和大洋洲則有23%。

一、印度馬來亞地區

印度馬來亞的雨林分兩個部分。第一部分於印度西高止山西部沿岸低地和斯里蘭卡西南角有帶狀分布。一六九〇年代，歐洲首次記錄魔芋的書——荷蘭東印度公司的殖民地管理者亨德里克·梵·瑞德[600]的著作《馬拉巴爾花園》[601]所記錄的植物，主要便是位於此地。

第二部分北起喜馬拉雅山南麓——印度東北和孟加拉；向東深入中國雲南西雙版納海拔九百公尺以下山谷；向東南延伸經緬甸（西半部）、泰國（西半部）、柬埔寨（南部）、越南（東南部）、馬來西亞、新加坡，而至印尼——包括蘇門答臘、爪哇、婆羅洲[602]、蘇拉維西[603]、摩鹿加諸島；向東北到菲律賓，向東往新幾內亞[604]、索羅門群島。此外，於澳洲汐克半島東北部亦有零星的點狀分布。

註

600｜荷蘭文：Hendrik Adriaan van Rheede tot Drakenstein
601｜拉丁文：Hortus Malabaricus
602｜婆羅洲島分屬印尼、馬來西亞、汶萊三國
603｜蘇拉維西或譯作蘇拉威西，印尼文是 Sulawesi，舊稱西里伯斯，荷蘭文 Celebes
604｜新幾內亞島分屬印尼和巴布亞紐幾內亞兩國。

由於亞洲受季風影響特別明顯，除了赤道兩側，其他緯度超過10度的熱帶雨林，多半分布在半島的西海岸。而大洋洲，如澳洲則受信風影響，位於東岸。

本書所介紹的植物中，馬來橡膠樹、印度橡膠樹、爪哇耀木、油桐類、膠蟲樹、毛土連翹、大風子樹、見血封喉、香水樹、木棉花、荖葉、榴槤、山竹、甲猜、越南白霞、馬蜂橙、叻沙葉、假蒟、越南毛翁、臭豆、沙梨橄欖、龍腦香、黃金葛、粗肋草、魔芋、二齒豬籠草、阿婆蝴蝶蘭、阿嬤蝴蝶蘭、優曇華、孟加拉榕，都是這個區域內的雨林植物。

地區	可見植物
印度、斯里蘭卡	猴面果、印度橡膠樹、爪哇耀木、膠蟲樹、毛土連翹、庫氏大風子、毒魚大風子、見血封喉、木棉花、馬蜂橙、菩提樹、無憂樹、魔芋、優曇華、孟加拉榕
中南半島	猴面果、馬來橡膠樹、印度橡膠樹、爪哇耀木、油桐花、石栗、膠蟲樹、毛土連翹、驅蟲大風子、庫氏大風子、見血封喉、木棉花、甲猜、越南白霞、馬蜂橙、叻沙葉、假蒟、越南毛翁、菩提樹、細枝龍腦香、大花龍腦香、望天樹、沙羅雙樹、粗肋草、魔芋、優曇華
馬來西亞、印尼至大洋洲	猴面果、馬來橡膠樹、印度橡膠樹、石栗、毛土連翹、見血封喉、香水樹、木棉花、荖葉、榴槤、山竹、越南白霞、馬蜂橙、假蒟、臭豆、沙梨橄欖、香安納士樹、細枝龍腦香、大花龍腦香、淺紅美蘭地、黃金葛、粗肋草、魔芋、二齒豬籠草、阿嬤蝴蝶蘭、優曇華
菲律賓	猴面果、石栗、毛土連翹、見血封喉、香水樹、木棉花、荖葉、馬蜂橙、假蒟、臭豆、香安納士樹、細枝龍腦香、大花龍腦香、鱗毛白柳桉、登吉紅柳桉、粗肋草、魔芋、阿婆蝴蝶蘭

二、中南美洲地區

此區雨林又分成五個部分：一是中美洲地峽東岸，起自墨西哥南部，經瓜地馬拉、貝里斯、宏都拉斯、尼加拉瓜、哥斯大黎加，至巴拿馬各國的低地。二為西印度群島，包括大安地列斯之古巴、海地、多明尼加、牙買加、波多黎各等國，以及小安地列斯部分島嶼，零星散布於各島東岸低海拔山地。三是南美洲太平洋岸。由巴拿馬與哥倫比亞邊界沿安地斯山脈西麓到厄瓜多北部。四為亞馬遜河與奧利諾科河流域，夾於安地斯山脈、巴西高原與圭亞納高地之間的盆地，分屬巴西、哥倫比亞、委內瑞拉、蓋亞那、蘇利南、法屬圭亞那、厄瓜多、祕魯、玻利維亞九國，總共約七百萬平方公里，為世界面積最大的熱帶雨林。五是位於巴西東南部大西洋沿岸，為一狹長的帶狀低地，向內陸延伸約一百二十至一百六十公里。

如第十五章歌德木中所描述，美洲地區沒有季風，受盛行風——東北或東南信風影響。除了亞馬遜河及南美洲太平洋岸，其他三個區塊的雨林都位在大陸的東岸。

本書所介紹的巴西橡膠樹、美洲橡膠樹、薩拉橡膠樹、南美油藤、柴油樹、金雞納樹、古巴香脂樹、祕魯香脂樹、墨水樹、胭脂樹、吉貝木棉、可可樹、香草蘭、越南香菜、巴西栗、吊桶蘭、砲彈樹、桃花心木、十字葉蒲瓜樹、歌德木、彩葉芋、黛粉葉、龜背芋、合果芋、卡姆果、號角樹、蓼樹、章魚空氣鳳梨等，都是以美洲雨林為家。

地區	可見植物
中美洲及南美太平洋沿岸	美洲橡膠樹、祕魯香脂樹、墨水樹、胭脂樹、吉貝木棉、香草蘭、越南香菜、砲彈樹、大葉桃花心木、十字葉蒲瓜樹、彩葉芋、黛粉葉、龜背芋、多孔龜背芋、窗孔龜背芋、合果芋、號角樹、蓼樹、章魚空氣鳳梨
西印度群島	吉貝木棉、香草蘭、小葉桃花心木、黛粉葉、多孔龜背芋、合果芋、號角樹、章魚空氣鳳梨
亞馬遜河	巴西橡膠樹、美洲橡膠樹、南美油藤、柴油樹、金雞納樹、古巴香脂樹、祕魯香脂樹、胭脂樹、吉貝木棉、可可樹、越南香菜、巴西栗、吊桶蘭、砲彈樹、大葉桃花心木、彩葉芋、黛粉葉、多孔龜背芋、窗孔龜背芋、合果芋、卡姆果、號角樹、蓼樹、章魚空氣鳳梨
巴西大西洋岸	薩拉橡膠樹、歌德木

三、非洲地區

包含西非、中非、馬達加斯加。西非幾內亞雨林，自塞內加爾，經干比亞、幾內亞比索、幾內亞、獅子山、賴比瑞亞，至象牙海岸，由海岸向內陸深入二百至四百公里。中非剛果雨林占總雨林面積18％，分布於剛果河流域，以剛果民主共和國為中心，向四周擴展至奈及利亞、喀麥隆、中非共和國、剛果共和國、加彭、赤道幾內亞諸國。而烏干達、盧安達、蒲隆地亦有一小部分。另外，馬達加斯加島東北部也有帶狀分布。

西非的雨林也受季風影響，所以分布在西岸。中非則位於赤道兩側，較不受季風或信風影響。東非為高原地形，所以沒有發展成大面積的熱帶雨林。而馬達加斯加島的雨林則同樣受到信風影響，分布於東岸。

非洲的植物多樣性在三大熱帶雨林中敬陪末座。本書介紹的植物，原產於非洲的有油棕櫚、哈倫加那、可樂樹、咖啡。

地區	可見植物
中西非	油棕櫚、哈倫加那、可樂樹、咖啡、見血封喉、吉貝木棉
馬達加斯加	哈倫加那、見血封喉、魔芋

熱帶雨林的氣候特性

由於熱帶雨林主要位於赤道無風帶的平原與低海拔山地，除了海陸風吹拂，幾乎不受行星風系[605]、颱風與季風的影響。

超過南北緯10度的地區，北半球位於東北信風帶，南半球是東南信風帶，則明顯受當地的盛行風影響。如大安地列斯群島受信風影響，雨林位在東岸；雲南西雙版納至中南半島、印度半島、西非地區則受季風影響，雨林位在西岸；而海島國家菲律賓則經常受颱風所影響。

此外，太陽每年有兩次直射赤道，太陽輻射量甚高，使得氣溫較高且無季節性變化，相對地造成蒸發散快速，熱對流旺盛，因而產生高溫多雨的氣候特性。

一、雨量

降雨是判斷該熱帶林是否為雨林最主要的指標。熱帶低地常綠雨林[606]年降雨量四千公釐以上，甚至高達一萬公釐。雨量平均分配於一年之中，無明顯乾季——每月雨量皆大於一百公釐。降水量皆大於蒸發散量。科學家繪製氣候圖時，其雨量線皆高於溫度曲線。

註

605 | 行星風系即第十五章所介紹的信風，又稱貿易風
606 | 英文：tropical lowland evergreen rain forest

熱帶半常綠雨林[607]則有很短暫的乾季或間歇性乾季——其雨量線低於溫度曲線，或單月降雨量未達一百公釐，年雨量約二千至四千公釐。

二、溫度

溫度是熱帶雨林中另一項重要的氣候因子。

由於位於熱帶地區，雨林的年平均氣溫約27℃上下，月均溫24～28℃。白天氣溫大於30℃，夜晚約20℃；最高溫可能超過35℃，最低溫幾乎不低於20℃。

另外，受樹冠遮蔽的影響，雨林內外的氣溫有顯著的差異。樹冠層外部受太陽直接照射，白天氣溫可能高達35℃，可是，森林內部卻往往只有25℃。地表至樹冠下方（約35公尺高）大概只差4℃，而樹冠外至樹冠下方可能僅僅相距10公尺，但是溫度差距卻可能大於10℃。夜晚，太陽輻射消失，樹冠外熱能向上發散，氣溫快速下降；而森林內因白天吸收的熱能較少，氣溫只有小幅度變化，使得樹冠到地面溫度約20～25℃，差異消失。如此看來，森林內部受樹冠的保護，氣溫日夜變化僅4℃，氣候條件十分穩定。

地表土壤也因為受到植被的覆蓋，加上含水量達飽和，溫度幾乎都不會大於30℃。

註

607｜英文：tropical semi-evergreen rain forest

熱帶森林的類型

由於分布、氣候（主要是降雨、土壤性質）、海拔高度不同，熱帶地區的森林可劃成許多不同的形式。其中，「低地常綠雨林」和「半常綠雨林」即為一般所謂的熱帶雨林。而泥炭沼澤林[608]、淡水沼澤林[609]、週期性淡水沼澤林[610]則特別指熱帶雨林中水濱的植群。此外，石灰岩地森林[611]、超基性土壤森林[612]、石楠林[613]三種植群型雖位於熱帶雨林氣候帶，但是因為土壤條件不適宜或土壤化育未完全，植物無法適應或正常發育，所以沒有形成典型的熱帶雨林生態。

氣候	土壤水	土壤	海拔高度	森林形式
季節性乾旱	明顯乾季			季風林（尚有多種類型）
季節性乾旱	短暫乾季			半常綠雨林
常濕性	乾的土地	帶狀（主要為氧化土、成熟土壤）	低地	低地常綠雨林
常濕性	乾的土地	帶狀（主要為氧化土、成熟土壤）	山地 750（1200）~1500m	低山地雨林
常濕性	乾的土地	帶狀（主要為氧化土、成熟土壤）	山地（600）1500~3000m	上部山地雨林（雲霧林）
常濕性	乾的土地	帶狀（主要為氧化土、成熟土壤）	山地 >3000（3350）m	高山山地森林
常濕性	乾的土地	灰化土	多為低地	石楠林
常濕性	乾的土地	石灰岩	多為低地	石灰岩地森林
常濕性	乾的土地	過鹼性岩粒	多為低地	超基性土壤森林
常濕性	淹水地 近海鹽水			沙灘植群
常濕性	淹水地 近海鹽水			紅樹林
常濕性	淹水地 近海鹽水			鹹水林
常濕性	淹水地 陸地淡水	缺養分的泥炭		泥炭沼澤林
常濕性	淹水地 陸地淡水	營養的泥土	恆濕性（淹水）	淡水沼澤林
常濕性	淹水地 陸地淡水	營養的泥土	週期性淹水	週期性淡水沼澤林

註

608｜英文：peat swamp forest
609｜英文：freshwater swamp forest
610｜英文：freshwater periodic swamp forest
611｜英文：forest over limestone，在非洲、亞洲都有分布
612｜英文：forest over ultrabasics，東南亞偶爾可見
613｜英文：heath forest

熱帶雨林植物的特殊性

典型的熱帶雨林，除了氣候條件、土壤性質需符合之外，其動植物也有許多獨特的生態現象。

雨林裡的樹木絕大部分都是常綠性，但是會有「換葉」的現象，或在雨季淹水時落葉，如巴西橡膠樹。而且，一年之中都不斷有植物開花、結果；也有動物會繁殖或育幼。各種生物都有自己的生命週期，不受太陽和季節的影響。而半常綠雨林則有少數種類的樹木會在乾季落葉，植物結果或長新葉會有些微或明顯的交替作用。

地上挺空植物[614]——樹木，占所有植物種類70％以上，幾乎支配了整座熱帶雨林。樹木形態上也有許多特殊和有趣的生態現象，最明顯的是「板根」與「支柱根」，另外「幹生花」也相當具代表性。而植物的葉子形態也與其他類型的森林有所差異。將分述如下：

一、板根[615]與支柱根[616]

大型的板根與支柱根是雨林樹木最明顯的形態特徵。雨林潮濕多雨，土壤中的水分呈飽和狀態。植物根部長期浸於排水不良的泥土中而無法呼吸，於是發

註

614｜英文：phanerophytes
615｜英文：plank buttress
616｜英文：stilt root

展出突出於地表的板狀根，或由樹幹基部長出柱狀根。一方面幫助呼吸，一方面也可支撐高大的植物體。甚至有些植物能夠利用快速生長的支柱根，將整個植物體向光線較充足的地點移動。

二、幹生花[617]

熱帶雨林終年高溫多雨，全年都是生長季。花芽和葉芽雖同時產生，但花芽分化和成熟的速度較慢，而葉芽則生長迅速。待花芽轉變為花蕾時，發育快速的莖已成為樹幹，於是產生花綻放於樹幹上的特殊景觀。另外，高大的喬木演化出這種形態——不開花結實於樹梢，也有助於下層的動物為其授粉與傳播種子。

雨林中的大樹常見巨大板根

雨林植物花常開在主幹上

註

617 ｜英文：cauliflory

三、葉子形態

雨林植物的葉部形態有幾項特徵：1.全緣、2.革質、3.深綠色、4.表皮厚而具蠟質、5.嫩葉紅色、6.複葉、7.尾狀葉尖。

2到5項多半是喬木葉片的特徵——特別是樹冠層與突出層的樹木。熱帶地區太陽輻射強，蒸發旺盛。葉片具這四項特徵可反射過多的輻射線，避免灼傷，降低水分蒸散。而嫩葉紅色，可保護尚未發育完全的葉綠體，避免太強的輻射線將其破壞。

此外，雨林裡濕熱的條件也提供黴菌等生物絕佳的生長環境，如果葉表面粗糙或葉緣有缺刻，便容易讓黴菌等生物附著，造成植物體病變。因此，全緣葉與具蠟質而光滑的葉表皮，也有助於植物體的健康。

羽狀複葉也能夠避免葉片一部分被昆蟲啃食過後，而導致整片葉子受感染或萎凋。羽狀的構造，可在葉片受細菌或病毒侵入時迅速拋棄染病的羽片，以確保整片葉子的完整與植物體的健康。

尾狀葉尖則是為了適應多雨的氣候，將落在葉面上的雨水迅速經由葉尖滴落，保持乾燥，以免影響葉表面正常的蒸散作用，並防止病菌滋生。

雨林植物的葉片都較大，尤其是灌木層與草本植物的葉子更形巨大，主要是為了增加吸收太陽光的表面積。而羽狀複葉也能夠使光線透過，不至於讓上層葉子遮蔽自身下層葉片。還有深綠色葉是因為含較多葉綠體，而厚葉片是葉肉組織較厚，也有助於植物行光合作用，提高葡萄糖產率。

森林形式	低地常綠雨林	低山地雨林	上部山地雨林
無維管束著生植物	偶爾可見	偶爾可見至豐富的	豐富的
維管束著生植物	常見	豐富的	常見
附著性藤本	豐富的	常見至豐富的	極少
大型木質藤本	豐富的	幾乎沒有	沒有
幹生花	常見	罕見	沒有
板根	常見且巨大	不普遍且小型	幾乎沒有
樹木葉子的大小	中型為主	中型為主	小型為主
羽狀葉	常見	罕見	非常罕見
樹冠層高度	25～45 m	15～33 m	1.5～18 m
突出樹	特有的、高可達80 m	經常缺少	幾乎沒有

熱帶雨林的垂直結構

熱帶雨林的垂直結構有多種分層方式，一般是以樹冠或植物的高度為依據，通常劃分為：一、突出層；二、樹冠層；三、下木層；四、灌木層；五、地被層。分述如下：

一、突出層[618]

突出層是熱帶雨林所特有，高度一般都超過三十公尺，最高甚至可逾八十公尺。地球上只有赤道附近跟南北緯三十度附近的馬緯度無風帶沒有強風，但由於馬緯度無風帶的氣流下沉，氣候乾燥而無法形成森林，只有熱帶雨林所在的赤道無風帶得天獨厚，由於熱對流旺盛，降雨量極高，而孕育廣大的森林。森林中的樹木生長在雨水豐沛、溫度適宜、光照充足的生育地，在不受強風吹拂的影響下，一旦長成便有機會向上不斷生長，竄出樹冠層。

突出樹不受限制，其樹冠會向四周擴展而成傘狀。不過，突出層是不連續的，每棵巨木的樹冠至少相隔一公尺以上——科學家稱此種景觀為「樹冠的羞怯」。由於缺乏保護，真正完全生活在此層的動物不多，主要是一些昆蟲，還有大型猛禽會在此層築巢，如南美洲的扇鷲、非洲的冠鷹，而白天，狐蝠也常大群懸掛於樹上。其他中小型樹棲性鳥類、哺乳類則偶爾會到突出樹上活動。

註

618｜英文：emergent species level

二、樹冠層[619]

樹冠層高度約二十五至四十公尺。

此層與突出層暴露於外，每日的氣候變化遠比下層劇烈。白天的輻射總量幾乎達百分之百，氣溫相當高，降水也直接沖刷在林冠的葉片之上。

不同於突出層，樹冠層是連續的。然而，並非每一棵樹的樹冠高度都相同，因此，樹冠層呈現凹凸起伏、參差不齊的狀態。而構成此層的植物，除了喬木之外，還有藤本植物的參與，彼此緊密地結合，交織成複雜的網絡，護衛整座雨林。

高位著生的植物，如蘭花、鹿角蕨等需要更多的陽光，往往一叢一叢生長於林冠樹木的枝條上，宛如裝飾品一般，垂掛樹梢。但，如果樹枝間長的是纏絞榕類，那可就不單只是重量上的負擔了，另一齣「絞殺」的戲碼已悄悄開演。

除了小型昆蟲之外，經常在此層活動的大型動物是鳥類，如南美洲的金剛鸚鵡、巨嘴鳥、亞洲的犀鳥等。還有長臂猿與其他猿猴類也會到此層找尋食物。

註

619｜英文：canopy level

三、下木層

下木層高度介於五公尺到二十五公尺之間。

此層以下受樹冠層的保護，氣候條件相對也較穩定。但到達此層的光線較少，已不及太陽輻射總量的一半。樹木為了爭取更多的陽光，樹冠多半會向上延伸而成長條狀或瘦圓錐狀，不若樹冠層開展成傘狀。日本植物學家稱此現象為「狐尾」，形容樹木長得像狐狸尾巴。

在森林邊緣，或是樹冠層破碎的區域，此層植群較發達。不過，多半會出現大量的棕櫚、竹子，還有樹蕨類。另外，大多數著生植物，如蕨類、蘭科、鳳梨科，喜歡附生在此層與樹冠層的交界帶。一方面能夠得到充足的光線，一方面又受到保護，不至於失水。

許許多多的動物，包含哺乳類、鳥類、蛇、蜥蜴、昆蟲都活動於此層。如南美洲吼猴、蜘蛛猴、樹懶、食蟻獸、綠鬣蜥，還有東南亞著名的紅毛猩猩、非洲的變色龍等。

四、灌木層

灌木層高度是二公尺到五公尺。

在上述三層中，多數的輻射已被葉片反射和吸收，只有一成不到的陽光經由透射進入森林下層。因而，此層以下極為陰暗、潮濕。不過，微氣候相當穩定，無論是溫度或濕度變化幅度都很小，森林內部幾乎無風，雨水也很少直接打落。植物包含耐陰性灌木、小喬木或小樹、超大型草本植物。常見植物有芭蕉科、赫蕉科、天南星科，如黛粉葉屬、觀音蓮屬、魔芋屬等。有些大型的板根和支柱根高數公尺，占據極大面積，彷彿小型迷宮般，自成一處風景。

許多兩棲動物、蛇類常於此層出沒，像是箭毒蛙、蟒蛇。其他類群的動物也不曾缺席，如蘭花螳螂、大力士獨角仙、蜂鳥、九帶犰狳、穿山甲、食蟻獸。

五、地被層

二公尺以下稱為地被層。

雖然地表極端昏暗，仍然孕育著各式各樣的的草本植物以及樹苗。在中南美洲地區，天南星科的花燭屬和蔓綠絨屬[620]、胡椒科椒草屬、竹芋科各屬尤為繁盛；東南亞地區則是天南星科粗肋草屬、小型觀音蓮屬的天下，還有大花草科

註

620｜蔓綠絨屬植物有草本與草質藤本

大王花一屬名聞遐邇。耐陰性極佳的蕨類植物、秋海棠、野牡丹，更是充塞雨林內部。地被層有大量的枯落物與陰濕的環境，是許多黏菌、真菌的最愛。

雨林中的大型食草性與肉食動物多半在此層活動，像是爪哇犀牛、亞洲象、貘豬、歐卡皮鹿、美洲豹、豚鼠等，都是雨林中的住戶。

熱帶雨林的水平結構

水平結構探討的是樹冠所形成的「連續平面」。

熱帶雨林中，每一公頃的土地至少會有一百種以上，甚至高達三百種人型樹木。若面積達二十五公頃，可逾一千種。這個數目遠大於溫帶地區。溫帶地區一公頃的森林中，樹木種類往往少於二十五種，甚至少於十種。而且溫帶地區經常可見整片森林，百分之八十以上都是同一種樹，例如楓樹、樺木、檜木、杉木或松樹。而這種在森林內數量占比最高，構成森林主要外觀的樹木，生態學上稱為優勢樹種[621]。

在熱帶雨林裡，同種樹木呈現群聚[622]分布或隨機[623]分布的狀態，同一樹種的不同族群往往相距甚遠。因此，溫帶森林常見的所謂優勢樹種，在熱帶雨林裡反

註

621｜英文：dominant species
622｜英文：clumped
623｜英文：random

而不易判定。然而，相較於樹種少而具優勢種的溫帶森林，「優勢科」[624]卻存在並支配樹種多樣性極高的熱帶雨林。例如龍腦香科的植物廣泛分布在馬來亞雨林，占所有成熟樹木總數的四分之一。在婆羅洲，甚至高達九成的突出樹屬於龍腦香科。

三大雨林優勢植物科屬

地區	科（Families）	屬（Genera）
中南美洲	豆科（Leguminosae）	*Andria*、*Apuleia*、*Dalbergia* 黃檀屬、*Dinizia*、*Hymenolobium*、*Mora*
	山欖科（Sapotaceae）	*Manilkara* 人心果屬、*Pradosia*
	楝科（Meliaceae）	*Cedrela* 美洲香椿屬、*Swietenia* 桃花心木屬
	大戟科（Euphorbiaceae）	*Hevea* 巴西橡膠樹屬
	肉荳蔻科（Myristicaceae）	*Virola*
	桑科（Moraceae）	*Ficus* 榕屬
	蕁麻科（Moraceae）	*Cecropia* 號角樹屬
	玉蕊科（Lecythidaceae）	*Bertholletia* 巴西栗屬
	著生植物（Epiphytes）	蕨類（ferns）、蘭科（Orchidaceae）、鳳梨科（Bromeliaceae）、仙人掌科（Cactaceae）
非洲	豆科（Leguminosae）	*Albizia* 合歡屬、*Brachystegia*、*Cynometra*、*Gilbertiodendron*
	山欖科（Sapotaceae）	*Afrosersalisia*、*Chrysophyllum* 星蘋果屬
	楝科（Meliaceae）	*Entandrophragma*、*Khaya* 喀亞木屬
	大戟科（Euphorbiaceae）	*Macaranga* 血桐屬
	葉下珠科（Phyllanthaceae）	*Uapaca*
	桑科（Moraceae）	*Chlorophora*、*Ficus* 榕屬
	錦葵科（Malvaceae）	*Cola* 可樂樹屬、*Triplochiton*
	蕁麻科（Moraceae）	*Musanga* 非洲傘樹屬
	著生植物（Epiphytes）	蕨類（ferns）、蘭科（Orchidaceae）
印度、馬來亞	龍腦香科（Dipterocarpaceae）	*Shorea* 柳桉屬、*Dipterocarpus* 龍腦香屬、*Hopea* 坡壘屬、*Vatica* 青梅屬、*Dryobalanops*
	豆科（Leguminosae）	*Koompassia* 達邦屬
	楝科（Meliaceae）	*Aglaia* 樹蘭屬、*Dysoxylum* 椌木屬
	桑科（Moraceae）	*Artocarpusau* 麵包樹屬、*Ficus* 榕屬
	漆樹科（Anacardiaceae）	*Mangifera* 芒果屬
	第倫桃科（Dilleniaceae）	*Dillenia* 第倫桃屬
	瑞香科（Thymelaeaceae）	*Gonystylus*
	著生植物（Epiphytes）	蕨類（ferns）、蘭科（Orchidaceae）、蘿藦科（Asclepiadaceae）、茜草科（Rubiaceae）

註

624｜英文：dominant family

林冠形態的發展由優勢科樹木所控制。不同地區，優勢科不同，樹冠層的形態、高度不盡相同；突出樹冠層的樹種及其高度、密度也不一樣。即使是同一地的雨林，優勢科的消長、交替、發育，同樣主導了林冠的樣貌。隨著時間推移，樹冠層也不斷變化。

此外，熱帶雨林雖已達極盛相[625]，樹冠層跟下層都由耐陰的植物取代了先驅植物，達到穩定的狀態。演替[626]和更新[627]依舊不斷發生。突出樹與樹冠層林木自然的老死、病蟲害、暴雨、閃電、地震、火災等，都可能造成孔隙[628]。孔隙的產生，使陽光有機會穿落林下，到達地表。林下原有的種子、樹木幼苗[629]、小樹[630]便有機會長大，然後再恢復成森林。因此，在雨林中亦可見到植群演替的不同時期[631]——孔隙[632]、建立[633]、成熟[634]三階段，小面積的坐落於大片森林之中。諸多不同演替階段的樹木區塊[635]，鑲嵌[636]成整座廣大的森林，形成複雜的結構。

熱帶雨林的分布、氣候特性、垂直結構、水平結構，在生態學上有嚴謹的定義。而雨林植物的特殊形態則一直都是科學家關注與研究的焦點。本書十一至十七章，藉由各種植物作為案例來說明，並在本章綜合歸納。期待可以把硬邦邦的生態學與植物地理學理論，轉化成鮮活的科普趣知。

註

625 | 英文：climax
626 | 英文：succession
627 | 英文：regeneration
628 | 英文：gap
629 | 英文：seeding
630 | 英文：sapling
631 | 英文：phase
632 | 英文：gap
633 | 英文：building
634 | 英文：mature
635 | 英文：patches
636 | 英文：mosaic

森林的結構

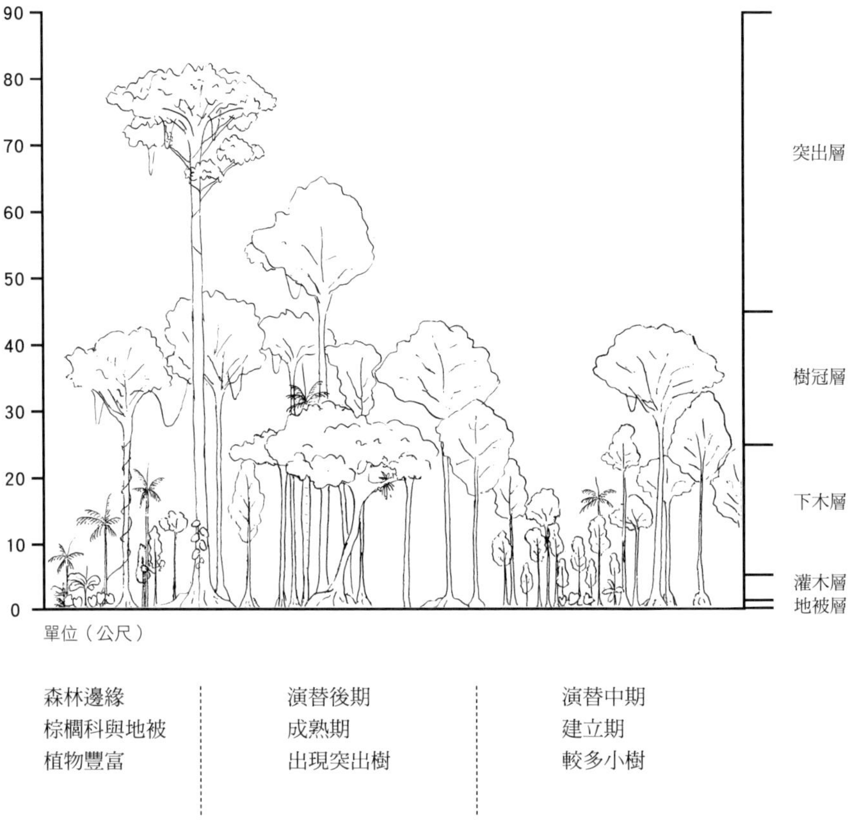

橫向，水平結構，不同演替階段，小面積地坐落於大片森林之中。

縱向，垂直結構，各層次並無明顯區隔，彼此緊密地結合，交織成複雜的網絡。

附錄　熱帶雨林植物引進台灣年表

本表整理各個時期引進的熱帶植物，列出其拉丁學名、引進年分與專家姓名，供有興趣的讀者進一步參考。此外，本書有詳述或提及的植物也在後列出章次，供方便查詢對照。

引進時期	中文名	拉丁文學名	引進年與專家	章次
原住民引進	芋頭	*Colocasia esculenta*	1624 年以前	10
	薑	*Zingiber officinale*	1624 年以前	10
	椰子	*Cocos nucifera*	1624 年以前	10
	香蕉	*Musa × paradisiaca*	1624 年以前	10
	檳榔	*Areca catechu*	1624 年以前	10
	木棉花	*Bombax ceiba*	1624 年以前	6
	番龍眼	*Pometia pinnata*	1624 年以前	10
	荖葉	*Piper betle*	1624 年以前	8
	麵包樹	*Artocarpus altilis*	可能是 1683 年後	10
荷蘭人與西班牙人引進	蓮霧	*Syzygium samarangense*	大約 1645 年前後	10
	芒果	*Mangifera indica*	大約 1645 年前後	10
	龍眼	*Dimocarpus longan*	大約 1645 年前後	10
	波羅蜜	*Artocarpus heterophyllus*	大約 1645 年前後	10
	胡椒	*Piper nigrum*	大約 1645 年前後	10
	阿勃勒	*Cassia fistula*	大約 1645 年前後	10
	釋迦	*Annona squamosa*	大約 1645 年前後	10
	牛心梨	*Annona reticulata*	大約 1645 年前後	10
	芭樂	*Psidium guajava*	大約 1645 年前後	10
	小番茄	*Solanum lycopersicum*	大約 1645 年前後	10
	辣椒	*Capsicum annuum*	大約 1645 年前後	10
	菸草	*Nicotiana tabacum*	大約 1645 年前後	10
	雞蛋花	*Plumeria rubra* var. *acutifolia*	大約 1645 年前後	10
	含羞草	*Mimosa pudica*	大約 1645 年前後	10
	銀合歡	*Leucaena leucocephala*	大約 1645 年前後	10
	金龜樹	*Pithecellobium dulce*	大約 1645 年前後	10
	仙人掌	*Opuntia dillenii*	大約 1645 年前後	10
	三角柱仙人掌	*Hylocereus undatus*	大約 1645 年前後	10
	馬纓丹	*Lantana camara*	大約 1645 年前後	10
	虎尾蘭	*Sansevieria trifasciata*	大約 1645 年前後	10
	金露花	*Duranta repens*	1626 至 1642 年間	10
明鄭清領時期華南移民引進	楊桃	*Averrhoa carambola*	1662 至 1895 年間	10
	蘋婆	*Sterculia monosperma*	1662 至 1895 年間	10
	柚子	*Citrus maxima*	1662 至 1895 年間	10
	油桐花	*Vernicia* spp.	1662 至 1895 年間	2
	白玉蘭	*Michelia x alba*	1662 至 1895 年間	10
	香果	*Syzygium jambos*	1662 至 1895 年間	10
	仙丹花	*Ixora chinensis*	1662 至 1895 年間	10
	薑黃	*Curcuma longa*	1662 至 1895 年間	10
	野薑花	*Hedychium coronarium*	1662 至 1895 年間	10
	朱蕉	*Cordyline fruticosa*	1662 至 1895 年間	10
	番木瓜	*Carica papaya*	1662 至 1895 年間	10
	美人蕉	*Canna indica*	1662 至 1895 年間	10

引進時期	中文名	拉丁文學名	引進年與專家	章次
	晚香玉	*Polianthes tuberosa*	1662 至 1895 年間	10
	鳳梨	*Ananas comosus*	大約 1694 年前後	16
宣教士或其他歐美人士引進	九重葛	*Bougainvillea glabra*	1872 年馬偕引進	10
	變葉木	*Codiaeum variegatum*	1872 年馬偕引進	10
	垂葉王蘭	*Yucca recurvifolia*	1872 年馬偕引進	10
	咖啡	*Coffea arabica*	1884 年英商德記洋行引進	7
	金雞納樹	*Cinchona* sp.	1871-1917 年甘為霖牧師引進	4
	毒魚大風子	*Hydnocarpus venenata*	1930 年代戴仁壽引進	4
日治時期日本人引進	木麻黃	*Casuarina equisetifolia*	1896-1897 年森尾茂柱引進	
	光葉合歡	*Albizia lucidior*	1896-1898 年引進	10
	孔雀豆	*Adenanthera pavonina*	1896-1898 年引進	
	猿喜果	*Mimusops elengi*	1896-1898 年本多靜六引進	
	砂糖椰子	*Arenga pinnata*	1896-1898 年本多靜六引進	
	鐵刀木	*Senna siamea*	1896 年引進	
	羅望子	*Tamarindus indica*	1896 年引進	
	印度紫檀	*Pterocarpus indicus*	1896 年引進	
	菲律賓紫檀	*Pterocarpus indicus* f. *echinatus*	1896 年引進	
	亞歷山大椰子	*Archontophoenix alexandrae*	1896 年引進	
	叢立孔雀椰子	*Caryota mitis*	1896 年引進	
	木蝴蝶	*Oroxylum indicum*	1896 年本多靜六引進	10
	大花紫薇	*Lagerstroemia speciosa*	1896 年福羽逸人引進	
	大葉金雞納	*Cinchona pubescens*	1896 或 1898 年	4
	扇椰子	*Borassus flabellifer*	1898 年引進	
	貝葉棕	*Corypha utan*	1898 年引進	
	布袋蓮	*Eichhorni crassipes*	1898 年引進	
	刺葉蘇鐵	*Cycas rumphii*	1898 年福羽逸人引進	
	盾柱木	*Peltophorum pterocarpum*	1898 年福羽逸人引進	
	油椰子	*Elaeis guineensis*	1898 年福羽逸人引進	2
	馬氏射葉椰子	*Ptychosperma macarthurii*	1898 年福羽逸人引進	
	大王椰子	*Roystonea regia*	1898 年福羽逸人引進	
	薩拉橡膠樹	*Manihot carthagenensis*	1899 年引進	1
	刺番荔枝	*Annona muricata*	1899 年引進	
	掌葉蘋婆	*Sterculia foetida*	1900 年引進	
	瓊麻	*Agave sisalana*	1900 年引進	
	白塞木	*Ochroma pyramidale*	1901 年引進	10
	印度橡膠樹	*Ficus elastica*	1896 年引進	1
	提琴葉榕	*Ficus lyrata*	1901 年引進	
	百香果	*Passiflora edulis*	1901 年引進	
	昂天蓮	*Abroma augustum*	1901 年引進	
	貝殼杉	*Agathis dammara*	1901 年田代安定引進	
	桃花心木	*Swietenia mahagoni*	1901 年田代安定引進	14
	大葉桃花心木	*Swietenia macrophylla*	1901 年田代安定引進	14
	菩提樹	*Ficus religiosa*	1901 年田代安定引進	11
	旅人蕉	*Ravenala madagascariensis*	1901 年田代安定引進	
	火鶴花	*Anthurium scherzerianum*	1901 年田代安定引進	
	彩葉芋	*Caladium bicolor*	1901 年田代安定引進	14
	龜背芋	*Monstera deliciosa*	1901 年田代安定引進	15
	綠葉朱蕉等多種朱蕉品種	*Cordyline fruticosa*	1901 年田代安定引進	
	香龍血樹各品種	*Dracaena fragrans*	1901 年田代安定引進	
	紅邊竹蕉	*Dracaena marginata*	1901 年田代安定引進	
	重瓣晚香玉	*Polianthes tuberosa*	1901 年田代安定引進	

引進時期	中文名	拉丁文學名	引進年與專家	章次
日治時期日本人引進	棒葉虎尾蘭	*Sansevieria cylindrica*	1901 年田代安定引進	
	王蘭	*Yucca aloifolia*	1901 年田代安定引進	
	輪傘莎草	*Cyperus alternifolius*	1901 年田代安定引進	
	紙莎草	*Cyperus papyrus*	1901 年田代安定引進	
	香草蘭	*Vanilla planifolia*	1901 年田代安定引進	8
	錫蘭橄欖	*Elaeocarpus serratus*	1901 年藤江勝太郎引進	
	摩鹿加合歡	*Falcataria moluccana*	1901 年藤江勝太郎引進	
	山竹	*Garcinia mangostana*	1901 年藤根吉春引進	9
	香水樹	*Cananga odorata*	1902 年引進	5
	樹薯	*Manihot esculenta*	1902 年引進	
	人心果	*Manilkara zapota*	1902 年兒玉史郎引進	
	酪梨	*Persea americana*	1902 年新渡戶稻造引進	
	絲芭蕉	*Musa textilis*	1902 年橫山壯次郎引進	
	紅花鐵刀木	*Cassia grandis*	1903 年今井兼次引進	
	菲律賓油桐	*Reutealis trisperma*	1903 年引進	
	福木	*Garcinia subelliptica*	1903 年田代安定引進	
	蒲瓜樹	*Crescentia cujete*	1903 年柳本通義引進	
	胭脂樹	*Bixa orellana*	1903 年柳本通義引進	6
	無憂樹	*Saraca asoca*	1903 年柳本通義引進	11
	小實孔雀豆	*Adenanthera microsperma*	1903 年柳本通義引進	
	巴西橡膠樹	*Hevea brasiliensis*	1903 年新渡戶稻造和橫山壯次郎引進	1
	爪哇旃那	*Cassia javanica*	1903 年橫山壯次郎引進	
	大葉巴克豆	*Parkia timoriana*	1903 年橫山壯次郎引進	
	雨豆樹	*Samanea saman*	1903 年橫山壯次郎引進	
	石栗	*Aleurites moluccana*	1903 柳本通義引進	2
	吉貝木棉	*Ceiba pentandra*	1904 川上瀧彌引進	6
	墨水樹	*Haematoxylum campechianum*	1904 年引進	6
	巴拿馬草	*Carludovica palmata*	1904 年引進	
	樟葉西番蓮	*Passiflora laurifolia*	1907 年田代安定引進	
	三角葉西番蓮	*Passiflora suberosa*	1907 年田代安定引進	
	美洲橡膠樹	*Castilla elastica*	1908 年引進	1
	巴西栗	*Bertholletia excelsa*	1909 年引進	12
	太平洋鐵木	*Intsia bijuga*	1909 年引進	10
	翼果漆	*Melanorrhoea laccifera*	1909 年引進	10
	太平洋榅桲	*Spondias dulcis*	1909 年引進	9
	榴槤	*Durio zibethinus*	1909 年引進	9
	砲彈樹	*Couroupita guianensis*	1909 年引進	14
	草莓番石柳	*Psidium cattleyanum*	1909 年引進	
	蚌蘭	*Tradescantia spathacea*	1909 年引進	
	吊竹草	*Tradescantia zebrina*	1909 年引進	
	吊蘭	*Chlorophytum comosum*	1909 年引進	
	大果貝殼杉	*Agathis robusta*	1909 年田代安定引進	10
	火焰木	*Spathodea campanulata*	1909 年田代安定引進	
	翅果鐵刀木	*Senna alata*	1909 年田代安定引進	
	柯柏膠樹 / 古巴香脂樹	*Copaifera officinalis*	1909 年橫濱植木株式會社引進	4
	黃酸棗	*Spondias mombin*	1909 年橫濱植木株式會社引進	10
	廣葉南洋杉	*Araucaria bidwillii*	1909 年橫濱植木株式會社引進	
	南美香椿	*Cedrela odorata*	1910 年引進	10
	第倫桃	*Dillenia indica*	1910 年引進	
	沙盒樹	*Hura crepitans*	1910 年引進	

引進時期	中文名	拉丁文學名	引進年與專家	章次
日治時期日本人引進	錫蘭醋栗	*Dovyalis hebecarpa*	1910 年引進	
	山陀兒	*Sandoricum koetjape*	1919 年引進	
	水蓮霧	*Syzygium aqueum*	1910 年引進	
	肯氏蒲桃	*Syzygium cumini*	1910 年引進	
	槭葉翅子木	*Pterospermum acerifolium*	1910 年引進	
	長蔓藤訶子	*Combretum grandiflorum*	1910 年藤根吉春引進	10
	刺孔雀椰子	*Aiphanes horrida*	1910 年藤根吉春引進	10
	紅珊瑚	*Pachystachys spicata*	1910 年藤根吉春引進	
	金葉木	*Sanchezia oblonga*	1910 年藤根吉春引進	
	軟枝黃蟬	*Allamanda cathartica*	1910 年藤根吉春引進	
	彩花馬兜鈴	*Aristolochia elegans*	1910 年藤根吉春引進	
	貓爪藤	*Dolichandra unguis-cati*	1910 年藤根吉春引進	
	長柄古柯	*Erythroxylum novogranatense*	1910 年藤根吉春引進	7
	南洋櫻	*Gliricidia sepium*	1910 年藤根吉春引進	
	大花田菁	*Sesbania grandiflora*	1910 年藤根吉春引進	
	西印度櫻桃	*Malpighia emarginata*	1910 年藤根吉春引進	
	稜果蒲桃	*Eugenia uniflora*	1910 年藤根吉春引進	
	槭葉酒瓶樹	*Brachychiton acerifolius*	1910 年藤根吉春引進	
	菲律賓石梓	*Gmelina philippensis*	1910 年藤根吉春引進	
	圓葉刺軸櫚	*Licuala grandis*	1910 年藤根吉春引進	
	刺軸櫚	*Licuala spinosa*	1910 年藤根吉春引進	
	黛粉葉	*Dieffenbachia seguine*	1910 年藤根吉春引進	14
	絨葉蔓綠絨	*Philodendron andreanum*	1910 年藤根吉春引進	
	黃金葛	*Rhaphidophora aurea*	1910 年藤根吉春引進	14
	星點藤	*Scindapsus pictus*	1910 年藤根吉春引進	
	虎斑木	*Dracaena goldieana*	1910 年藤根吉春引進	
	油點木	*Dracaena surculosa* var. *maculata*	1910 年藤根吉春引進	
	蔦蘿	*Ipomoea quamoclit*	1911 年引進	
	彩葉草	*Solenostemon scutellarioides*	1911 年引進	
	孤挺花	*Hippeastrum equestre*	1911 年引進	
	白肋華冑蘭	*Hippeastrum reticulatum* var. *striatifolium*	1911 年鈴木三郎引進	
	原種春石斛	*Dendrobium nobile*	1912 年引進	
	麝香石斛	*Dendrobium parishii*	1912 年引進	
	麗斑拖鞋蘭	*Paphiopedilum bellatulum*	1912 年引進	
	瘤瓣拖鞋蘭	*Paphiopedilum callosum*	1912 年引進	
	毛土連翹	*Hymenodictyon orixense*	可能是 1912 年	4
	檀香	*Santalum album*	1913 年引進	
	叢立檳榔	*Areca triandra*	1913 年引進	
	印度念珠樹	*Elaeocarpus angustifolius*	1913 年金平亮三引進	13
	三果木	*Terminalia arjuna*	1914 年引進	10
	南美叉葉樹	*Hymenaea courbaril*	1916 年引進	10
	非洲叉葉樹	*Hymenaea verrucosa*	1916 年引進	10
	勞倫斯仙人指甲蘭	*Aerides lawrenciae*	1916 年引進	
	芳香仙人指甲蘭	*Aerides odorata*	1916 年引進	
	南洋白花蝴蝶蘭	*Phalaenopsis amabilis*	1916 年引進	17
	林登蝴蝶蘭	*Phalaenopsis lindeni*	1916 年引進	
	路德蝴蝶蘭	*Phalaenopsis lueddemanniana*	1916 年引進	
	曼尼蝴蝶蘭	*Phalaenopsis mannii*	1916 年引進	
	桑德蝴蝶蘭	*Phalaenopsis sanderiana*	1916 年引進	
	西蕾麗蝴蝶蘭	*Phalaenopsis schilleriana*	1916 年引進	

引進時期	中文名	拉丁文學名	引進年與專家	章次
日治時期日本人引進	史塔基蝴蝶蘭	*Phalaenopsis stuartiana*	1916 年引進	
	巨獸鹿角蕨	*Platycerium grande*	1916 年增澤深治引進	
	山刺番荔枝	*Annona montana*	1917 年引進	
	奧克羅木	*Ochrosia oppositifolia*	1919 年引進	10
	巴西櫻桃	*Eugenia brasiliensis*	1919 年島田彌市引進	
	羅布斯塔咖啡	*Coffea canephora*	1920 年引進	7
	大葉咖啡	*Coffea liberica*	1920 年引進	7
	柚木	*Tectona grandis*	1920 年引進	
	山鳳果	*Garcinia celebica*	1920 年島田彌市引進	
	長葉觀音蓮	*Alocasia longiloba*	1920 年馬場弘引進	
	驅蟲大風子	*Hydnocarpus anthelminthicus*	1921 年引進	4
	爪哇橄欖	*Canarium indicum*	1921 年引進	
	太平洋栗	*Inocarpus fagifer*	1922 年引進	10
	長葉暗羅	*Polyalthia longifolia*	1922 年引進	
	澳洲鴨腳木	*Schefflera actinophylla*	1922 年引進	
	可可樹	*Theobroma cacao*	1922 年引進	7
	密棱倫榕	*Ficus drupacea*	1922 年金平亮三引進	10
	優曇華	*Ficus racemosa*	1922 年金平亮三引進	17
	臘腸樹	*Kigelia africana*	1922 年金平亮三引進	
	蠟燭樹	*Parmentiera cereifera*	1922 年金平亮三引進	
	孟加拉榕	*Ficus benghalensis*	1922 年金平亮三引進	17
	訶梨勒	*Terminalia chebula*	1923 年引進	10
	單子紅豆	*Ormosia monosperma*	1923 金平亮三引進	10
	星蘋果	*Chrysophyllum cainito*	1924 年大島金太郎引進	
	澳洲欖仁	*Terminalia muelleri*	1925 年引進	10
	西印度醋栗	*Phyllanthus acidus*	1925 年引進	
	海芋	*Zantedeschia aethiopica*	1925 年引進	
	庚大利	*Bouea macrophylla*	1926 年櫻井芳次郎引進	10
	馬來蒲桃	*Syzygium malaccense*	1926 年櫻井芳次郎引進	
	喜蔭花	*Episcia cupreata*	1928 年工藤彌九郎引進	
	耳豆樹	*Enterolobium cyclocarpum*	1928 年引進	
	海葡萄	*coccoloba uvifera*	1928 年引進	
	伯利茲嘉德麗雅蘭	*Cattleya bowringiana*	1928 年引進	
	檀香石斛	*Dendrobium anosmum*	1928 年引進	
	天宮石斛	*Dendrobium aphyllum*	1928 年引進	
	肖樂蘭	*Renanthora coccinea*	1928 年引進	
	蘭撒果	*Lansium parasiticum*	1929 年引進	
	蛋黃果	*Pouteria campechiana*	1929 年引進	
	紅膠木	*Lophostemon confertus*	1930 年山田金治引進	10
	祕魯香脂樹	*Myroxylon balsamum*	1930 年引進	5
	菲律賓橄欖	*Canarium ovatum*	1935 年引進	10
	馬尼拉龍眼	*Dimocarpus didyma*	1935 年引進	10
	羅比梅	*Flacourtia inermis*	1930 年引進	
	羅旦梅	*Flacourtia jangomas*	1930 年引進	
	膠蟲樹	*Butea monosperma*	1930 年引進	3
	猴面果	*Artocarpus lacucha*	1930 年引進	1
	天堂鳥蕉	*Strelitzia reginae*	1930 年引進	
	迪爾里石斛	*Dendrobium dearei*	1930 年引進	
	海蓮拖鞋蘭	*Paphiopedilum haynaldianum*	1930 年引進	
	庫氏大風子	*Hydnocarpus kurzii*	1937 年引進	4
	加羅林杜英	*Elaeocarpus carolinensis*	1930 年金平亮三引進	10

引進時期	中文名	拉丁文學名	引進年與專家	章次
日治時期日本人引進	加羅林魚木	*Crateva religiosa*	1930 年金平亮三引進	
	桃紅蝴蝶蘭	*Phalaenopsis equestris*	1930 年原義江引進	
	蛋樹	*Garcinia xanthochymus*	1931 年引進	
	馬拉巴栗	*Pachira aquatica*	1931 年貴島豐智引進	
	大猴胡桃	*Lecythis zabucajo*	1931 年貴島豐智引進	10
	鐵線子	*Manilkara hexandra*	1933 年大谷光瑞引進	10
	木胡瓜	*Averrhoa bilimbi*	1933 年引進	
	千層蕉	*Musa chiliocarpa*	1934 年工藤彌九郎引進	
	雷君木	*Wrightia pubescens*	1934 年引進	10
	腰果	*Anacardium occidentale*	1934 年引進	
	十字葉蒲瓜樹	*Crescentia alata*	1935 年引進	15
	闊葉榕	*Ficus altissima*	1935 年引進	10
	圓果榕	*Ficus globosa*	1935 年引進	10
	埃克合歡	*Albizia acle*	1935 年引進	10
	香安納士樹	*Anisoptera thurifera*	1935 年引進	11
	細枝龍腦香	*Dipterocarpus gracilis*	1935 年引進	11
	大花龍腦香	*Dipterocarpus grandiflorus*	1935 年引進	11
	鱗毛白柳桉	*Shorea palosapis*	1935 年引進	11
	登吉紅柳桉	*Shorea polysperma*	1935 年引進	11
	大葉栲皮樹	*Acacia lenticulari*	1935 年引進	10
	印尼黑果	*Pangium edule*	1935 年引進	10
	千年芋	*Xanthosoma sagittifolium*	1935 年引進	
	小花黃荊	*Vitex parviflora*	1935 年佐佐木舜一引進	10
	馬尼拉欖仁	*Terminalia calamansanai*	1935 或 1936 年佐佐木舜一引進	
	樹魚藤	*Derris microphylla*	1935 年佐佐木舜一引進	10
	佩羅特木薑子	*Litsea perrottetii*	1935 年佐佐木舜一引進	10
	蘇白豆	*Sindora supa*	1935 年佐佐木舜一引進	10
	黃花第倫桃	*Dillenia suffruticosa*	1935 年佐佐木舜一引進	10
	柯氏木	*Koordersiodendron pinnatum*	1935 年金平亮三引進	10
	凹葉人心果	*Manilkara kauki*	1935 年櫻井芳次郎引進	
	狄薇蘇木	*Caesalpinia coriaria*	1936 年或 1937 年引進	10
	丁香	*Syzygium aromaticum*	1936 年引進	
	香花章魚蘭	*Anacheilium fragrans*	1936 年引進	
	錢幣石斛	*Dendrobium lindleyi*	1936 年引進	
	灰葉拖鞋蘭	*Paphiopedilum glaucophyllum*	1936 年引進	
	朵麗蘭	*Phalaenopsis pulcherrima*	1936 年引進	
	蛾形文心蘭	*Psychopsis papilio*	1936 年引進	
	南美假櫻桃	*Muntingia calabura*	1936 年松浦作治郎引進	
	貓鬚草	*Orthosiphon aristatus*	1937 年引進	
	肉豆蔻	*Myristica fragrans*	1937 年引進	
	秦約克	*Garuga pinnata*	1937 年佐佐木舜一引進	10
	緬甸鐵木	*Xylia xylocarpa*	1937 年佐佐木舜一引進	10
	非洲菜豆樹	*Markhamia lutea*	1937 年佐佐木舜一引進	10
	山柿	*Diospyros montana*	1937 年佐佐木舜一引進	10
	大葉蘇白豆	*Sindora siamensis*	1937 年佐佐木舜一引進	10
	一口可梅	*Chrysobalanus icaco*	1937 年增澤深治引進	10
	馬來橡膠樹	*Artocarpus elasticus*	1938 年引進	10
	倍柱木	*Pleiogynium timoriense*	1938 年引進	10
	菲律賓緬茄	*Afzelia rhomboidea*	1938 年引進	10
	麻六甲魚藤	*Derris malaccensis*	1938 年引進	10

引進時期	中文名	拉丁文學名	引進年與專家	章次
日治時期日本人引進	南西文心蘭	*Trichocentrum lanceanum*	1938 年引進	
	紅毛丹	*Nephelium lappaceum*	1940 年引進	
	黑板樹	*Alstonia scholaris*	1943 年引進	
	爪哇耀木	*Schleichera oleosa*	1945 年引進	2
	貝羅里加欖仁樹	*Terminalis bellirica*(Gaertn.)Roxb.	引進時間不詳	10
	哈倫加那	*Harungana madagascariensis*	引進時間不詳	5
	號角樹	*Cecropia peltata*	引進時間不詳	16
	蟾蜍樹	*Tabernaemontana elegans*	引進時間不詳	10
	頂果木	*Acrocarpus fraxinifolius*	引進時間不詳	10
	布氏黃木	*Flindersia brayleyana*	引進時間不詳	10
戒嚴時期學術單位或農業機構引進	彩虹桉樹	*Eucalyptus deglupta*	1951 年薛承健引進	10
	大葉鳳果	*Garcinia intermedia*	1953 年蔡致謨引進	10
	喀亞木	*Khaya anthotheca*	1956 年引進	10
	塞內加爾喀亞木	*Khaya senegalensis*	1960 年引進	10
	毛西番蓮	*Passiflora foetida*	1960 年引進	10
	寶冠木	*Brownea coccinea*	1960 年引進	10
	粗肋草類	*Aglaonema spp.*	1960 年代引進	10
	蔓綠絨類	*Philodendron spp.*	1960 年代引進	10
	嘉寶果	*Plinia cauliflora*	1962 年引進	10
	卡鄧伯木	*Neolamarckia cadamba*	1962 年盛志澄引進	10
	多孔龜背芋	*Monstera adansonii*	1963 年杜賡甡引進	10
	袖珍椰子	*Chamaedorea elegans*	1963 年胡大維引進	10
	黑果欖仁	*Terminalia microcarpa*	1965 年引進	10
	栗豆樹	*Castanospermum australe*	1965 年引進	10
	風鈴木	*Handroanthus impetiginosus*	1966 年呂錦明引進	10
	大紅鯨魚花	*Columnea gloriosa*	1966 年張碁祥引進	10
	皺葉椒草	*Peperomia caperata*	1966 年張碁祥引進	10
	錦葉葡萄	*Cissus discolor*	1966 年張碁祥引進	10
	絨葉閉鞘薑	*Costus malortieanus*	19678 年張義里引進	10
	窗孔龜背芋	*Monstera obliqua*	1967 年張碁祥引進	10
	鹿角蕨	*Platycerium bifurcatum*	1967 年張碁祥引進	10
	長葉鹿角蕨	*Platycerium willinckii*	1967 年張碁祥引進	10
	寶蓮花	*Medinilla magnifica*	1967 年張碁祥引進	10
	象耳榕	*Ficus auriculata*	1967 年張碁祥引進	10
	戴瑞安納豬籠草	*Nepenthes X dyeriana*	1967 年張碁祥引進	10
	蜻蜓鳳梨	*Aechmea fasciata*	1967 年張碁祥引進	10
	球拍空氣鳳梨	*Tillandsia cyanea*	1967 年張碁祥引進	10
	羽裂蔓綠絨	*Philodendron selloum*	1967 年張碁祥引進	10
	魚尾椰子	*Chamaedorea metallica*	1967 年張碁祥引進	10
	箭根薯	*Tacca chantrieri*	1967 年張碁祥引進	10
	洋紅風鈴木	*Tabebuia rosea*	1967 年園藝考察團引進	10
	紅花月桃	*Alpinia purpurata*	1967 年園藝考察團引進	10
	火炬薑	*Etlingera elatior*	1967 年園藝考察團引進	10
	彩葉孔雀薑	*Kaempferia pulchra*	1968 年引進	10
	斑馬觀音蓮	*Alocasia zebrina*	1968 年引進	10
	白鶴芋	*Spathiphllum kochii*	1968 年代引進	10
	黃苞小蝦花	*Pachystachys lutea*	1968 年張碁祥引進	10
	白雪粗肋草	*Aglaonema crispum*	1968 年張碁祥引進	10
	合果芋	*Syngonium podophyllum*	1968 年張義里引進	10
	網紋芋	*Cercestis mirabilis*	1968 年諶立吾引進	10
	春雪芋	*Homalomena wallisii*	1968 年諶立吾引進	10

引進時期	中文名	拉丁文學名	引進年與專家	章次
戒嚴時期學術單位或農業機構引進	黃金風鈴木	*Handroanthus chrysanthus*	1969 年薛毓麒引進	10
	黑柿	*Diospyros digyna*	1970 年引進	10
	蜜莓	*Melicoccus bijugatus*	1970 年引進	10
	蒜香藤	*Mansoa alliacea*	1970 年引進	10
	松蘿鳳梨	*Tillandsia usneoides*	1970 年張碁祥引進	10
	象腳王蘭	Yucca elephantipes	1970 年張碁祥引進	10
	金鳥赫蕉	*Heliconia rostrata*	1970 年謀立吾引進	10
	假玉簪	*Proiphys amboinensis*	1970 年謀立吾引進	10
	口紅花	*Aeschynanthus pulcher*	1972 年張碁祥引進	10
	毛風鈴木	*Tabebuia obtusifolia*	1973 年引進	10
	花旗木	*Cassia bakeriana*	1973 年引進	10
	雲南石梓	*Gmelina arborea*	1973 年胡大維引進	10
	食用蠟燭木	*Parmentiera aculeata*	1974 年引進	10
	小葉欖仁	*Terminalia mantaly*	1975 年引進	10
	假橡膠木	*Mascarenhasia arborescens*	1980 年引進	10
雲南裔移民和緬甸華僑引進	密花胡頹子	*Elaeagnus conferta*	大約 1953 年後	10
	羽葉金合歡	*Senegalia pennata*	大約 1953 年後	10
	馬蜂橙	*Citrus hystrix*	大約 1953 年後	9
	叻沙葉	*Persicaria odorata*	大約 1953 年後	9
	刺芫荽	*Eryngium foetidum*	大約 1953 年後	8
一九九〇年後新住民所引進	甲猜	*Boesenbergia rotunda*	大約 1990 年後	9
	越南白霞	*Colocasia gigantea*	大約 1990 年後	9
	越南毛翁	*Limnophila aromatica*	大約 1990 年後	9
	假蒟	*Piper sarmentosum*	大約 1990 年後	9
	臭豆	*Parkia speciosa*	大約 1990 年後	9
	甲策菜	*Neptunia oleracea*	大約 1990 年後	9
	越南土豆	*Calathea allouia*	大約 1990 年後	10
	黃花藺	*Limnocharis flava*	大約 1990 年後	10
	木奶果	*Baccaurea ramiflora*	大約 1990 年後	10
	藍白果	*Baccaurea motleyana*	大約 1990 年後	10
	各種麵包樹屬	*Artocarpus* spp.	大約 2000 年後	10
	椰柿	*Quararibea cordata*	大約 2000 年後	10
	單貝果	*Baccaurea macrocarpa*	大約 2000 年後	10
	各種山竹	*Garcinia* spp.	大約 2000 年後	10
	各種樹葡萄	*Plinia* spp. 與 *Myrciaria* spp.	大約 2000 年後	10
一九八七年後在海外工作的台幹、台灣本地的種苗商、水族業者所引進	反光藍蕨	*Microsorium thailandicum*	大約 2000 年後	13
	無葉梵尼蘭	*Vanilla aphylla*	大約 2000 年後	8
	吊桶蘭	*Coryanthes* spp.	大約 2000 年後	12
	歌德木	*Pavonia strictiflora*	大約 2000 年後	15
	蓼樹	*Triplaris americana*	大約 1990 年後	16
	德保蘇鐵	*Cycas debaoensis*	大約 2000 年後	10
	叉葉蘇鐵	*Cycas micholitzii*	大約 2000 年後	10
	多歧蘇鐵	*Cycas multipinnata*	大約 2000 年後	10
	雞毛松	*Dacrycarpus imbricatus*	大約 2000 年後	10
	幌傘楓	*Heteropanax fragrans*	大約 2000 年後	10
	海南菜豆樹	*Radermachera hainanensis*	大約 2000 年後	10
	淺紅美蘭地	*Shorea leprosula*	大約 2007 年後	11
	金絲楠木	*Phoebe zhennan*	大約 2000 年後	10
	海南黃花梨	*Dalbergia odorifera*	大約 2000 年後	10
	格木	*Erythrophleum fordii*	大約 2000 年後	10
	麻楝	*Chukrasia velutina*	大約 2000 年後	10
	見血封喉	*Antiaris toxicaria*	大約 2000 年後	4

引進時期	中文名	拉丁文學名	引進年與專家	章次
一九八七年後在海外工作的台幹、台灣本地的種苗商、水族業者所引進	紅花木蓮	*Manglietia insignis*	大約 2000 年後	10
	雲南擬單性木蘭	*Parakmeria yunnanensis*	大約 2000 年後	10
	空氣鳳梨	*Tillandsia* spp.	大約 2000 年後	10
	章魚空氣鳳梨	*Tillandsia bulbosa*	大約 2000 年後	16
	女王頭空氣鳳梨	*Tillandsia caput-medusae*	大約 2000 年後	16
	孔雀薑	*Kaempferia* spp.	大約 2000 年後	10
	舞花薑	*Globba* spp.	大約 2000 年後	10
	布比薑	*Burbidgea* spp.	大約 2000 年後	10
	蒟蒻薯	*Tacca* spp.	大約 2000 年後	10
	赫蕉	*Heliconia* spp.	大約 2000 年後	10
	閉鞘薑	*Costraceae*	大約 2000 年後	10
	花燭	*Anthurium* spp.	大約 2000 年後	10
	魔芋	*Amorphophallus* spp.	大約 2000 年後	15
	泰坦魔芋	*Amorphophallus titanum*	大約 2000 年後	15
	觀音蓮	*Alocasia* spp.	大約 2000 年後	10
	粗肋草	*Aglaonema* spp.	大約 2000 年後	14
	石蒜科	*Amaryllidaceae*	大約 2000 年後	10
	澤瀉科	*Alismataceae*	大約 2000 年後	10
	蟻巢玉	*Hydnophytum* spp. and *Myrmecodia* spp.	大約 2000 年後	10
	西番蓮	*Passiflora* spp.	大約 2000 年後	10
	豬籠草	*Nepenthes* spp.	大約 2000 年後	16
	二齒豬籠草	*Nepenthes bicalcarata*	大約 2000 年後	16
	紫金牛	*Myrsinaceae*	大約 2000 年後	10
	野牡丹	*Melastomataceae*	大約 2000 年後	10
	苦苣苔	*Gesneriaceae*	大約 2000 年後	10
	雨林仙人掌	*Cactaceae*	大約 2000 年後	10
	秋海棠	*Begonia* spp.	大約 2000 年後	13
	毬蘭	*Hoya* spp.	大約 2000 年後	10
	馬兜鈴	*Aristolochia* spp.	大約 2000 年後	10
	爵床科	*Acanthaceae*	大約 2000 年後	10
	澤米蘇鐵	*Zamiaceae*	大約 2000 年後	10
	鹿角蕨	*Platycerium* spp.	大約 2000 年後	10
	蟻蕨	*Lecanopteris* spp.	大約 2000 年後	10
	南美油藤	*Plukenetia volubilis*	2010 年代	2
	柴油樹	*Copaifera langsdorffii*	2010 年代	2
	可樂樹	*Cola nitida*	2010 年代	7
	大花可可樹	*Theobroma grandiflorum*	2010 年代	7
	雙色可可樹	*Theobroma bicolor*	2010 年代	7
	卡姆果	*Myrciaria dubia*	2010 年代	16
	望天樹	*Parashorea chinensis*	2010 年代	11
	落檐	*Schismatoglottis* spp.	2010 年代	10
	春雪芋	*Homalomena* spp.	2010 年代	10
	針房藤	*Rhaphidophora* spp.	2010 年代	10
	辣椒榕	*Bucephalandra* spp.	2010 年代	10
台灣原生種植物	傅氏鳳尾蕨	*Pteris fauriei*	台灣原生種	10
	台灣魔芋	*Amorphophallus henryi*	台灣原生種	15
	密毛魔芋	*Amorphophallus hirtus*	台灣原生種	15
	疣柄魔芋	*Amorphophallus paeoniifolius*	台灣原生種	15
	台灣白花蝴蝶蘭	*Phalaenopsis aphrodite*	台灣原生種	17
	台灣梵尼蘭	*Vanilla albida*	台灣原生種	8

參考文獻

·A.B. Baldoni, L.H.O. Wadt, T. Campos, V.S. Silva, V.C.R. Azevedo, L.R. Mata, A.A. Botin, N.O. Mendes, F.D. Tardin, H. Toninii, E.S.S. Hoogerheide and A.M. Sebbenn, 2017. Contemporary pollen and seed dispersal in natural populations of Bertholletia excelsa (Bonpl.). Genetics and Molecular Research 16 (3): gmr16039756.

·Aronld Newman, 1990. TROPICAL RAINFOREST. Facts on File. New York.

·Arthur W. Knapp, 1920. COCOA AND CHOCOLATE : Their History from Plantation to Consumer. Chapman & Hall, London.

·Bill Laws, Fifty plants that changed the course of history. 王建鎧譯，2014。改變歷史的50種植物（初版）。積木文化。台北。

·Chen, Y. S., P. Chesson, H. W. Wu, S. H. Pao, J. W. Liu, L. F. Chien, J. W. H. Yong and C. R. Sheue, 2017. Leaf structure affects a plant's appearance: combined multiple-mechanisms intensify remarkable foliar variegation., Journal of Plant Research . vol.130 : P311-325

·D.J. Mabberley, 1992. Tropical Rain Forest Ecology (Second edition) Chapman & Hall. New York.

·Drucker, P.F., The Essential Drucker on Management. 李田樹譯，2001。杜拉克精選：管理篇（一版）。天下遠見。台北。

·Edited and published the Editorial Committee of the Flora of Taiwan Second Edition, 1994-2003. Flora of Taiwan(Second Edition)Volume One-Six. Taipei.

·Edited and published the Editorial Committee of the Flora of Taiwan First Edition, 1975-1979. Flora of Taiwan(First Edition) Volume One-Six. Taipei.

·Elisabetta Illy, Aroma of the World: A Journey into the Mysteries and Delights of Coffee. 方淑惠譯，2013。喚醒世界的香味：一趟深入咖啡地理、歷史與文化的品味之旅（初版）。大石國際文化。台北。

·Emmanuel Tachie-Obeng and Nick Brown, 2001. COLA NITIDA & COLA ACUMINATA : A State of Knowledge Report undertaken for The Central African Regional Program for the Environment. Oxford Forestry Institute Department of Plant Sciences University of Oxford United Kingdom.

·Evert Thomas, Carolina Alcázar Caicedo, Judy Loo, Roeland Kindt, 2014. The distribution of the Brazil nut (Bertholletia excelsa) through time: from range contraction in glacial refugia, over human-mediated expansion, to anthropogenic climate change. Boletim do Museu Paraense Emílio Goeldi. Ciências Naturais 9(2):P267-291.

·Frank Almeda and Catherine M.Pringle, 1988. TROPICAL RAIN FORESTS ECOSYSTEMS DIVERSITY AND CONSERVATION. Academy of Sciences. San Francisco. California.

·H.Lieth and M.J.A.Werger, 1989. ECOSYSTEMS OF THE WORLD 14B TROPICAL RAIN FOREST ECOSYSTEMS BIOGEOGRAPHICAL AND ECOLOGICAL STUDIES. ELSEVIER. New York.

·Herman R. Sweet, 1980. The Genus Phalaenopsis. California, USA.

·Hideo Shimizu, Hiroyuki Takizawa, 1998. New Tillandsia Handbook. JAPAN CACTUS PLANNING CO. PRESS.

·Horng-Jye Su, 2001. PLANT GEOGRAPHY Version 3.3. Dept. of Forestry, National Taiwan University. Taipei.

·I.M. Turner and J.F. Veldkamp, 2009. A History of Cananga (Annonaceae). Gardens' Bulletin Singapore 61 (1): P189-204

·Jacob Usinowicz, S. Joseph Wright, Anthony R. Ives, 2012.Coexistence in tropical forests through asynchronous variation in annual seed production. Ecology 93(9): P2073–2084.

·Jean Gabriel Fouché, Laurent Jouve, 1999. Vanilla planifolia: history, botany and culture in Reunion island. Agronomie, EDP Sciences, 19 (8): P689-703.

·Jianjun Chen, Pachanoor S. Devanand, David J. Norman, Richard J. Henny, Chih–Cheng T. Chao, 2004. Genetic

Relationships of Aglaonema Species and Cultivars Inferred from AFLP Markers.Annals of Botany 93(2):P157–166.

·Kiuchi, T. &Shireman, B., What We Learned in the Rainforest. 蘇文珍譯，2004。從雨林學管理：企業向大自然取經（初版）。哈佛企管。台北。

·M.C. Cavalcante, F.F. Oliveira, M.M. Maués, and B.M. Freitas1, 2012. Pollination Requirements and the Foraging Behavior of Potential Pollinators of Cultivated Brazil Nut (Bertholletia excelsa Bonpl.) Trees in Central Amazon Rainforest. Hindawi Publishing Corporation.

·Michael Madisona, 1977. Revision of Monstera (Araceae).The Gray Herbarium of Harvard University No.207

·Molles, M.C., Ecology：Concepts and Applications （2e）. 金恆鑣等譯，2002。生態學：概念與應用（初版）。麥格羅希爾。台北。

·Mort Rosenblum, Chocolate—A Bittersweet Saga of Dark and Light. 楊雅婷譯，2007。巧克力時尚之旅（初版）。天下雜誌。台北。

·Pieri, F.A., Mussi, M.C., Moreira, M.A.S., 2009. Óleo de copaíba (Copaifera sp.): histórico, extração, aplicações industriais e propriedades medicinais. Revista Brasileira de Plantas Medicinais vol.11 no.4

·Scott A.Mori and Ghillean T. Prance, 1990. Taxonomy, ecology, and economic botany of the Brazil nut (Bertholletia excelsa Humb. and Bonpl.: Lecythidaceae). Advance in Economic Bontany 8: P130-150. The New York Bontanical Garden.

·Sheue, C. R., Pao, S. H., Chien, L.F., Chesson, P. and C.I. Peng, 2012. Natural foliar variegation without costs? The case of Begonia. Annals of Botany. Transactions of the ASAE 109 (6) : P1065-1074.

·Smith, Cristina, 2006. Our debt to the logwood tree: the history of hematoxylin. Medical Laboratory Observer.

·T.C.Whitmore, 1990. An Introduction to Tropical Rain Forests (Firest edition) Oxford. New York.

·Veronique Greenwood, 2016. The little-known nut that gave Coca-Cola its name. BBC Future.

·Willow Tohi,2012. The true history of camu camu, nature's most potent source of natural Vitamin C. Natural News.

·中央研究院《紅唇與黑齒：檳榔文化特展》網站（http://betelnut.asdc.sinica.edu.tw/）。

·中華民國自然步道協會，2000。台大校園自然步道（初版）。貓頭鷹。台北。

·日本林業技術協會，余秋華譯，2001。熱帶雨林的一百個祕密（第一版）。藍色星球。台北。

·王裕文，2010。台灣咖啡歷史、現況與展望。臺人農業推廣通訊雙月刊82期。

·伍淑惠，2015。恆春熱帶植物園—跨世紀的熱帶林木。行政院農業委員會林業試驗所。台北。

·朱耀沂，2005。台灣昆蟲學史話（初版）。玉山社。台北。

·行政院農業委員會農業知識入口網鳳梨主題館網站（http://kmweb.coa.gov.tw/subject/mp.asp?mp=32）。

·何欣潔，2016。你知道被汙名的檳榔，養大多少台灣農村孩子嗎？台灣農產列傳之三。端傳媒。

·吳永華，2016。早田文藏：台灣植物大命名時代。國立台灣大學出版中心。台北。

·吳明勇，2007。台灣近代農業教育先驅：藤根吉春。台灣人物誌：P8-9。國立台灣圖書館。

·吳明勇，2012。殖民地林學的舵手：金平亮三與近代台灣林業學術的發展。台灣學研究第13期：P65-92。國立中央圖書館台灣分館。

·呂福原、歐辰雄、陳運造、祁豫生、呂金誠、曾彥學，2006。台灣樹木圖誌（初版）。作者自行出版。台中。

·李根政等，2003。密毛魔芋、台灣魔芋：柴山最臭美的植物（初版）。高雄市教師會生態教育中心。高雄。

·李國溢、蕭漢良，2016。台灣在地巧克力之研究與探討。2016現代經營管理研討會論文。宏國德霖科技大學。新北市。

·周忠彥，2006。台灣的癩病與樂山園的建立。史匯第十期：P114-149。國立中央大學。

·周富山、林文智、施欣慧，2016。扇平抗瘧良藥-金雞納歷史。林業研究專訊第23卷第1期：P26-28。行政院農業委員會林業試驗所。

·林正文，2017。當台灣咖啡館密度超過巴黎 黑金風潮 商機無窮。食力雜誌。

·林俊成、王培蓉、柳婉郁，2010。台灣獎勵造林政策之實施及其成效。林業研究專訊第17卷第2期：P16-21。行政院農業委員會林業試驗所。

·林則桐、呂勝由，1982。蘭嶼植物。台灣省政府教育廳。台中霧峰。

·林春吉，2009。台灣水生與溼地植物生態大圖鑑（中冊）（初版）。天下遠見。台北。

·林照松，2016。恆春熱帶植物園史話-談田代安定。林業研究專訊第23卷第1期：P18-21。行政院農業委員會林業試驗所。

·林慧貞，2016。台灣本土巧克力 可可公主愛屏東。上下游吃好吃專欄。

·邱澄吉、陳振榮、林朝欽，2003。瘧疾的剋星-含奎寧的金雞納樹。林業研究專訊第10卷第3期：P50-55。行政院農業委員會林業試驗所。

·金平亮三，1936。台灣樹木誌（增訂版）。台灣總督府殖產局。

·胡維新、洪夙慶，2001。台灣低海拔植物新視界（初版）。人人月曆。台北。

·夏洛特，2007。食蟲植物觀賞＆栽培圖鑑（初版）。商周。台北。

·夏洛特，2009。我的雨林花園（初版）。商周。台北。

·夏洛特，2009。雨林植物觀賞與栽培圖鑑（初版）。商周。台北。

·宮相芳，2012。新北市中和區華新街「小緬甸」的飲食文化研究。台灣人類學與民族學學會論文。

·祝春貴，2009。Tillandsia空氣鳳梨中文圖鑑&教戰守則（初版）。博客思。台北。

·翁世豪，2014。台灣咖啡育種先驅-田代安定與恆春熱帶植物殖育場。茶葉專訊90期。

·袁緒文，2016。新住民食用香料植物運用初探—以印尼及新住民為例。台灣博物季刊35卷第4期：P32-430。國立台灣博物館。

·財團法人中華民俗藝術基金會，2003。南瀛人文景觀：南瀛傳統藝術研討會論文集。南天書局。

·高雄山林管理所，1952。台灣熱帶林業。高雄山林管理所。高雄。

·高瑞卿、伍淑惠、張元聰，2010。台灣海濱植物圖鑑（初版）。晨星。台中。

·張楊家豪，2017。什麼時候結果很重要！儲存效應（Storage effect）對於熱帶森林生物多樣性的重要性。Forest Digest部落格文章。（https://forestdigest.blogspot.tw/2017/10/storage-effect.html?m=0）

·曹銘宗，2016。蚵仔煎的身世：台灣食物名小考（初版）。貓頭鷹。台北。

·章錦瑜，1990。最新室內觀賞植物（初版）。淑馨。台北。

·莊宗益，2013。巨樹精靈生態觀察：雙溪熱帶樹木園（初版）。黃蝶翠谷保育基金會。高雄。

·莊惠惇、許進發，2015。日本殖民政府技術官僚認知的咖啡及其世界市場。「乙未台灣：漢、和、歐、亞文化的交錯」學術研討會論文。國立成功大學。台南。

·郭城孟，2001。蕨類圖鑑：台灣三百多種蕨類生態圖鑑（初版）。遠流。台北。

·郭寶章，1989。育林學個論（初版）。國立編譯館。台北。

·陳玉峯，2010。前進雨林（初版）。前衛。台北。

·陳德順、胡大維，1976。台灣外來觀賞植物名錄（初版）。作者自行出版。台北。

·黃俊霖，2014。幽暗之藍—植物的虹光現象。國立自然科學博物館訊318：P3-5。

·黃穗昌、許育慈，2010。荖葉、荖花病蟲害發生與防治。臺東區農業改良場技術專刊特40輯：P2-10。行政院農業委員會臺東區農業改良場。

·楊奕馨、陳鴻榮、曾筑瑄、謝天渝，2002。台灣地區各縣市檳榔嚼食率調查報告。台灣口腔醫學衛生科學雜誌18期：P1-16。

·楊致福，1951。台灣果樹誌。台灣省農業試驗所嘉義試驗分所。嘉義。

·廖日京，1988。台灣樟科植物之學名訂正。作者自行出版。台北。

·廖日京，1991。台灣桑科植物之學名訂正。作者自行出版。台北。

·廖日京，1994。台灣棕櫚科植物圖誌。作者自行出版。台北。

·齊藤龜三；蕭雲菁譯，2007。世界原生蘭圖鑑（初版）。晨星。台中。

·劉俞青、梁任瑋，2014。台灣金磚奇蹟。今周刊894期。台北。

·劉棠瑞，1991。台灣木本植物圖誌（再版）。國立台灣大學農學院。台北。

·劉棠瑞、廖日京，1980-1981。樹木學（初版）。台灣商務。台北。

·劉棠瑞、蘇鴻傑，1983。森林植物生態學（初版）。台灣商務。台北。

·劉碧鵑、方信秀、張麗華，2011。新興果樹栽培管理專輯。行政院農業委員會農業試驗所。台中。

·潘富俊，2008。台灣外來植物引進史。外來種防治教育專刊：植物篇。

·潘富俊、黃小萍，2001。台北植物園步道（初版）。貓頭鷹。台北。

·蔡雅惠、曾敬翔、饒志豪，2008。客家心滇緬情－南台灣美斯樂之探索。

·鄭漢文、呂勝由，2000。蘭嶼島雅美民俗植物（初版）。地景。台北。

·應紹舜，1992。台灣高等植物彩色圖誌第四卷（初版）。作者自行出版。台北。

·應紹舜，1993。台灣高等植物彩色圖誌第二卷（二版）。作者自行出版。台北。

·應紹舜，1993。瀕於滅絕的生物及保育（初版）。作者自行出版。台北。

·應紹舜，1995。台灣高等植物彩色圖誌第五卷（初版）。作者自行出版。台北。

·應紹舜，1996。台灣高等植物彩色圖誌第三卷（二版）。作者自行出版。台北。

·應紹舜，1998。台灣高等植物彩色圖誌第六卷（初版）。作者自行出版。台北。

·應紹舜，1999。台灣高等植物彩色圖誌第一卷（三版）。作者自行出版。台北。

·謝金魚，2015。柳宗元的檳榔。深夜食堂，謝金魚的金魚缸。故事：寫給所有人的歷史網站（https://gushi.tw/）。

·韓懷宗，2015。台灣咖啡萬歲：令咖啡大師著迷的台灣8大產區和54個優質莊園（初版）。寫樂文化。台北。

·藍戈丰，2012。橡皮推翻了滿清（一版）。秀威資訊科技。台北。

·顧雅文，2011。日治時期台灣的金雞納樹栽培與奎寧製藥。台灣史研究十八卷第三期：P47-91。

—— 看不見的雨林 ——

福爾摩沙雨林植物誌

漂洋來台的雨林植物，如何扎根台灣，建構你我的歷史文明、生活日常

作　　者	王瑞閔
社　　長	張淑貞
總 編 輯	許貝羚
責任編輯	謝采芳
校對協力	陳子揚
美術設計	三人制創
設計排版	關雅云
行銷企劃	曾于珊
發 行 人	何飛鵬
事業群總經理	李淑霞
出　　版	城邦文化事業股份有限公司．麥浩斯出版
地　　址	104 台北市民生東路二段 141 號 8 樓
電　　話	02-2500-7578
傳　　真	02-2500-1915
購書專線	0800-020-299
發　　行	英屬蓋曼群島商家庭傳媒股份有限公司城邦分公司
地　　址	104 台北市民生東路二段 141 號 2 樓
讀者服務電話	0800-020-299（09:30 AM ～ 12:00 PM．01:30 PM ～ 05:00 PM）
讀者服務傳真	02-2517-0999
讀者服務信箱	E-mail：csc@cite.com.tw
劃撥帳號	19833516
戶　　名	英屬蓋曼群島商家庭傳媒股份有限公司城邦分公司
香港發行	城邦〈香港〉出版集團有限公司
地　　址	香港灣仔駱克道 193 號東超商業中心 1 樓
電　　話	852-2508-6231
傳　　真	852-2578-9337
馬新發行	城邦〈馬新〉出版集團 Cite(M) Sdn. Bhd.(458372U)
地　　址	41, Jalan Radin Anum, Bandar Baru Sri Petaling, 57000 Kuala Lumpur, Malaysia
電　　話	603-90578822
傳　　真	603-90576622
製版印刷	凱林彩印股份有限公司
總 經 銷	聯合發行股份有限公司
地　　址	新北市新店區寶橋路 235 巷 6 弄 6 號 2 樓
電　　話	02-2917-8022
傳　　真	02-2915-6275
版　　次	初版 14 刷 2023 年 9 月
定　　價	新台幣 600 元　港幣 200 元

國家圖書館出版品預行編目(CIP)資料

看不見的雨林—福爾摩沙雨林植物誌/ 王瑞閔著. -- 一版. -- 臺北市：麥浩斯出版：家庭傳媒城邦分公司發行, 2018.03

面；　公分

ISBN 978-986-408-355-8(平裝)

1.森林生態學 2.熱帶雨林 3.植物圖鑑

436.12　　107000036